I0041438

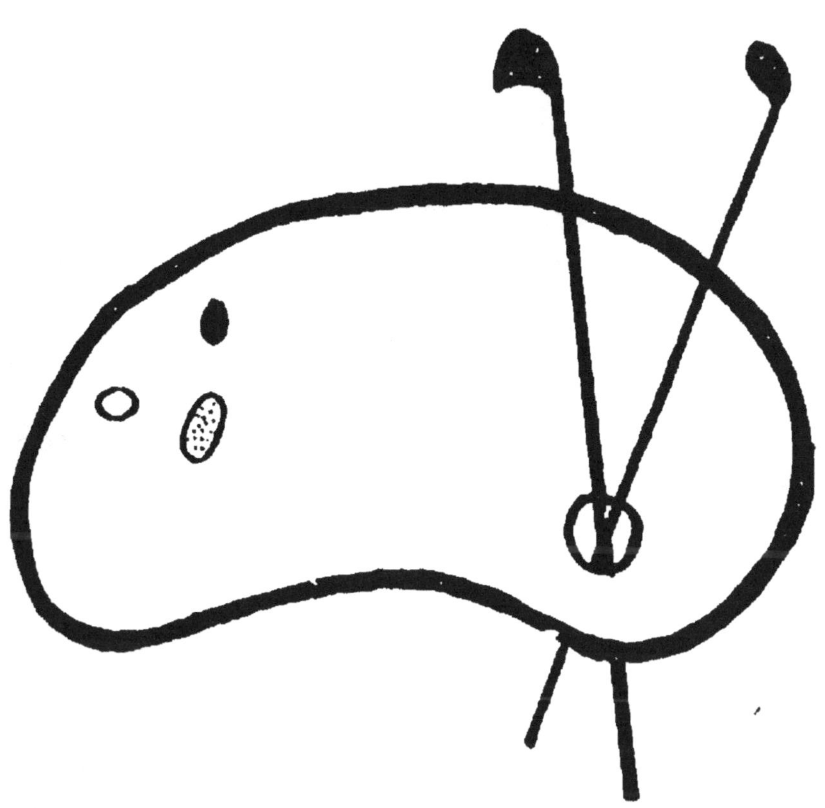

TABLEAU DES ACHETEURS DES NOUVELLES FONTAINES FILTRANTES,

Domestiques, Militaires & Marines, nouvellement perfectionnées;

Avec les preuves claires de leurs différentes utilités en plusieurs rencontres, & de leur succès continuel, malgré les critiques & autres obstacles les plus forts. On y a joint plusieurs avis nécessaires aux mêmes Acheteurs, sur-tout des Provinces, pour la facilité des lavages & des réparations; sur les dangers des Fontaines de cuivre doublées de plomb; sur les inconvéniens de celles formées d'étaim ou de grai, & des Jars de Provence; & principalement pour procurer plus promptement la santé aux malades, riches ou pauvres; pour la conserver aux Troupes de mer & de terre, & à MM. les Eleves dans l'Hôtel Royal de l'Ecole Militaire; avec toutes les différentes commodités, volumes & prix convenables pour MM. les Officiers les plus qualifiés, & pour les soldats dans leurs tentes, & sur leurs bords, ou dans leurs hôpitaux ambulans.

Le tout soutenu par des expériences publiques & particulieres, recueillies depuis l'établissement de la Manufacture établie maintenant *dans l'hôtel d'Aligre*, *rue S. Honoré*, où étoit *le grand Conseil*.

PREMIERE PARTIE.

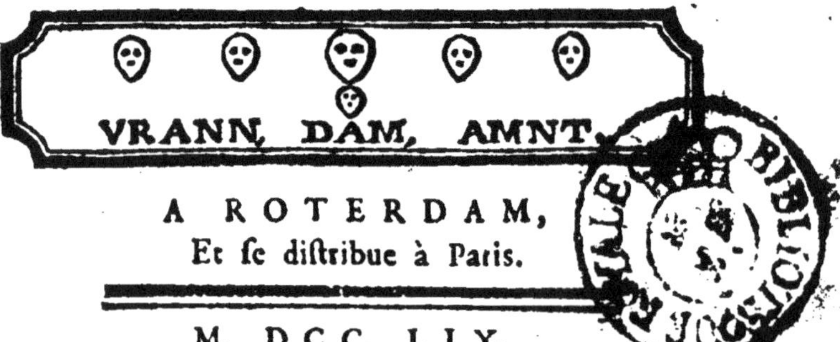

A ROTERDAM,
Et se distribue à Paris.

M. DCC. LIX.

LUDOVICI XV, è Regiô ejus Sanguine principum, omnium que Sanitatis publicæ magistrorum, AMICIS humani generis viribûs, cum Hydrâ pugnans, debellaturus eam è longinquâ regione infimâ, rerum Suarum Summâ inconsultò derelictâ, parisios ascendit AMICUS, difficultatum inscius; attamen per plurimos annos ineffabilia passus, jam vincere cœpit utilitatis publicœ hostia, innumeriŝ que licet vulneribûs conffossus, omnino vincet ubique, vivens vel in poŝterum: cæterum minimè sui jactans, omnis namque homuncio talibûs viribûs ac veritate firmatus, vel regiorum tantummodò Sonorum echo, novus est hercules, hercule fortior.

A

MESSEIGNEURS

ET MESSIEURS

De *** Conſeiller d'Etat.
Le Marquis de ***
De *** Conſeiller au Parlement.
De *** premier Préſident & Intendant de .....
Le Maréchal Duc de ***
Le Cardinal de ***, Archevêque de .....
Le Comte de ***
De *** *** *** *** premiers Médecins de .....
De *** Conſeiller, Maître des Requêtes.
*** Dans les Bureaux du Roi.
Le Baron de ***
De *** premier Préſident du Parlement de .....
*** Avocat au Conſeil.
De *** Tréſorier général de .....

*** Avocat en Parlement.
De *** de l'Ordre Royal & Militaire de S. Louis.
De *** Abbé Commendataire de . .

MESSEIGNEURS ET MESSIEURS,

VOUS me permettez de vous rassembler suivant l'ordre des tems, où vous m'avez donné des preuves de votre bienveillance & d'une constante protection. Agréez donc tous ici mes très-humbles actions de graces, & les témoignages respectueux de ma juste reconnoissance. L'histoire de mes aventures, depuis les premiers Mémoires que j'ai eu l'honneur de présenter à l'Académie Royale des Sciences, a paru à plusieurs de vous trop curieuse, pour ne pas vous en présenter à tous, du moins les principales circonstances, depuis le 13 Janvier 1742, jour de mon départ d'Aix en Provence, jusqu'aujourd'hui.

Vous avez vû dans un manuscrit le nombre de mes adversaires. Dix-sept cens vingt-deux Artistes, Savans, Chymistes, Alchymistes, ou prétendus tels, ont combattu secretement les principes & les méchanismes les plus simples, qui renferment plusieurs utilités nouvelles & de conséquence pour le Public, je puis même dire pour l'Etat. C'est cette nouveauté, comme j'ai eu l'honneur de le dire assez souvent à quelques-uns de vous, qui m'a fait surgir tant de compagnies différentes & inutiles, qui ont voulu profiter de mes travaux, dans une découverte [que je ne dois cependant qu'au hazard] & enfin une derniere, où je viens de découvrir, que le protec-

teur que j'avois d'abord cru tel, en quoi je ne me trompois pas, & ensuite par des illusions, mon seul associé, a été trompé lui-même par une compagnie de plusieurs particuliers, qui l'ont joué lui & moi, pour m'inciter à me lier avec eux. Je lui rends justice; je sais où va sa franchise, sa générosité, sa délicatesse, & qu'il n'a d'autre intérêt que le bien public, & de rendre service: mais le mal de ce procedé caché a été, que ces particuliers ont abusé de sa crédulité dans la suite, après sept années de silence, pour le faire agir hostilement contre moi, ne sachant ni les uns ni les autres, quel seroit le genre de mes défenses, ni l'autorité, la sagacité & la justice de mes protecteurs. Plusieurs de vous, Messeigneurs, savent à quel point sont toujours allées ma simplicité, ma droiture & ma haine contre les hommes fourbes & rusés. Ce sont ceux-ci [dont la prudence du protecteur, pour le bien de la paix, m'a fait sceller les noms] qui m'ont donné un prétendu associé visible, également dans la bonne foi & sans intérêt [ce que je crois très-fort sur son assertion] mais fort capable d'un mystère; les promesses qu'il avoit d'abord faites, sans y entendre du mal, ne lui permettant plus de les violer.

Me voilà donc décidement avec des anonimes, sans aide, sans déliberations, sans conseil, & livré seul à des soins que je ne saurois continuer; l'impossibilité même s'y trouve, comme je le démontrerai dans la suite. Or voici, Messeigneurs & Messieurs, ce que j'en écrivois à un autre protecteur, que j'avois toujours ignoré, [homme de robe & d'épée, excellent citoyen & des

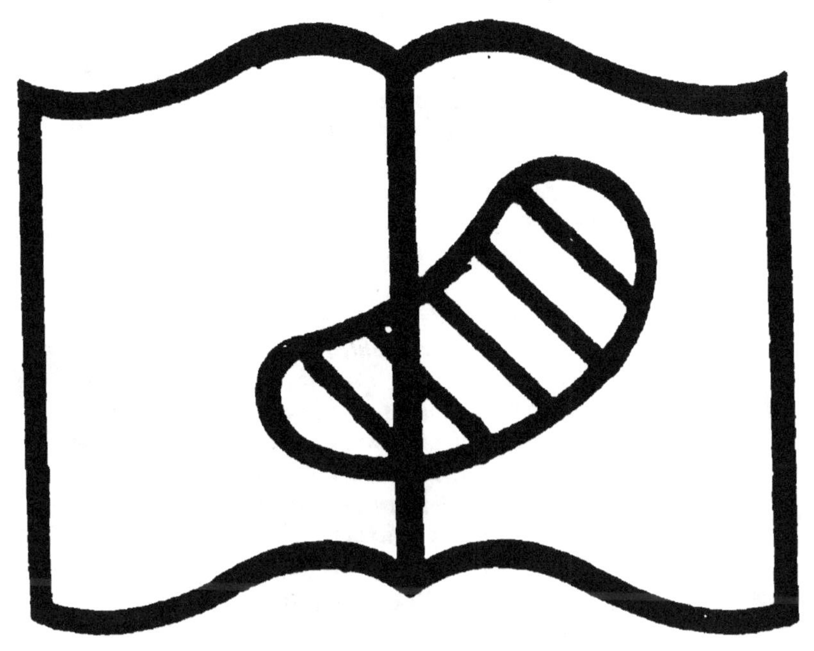

Illisibilité partielle

plus ardens pour le bien public, principalement pour celui du service du Roi] *dans une Epitre dédicatoire que sa modestie lui a fait refuser & que je n'adressois qu'à lui seul, lorsque je l'eus découvert : je n'osois pas vous rassembler, Messeigneurs, pour faire contre l'usage, un corps aussi respectable que le vôtre, & je ne pensois pas au moyen qu'un de vous a eu la bonté de me suggerer.*

C'est dans cette Epitre, que vous trouverez les tristes aventures, dont j'ai eu l'honneur d'entretenir quelques-uns de vous dans les occasions, suivant les différentes vûes qui vous intéressoient en particulier, ou qui piquoient votre curiosité. Je me suis donc conformé au conseil, qui est, que s'agissant aujourd'hui d'associés anonimes, * *sans domiciles & sans qualités connues, je dois vous laisser également anonimes, mais possibles à connoître par vos éminentes qualités, quand vous me permettrez suivant l'exigence du cas, de m'étayer de vos noms.*

Voici, Messeigneurs, cette Epitre qui s'adresse maintenant à vous tous, sous le nom d'un seul, qui reste l'unique vainqueur des dernieres difficultés ; si cependant vous n'aviez pas frappé les premiers coups, il n'auroit pas pensé à frapper les derniers. Ne me connoissant pas, il n'auroit pu s'intéresser pour moi, en faveur du bien public. Heureux concours, dont l'indivisibilité étoit absolument nécessaire, & qui m'a fait écrire les témoignages suivans de ma reconnoissance.

* Ce sont les mêmes dont je fus averti en 1751. Le risque, dans le cas d'un mystère, me fit écrire au protecteur. Il me répondit de rester tranquille sur ce qu'on m'avoit dit, & je n'allai pas plus loin.

MONSIEUR,

J'ai trop à vous dire dans cette Epître pour m'attacher à la précision, à la forme & au style ordinaire. D'un côté, j'ai de très-humbles remercimens à vous faire ; de l'autre, j'ai des faits relatifs à vous raconter, pour vous faire connoître les bons effets qu'ont produit les semences que vous avez jettées, pour ainsi dire, furtivement. Ce n'est qu'ainsi que je puis manifester les biens essentiels, que vous avez fait naître, uniquement pour le plaisir d'en être comme le pere, ou peut-être pour vous procurer un amusement secret, dans l'essai d'une guerre juste, où vous êtes enfin demeuré le principal vainqueur.

Je ne puis donc m'acquitter parfaitement envers vous, Monsieur, qu'en mettant ici en évidence les merveilles que vous avez opérées, pour assurer dans l'avenir la récompense d'un Inventeur utile trop long-tems opprimé, le bien public, & principalement celui du service du Roi sur mer & sur terre. Je lis maintenant dans votre esprit, d'après ce que je viens d'apprendre & les réflexions que j'ai faites. Vous avez considéré que les inventions les plus utiles, les mieux éprouvées, & les plus approuvées, sont encore suspectes de chute : elles sont en effet les plus critiquées, & celles que les esprits mal faits prennent à tache, pour les étouffer. Il faut alors un Ange ou un homme, pour défendre les Inventeurs paralitiques dans ce cas. Hominem non habeo. *J'étois ce paralitique, & vous vous êtes rendu cet homme si nécessaire, dont j'ignorois même les soins généreux Mais je ne suis pas le seul qui vous doive des remercimens; un grand nombre de personnes dans le public judicieux, vous doivent autant, & même plus que moi.*

L'invention des nouvelles Fontaines, quoique soutenue par les jugemens les plus authentiques & les plus respectables, seroit cependant tombée, par les calomnies & les oppositions secrettes des ennemis du bien public. Mais amateur de ce bien & de la vérité, vous vintes, Monsieur, fort à propos au secours dans un tems critique, où toutes les furies sembloient déchainées contre moi. Pour ne rien faire à la légere, vous vintes vous même acheter de ces Fontaines pour votre usage, convaincu de l'infaillibilité des expériences faites par les personnes les plus en état d'en juger. Jugeant ensuite comme elles d'après votre propre essai, vous en devintes le préconiseur, & les fites percer dans plusieurs grandes maisons, tant à Versailles qu'à Paris.

Ce fut alors que les amateurs des nouveautés, qui avoient acheté dans la primeur, & dont les Fontaines avoient été négligées, endommagées, ou empuanties à dessein par des esprits mal intentionnés, ou séduits par de vils émissaires, les firent tirer des galetas où ils les avoient confinées sur de faux rapports. * *Ils appellerent les ouvriers pour les reparer, ils prescrivirent à leurs domestiques le soin & la maniere, de toutes la plus simple & la plus aisée que j'ai*

* Ceux-ci avoient été d'abord les dupes des expériences qu'on leur avoit fait faire à table d'un gout détestable dans l'eau, quoique commun à toutes les Fontaines anciennes, dans les mêmes cas de négligence ou de fraude.

marquée & répétée souvent dans mes livres, même dans celui-ci, malgré ces hommes qui n'ont d'autre science, que de blâmer les répétitions, sans en connoître la nécessité & l'utilité. En effet, lorsqu'une édition est épuisée, & qu'on est obligé de reimprimer, peut-on avoir l'avarice ruineuse d'épargner les frais d'impression des réponses aux nouvelles objections, & des répétitions nécessaires aux nouveaux acheteurs ? Enfin, Monsieur, ces amateurs ainsi trompés, & desabusés par les bruits que vous répandiez, sont devenus autant de préconiseurs, qui se servent aujourd'hui des Fontaines nouvelles avec toute la satisfaction qu'ils s'en étoient promis, & pour différentes utilités, dont les Fontaines anciennes n'ont jamais été susceptibles à Paris, en campagne, en voyage, sur mer, & dans les Armées. Ces derniers usages sont encore clair semés ; mais ils ne resteront pas longtems à s'étendre.

Ce fut ainsi, Monsieur, que vous donnâtes le signal d'une guerre ouverte, contre cette foule d'ennemis & de mauvais citoyens, qui mirent successivement les armes bas, & annoncerent enfin eux-mêmes leur défaite. A la vérité les inventions nouvelles & utiles percent toujours à la longue, malgré les difficultés qui se rencontrent dans leurs établissemens, sur-tout lorsque ceux-ci ont pour objet de vaincre les préjugés enracinés, & d'abolir les usages pernicieux ; mais elles sont toujours plus tardives en cet état, & la vie trop courte pour l'indemnité des dépenses, & des travaux des Inventeurs.

Il s'en faut cependant de beaucoup,

Monsieur ; que je sois indemnisé. Si je consulte les dépenses & les pertes que j'ai faites depuis mes premieres expériences, jusqu'aux premieres Lettres Patentes, & de celles-ci à l'enregistrement ; si je considere sur-tout la ruine du bien le plus précieux qui est celui de ma santé, je ne suis encore que comme puni de mes pénibles efforts. Mais mon tems est passé ; je ne sens rien que pour une famille qui vivra après moi, & qui pourra reparer les bréches, que j'ai faites à sa fortune. J'ai quitté, il est vrai, le certain pour l'incertain. C'est le tort que je lui ai fait ; mais qu'importe ? si ce mal & le mien sont le bien de la société, je ne puis que m'en applaudir. Que ne vous devra donc pas cette famille expatriée, d'avoir changé l'incertain en certain ? Que ne vous devra pas le public lui-même dans la suite des tems ? Cette métamorphose heureuse est due principalement à vous, Monsieur, & aux soins que vous avez bien voulu prendre généreusement à mon insçu, pour détruire une cabale odieuse, condamnée par l'Académie, par la Faculté de Médecine, & par Louis XV lui-même.

L'amour de ce grand Roi pour la justice & la vérité, & pour garantir, ou du moins pour avertir encore plus expressément ses sujets, d'un poison redoutable malheureusement trop familier, vient de m'en faire obtenir une récompense des plus marquées, qui suffit aujourd'hui toute seule pour imposer silence à des calomniateurs, qui ont osé combattre l'approbation réiterée, & le jugement le plus refléchi de Sa Majesté dans les nouvelles Lettres Paten-

tes, dont elle m'a favorisé le 22 Décembre dernier.

Je dois cet avantage, comme le premier, à un Seigneur de la Cour, qui ne fait le bien que pour le bien, qui ne protége que la vérité & tout ce qui a du rapport au bien public, & qui n'a cessé de me protéger depuis le commencement de l'entreprise. Mais ce Seigneur auroit-il demandé le renouvellement de mon privilége; en auroit-il pu représenter l'utilité, si cette entreprise étoit tombée dans l'intervalle des deux priviléges, par les cabales de mes ennemis, que vous avez déconcertés & mis en fuite? Que ne dois-je pas à ce Seigneur, qui m'a imposé silence sur ses bienfaits? Mais que ne vous dois-je pas à vous-même, qui avez agi si utilement sans aucune demande de ma part, & uniquement pour conserver & faire réussir deux grands biens, dont vous m'avez vu, comme le public, sur le point d'être privé?

N'est-il pas vrai, Monsieur, que la Manufacture des ustenciles de fer battu à froid & blanchi, étoit tombée dès sa naissance en 1742, après une vogue étonnante pendant six mois entiers? J'étois venu à Paris dans ce même tems. Je vis donc la naissance & la chute de cet établissement essentiel, comme des autres qui m'avoient engagé à venir moi-même à Paris. Je retournai chez moi assez humilié. Mon sort devenu douteux par la honte d'avoir quitté un état honorable, pour me livrer à des projets qui avoient manqué, joint à cela mes folles dépenses, augmentoient beaucoup mon chagrin; mais celui de l'artiste déchu de ses utiles travaux [qui devoit me donner une grande leçon] prit le dessus & m'affligea davantage, d'autant mieux que je m'étois trouvé autrefois en danger de mort par un ragout préparé dans une casserole de cuivre. Observez, Monsieur, que j'avois été le seul de sept de ma famille, qui avoient mangé de ce ragoût comme moi, & qui n'en avoient ressenti aucun mauvais effet : ce qui prouve en passant, que tantôt la disposition heureuse des visceres, dans tous ceux qui ont pris de ce poison, peut les préserver tous des accidens sensibles, & en plonger quelques-uns à la longue dans d'autres maladies inconnues; tantôt, qu'un seul suivant sa disposition contraire & la quantité mangée est la victime du poison, & enfin que tous ceux qui ont mangé plus ou moins d'un mets empesté par le contact du cuivre, sont plus ou moins affectés, ou périssent tous, comme le cas est arrivé plusieurs fois.

Dans ces idées qui ne me quitterent jamais dans mon chemin, j'arrivai chez moi. Je repris mes occupations ordinaires. Mais étoient-elles compatibles avec le nouveau projet que j'avois formé dans la route, pour rétablir l'Auteur des ustenciles de fer ? J'avois bien pensé que cet établissement, sur-tout après son discrédit & sa chute, seroit toujours rejetté tant que le danger du verd de gris subsisteroit dans les Fontaines de cuivre; mais j'avois aussi pensé à remédier à cet autre danger : reméde cependant qui étoit encore bien confus dans mon esprit. Idée si l'on veut; mais idée plus forte que moi. En un mot, c'étoit mon étoile de me livrer à mon imagination, sans mesurer mes forces à la grandeur de l'entreprise, dont je ne connoissois pas encore toutes les difficultés. Je m'appliquai ainsi à imaginer des Fontaines nouvelles, plus commodes & plus utiles que les anciennes pour purifier l'eau de la Seine; [car je ne pensois alors qu'à la seule ville de Paris], & sur-tout exemptes des dangers du poison.

Vous concevez, Monsieur, que dans les maux qui exigent deux remédes, un seul ne suffit pas. Que l'on tombe dans le silla ou dans le caribdhe, on n'est pas moins englouti. On tache seulement d'éviter tous les deux : c'est ce que l'on fait à Paris, à l'égard des ustenciles & des Fontaines de cuivre, au moyen du soin & des retamages. Mais quelle gêne ! quel hazard ! & combien dans toutes les villes du Royaume de citoyens engloutis !

Ces considérations n'auroient pas été des visions, pour un autre qui auroit eu les reins plus forts que moi; j'avoue ma témérité. Mais vous voyez maintenant, qu'elle étoit nécessaire, pour mener les choses au succès & au point où vous les avez mises. Me voilà donc dans un laboratoire, dans toutes les heures de mon loisir, bien différent de celui-là seul qui convenoit à mon état. Je fis faire plusieurs modéles différens, pour en faire l'essai séparément. Je fis ainsi une infinité d'expériences couteuses & inutiles, & ce fut à force d'en faire, que le filtre de l'éponge me vint dans l'idée. Je fis alors de nouvelles expériences, & je compris bientôt que j'avois réussi dans le principe nullement douteux, après l'expérience notoire de la filtration des liqueurs dans un entonnoir, & celle des Africains pour purifier l'eau du fleuve le Niger.

Il ne me restoit plus qu'à imaginer des vaisseaux, en forme de Fontaines domestiques, d'un méchanisme propre à fournir à volonté toute l'eau nécessaire ; mais je n'y parvins alors que fort imparfaitement : je me promis cependant de pouvoir les perfectionner avec le tems, & d'en faire ainsi des Fontaines nouvelles par l'application nouvelle d'un principe connu. J'entrevis même tous les moyens possibles pour différentes utilités, dont les Fontaines de cuivre, comme j'ai déja dit, & toutes autres n'ont jamais été susceptibles. Mon imagination s'échauffant toujours plus, je vis des biens infinis dans les Cuisines, dans les Pharmacies, dans les Armées de mer & de terre, & je repris dès lors le chemin de Paris dans le mois de Janvier 1745, avec cette inconsidération & ce feu trop naturel à mes compatriotes. Mais quelle entreprise, Monsieur ! je frémis, quand j'y pense.

Enfin après avoir essuyé tout ce que le sort a de plus rigoureux pendant plusieurs années, par des oppositions secrettes, ou par les illusions d'une foule d'associés avides & inutiles, que j'avois eu successivement, je suis parvenu à l'enregistrement de mon Privilége, dans le mois d'Avril 1750, & bientôt après à son établissement, dans la plus grande bonne foi, avec une compagnie nouvelle. Mais depuis cette derniere epoque, combien de piéges, & de combien de calomnies n'ai-je pas été noirci, par une infinité d'émissaires, d'espions déguisés & de calomniateurs sans nombre ! Voila, Monsieur, bien des écueils, que les Provinciaux imprudents ne sçavent pas prevoir. Les ouvriers des Communautés m'ont *suscité des saisies, & des procès odieux qui ont duré plusieurs années, quoiqu'enfin obligés de prendre condamnation.* * *D'autres ligués*

* Les maîtres Ferblantiers étoient du nombre de ceux qui vouloient s'approprier mon privilége exclusif. Ils firent faire en 1750 une saisie tumultueuse de toutes les fontaines militaires de fer blanc, & de tous les outils, même de ceux qui étoient étrangers à leur profession : c'est ce qui a suspendu jusqu'aujourd'hui la fabrication de ces Fontaines, si utiles en plusieurs rencontres, principalement aux troupes de mer & de terre. Cet attentat me fit prendre la résolution de plaider moi-même ma cause. J'eus l'honneur de voir en robe M. le premier Président, & de lui en demander la permission pour l'audience du rolle; (n'étant point reçu au Parlement de Paris) ce qui me fut accordé; mais je ne savois pas les ordres secrets de mes anonimes inconnus, que le Procureur ne pouvoit transgresser.

La crainte de perdre un procès imperdable, leur fit donner l'ordre de traîner en longueur, sans me rien dire. Ne pouvant poursuivre l'audience moi-même, chargé de soins comme je l'étois alors, j'entendis cependant une proposition qui me surprit; c'étoit de faire appointer le procès. Je ne dis mot. On me propose de dresser des écritures; je les fais : elles sont communiquées. On me propose de dresser un mémoire imprimé : malgré mes occupations, je dresse ce mémoire, en prenant, pendant huit jours, quelques heures pour y travailler.

Autre longueur qui venoit des ordres secrets de mes anonimes. Mon mémoire qui contenoit tous les principes nécessaires pour le gain de la cause, est remis à un Avocat de Paris pour lui donner (me dit-on) un meilleur ordre. Il ne falloit pas me presser pour ne rien faire; j'aurois donné ce meilleur ordre.

Cet Avocat garde ce mémoire deux mois, & ne donne d'autres moyens que les miens. Cela fait, le Procureur le fait imprimer; mais recevant de nouveaux ordres, il en reste là.

Maintenant pourquoi les anonimes ont-ils fait communiquer aux Ferblantiers mon premier mémoire? Pourquoi ont-ils suspendu la communication du mémoire imprimé? On le voit; c'est qu'ils me jouoient,

par des intérêts particuliers ont élevé sourdement contre moi les contestations les plus iniques, uniquement fondés sur des pré-
comme ils ont fait dans toutes les différentes scénes de cette comédie.

Enfin, dès l'entrée du litige, après six années depuis le procès des maîtres Ferblantiers, ils l'ont terminé par un arrêt *de consensu*, qui met les parties hors de cour, dépens compensés. Il est vrai que j'ai consenti ; mais il falloit bien rédimer la vexation, & céder aux craintes de l'avarice, même la plus ruineuse.

Les maîtres Ferblantiers ont perdu leur procès contre la compagnie des nouvelles lanternes, qui n'avoit point de privilége exclusif. Ils ont été condamnés aux dépens, qui se sont montés à plus de 4000 l. A combien plus forte raison n'auroient ils pas été condamnés aux dépens, en faveur d'un privilége exclusif ! Que mes anonimes paroissent pour justifier leur crainte & leur œconomie. Voilà de bons œconomes pour mettre un privilége en valeur. Si du moins ils avoient fait consulter deux Avocats, mon esprit seroit en repos ; mais qui peut savoir les desseins d'une compagnie invisible avec de pareilles démarches ? Comment des anonimes ont-ils osé se glisser clandestinement dans un privilége exclusif, pour risquer de le détruire, même contre les volontés & l'approbation si expresse du meilleur des Rois ? Ont-ils pu se meffier des suffrages authentiques de l'Académie, craindre qu'elle se soit trompée, que le public soit plus savant qu'elle ? Ne doivent ils pas savoir qu'un privilége exclusif n'est jamais accordé que par des raisons infaillibles, dont le succès n'a jamais besoin que du tems ? Qu'ils sont obligés en y entrant, s'ils veulent du moins conserver leur délicatesse saine & sauve, de faire les établissemens nécessaires, & pour cela d'examiner leurs forces & la pureté de leurs intentions ; en un mot, qu'à tout événement il s'agit de faire belle contenance & de bannir tous les procédés ambigus, en attendant le succès ! Ne le voient-ils pas ce succès ? Peut-il être plus grand avec leur mauvaise conduite ?

Que pouvois-je faire avec des êtres de raison, des esprits aëriens, des corps phantastiques, que je ne voyois que sous le masque, sans connoître ni

textes médités de fort loin ; & rebelles ainsi à la Justice, à la probité, & aux volontés du Roi, ils ont voulu se rendre maîtres
leurs qualités ni leurs désirs ? J'ignore même encore leurs noms & leurs sexes. Sont-ils hommes ou femmes? Sont-ils riches & puissans, ou pauvres d'origine? Veulent-ils augmenter leurs richesses, ou en acquerir ?

Au premier cas, je suis lézé par les suites; on va le sentir. En effet, j'ai contracté avec un associé visible. J'ai voulu suivre sa foi; mais je n'aurois pas voulu suivre celle de plus forts que moi. Si j'avois sçu la tromperie, j'aurois fui bien loin; car je connoissois alors, comme aujourd'hui, la fable du pot de terre & du pot de fer. Au second cas, je ne suis pas moins lézé par leur impuissance.

Premiere surprise. Les anonimes donnent un homme sans intérêt, qui a bien voulu leur prêter son nom; ils trouvent par-là le moyen, sans se montrer, d'abuser de la bonne foi de leur protecteur. Ils me le font ainsi considérer comme le mien propre, pour me faire promettre 30000 l de fonds dans le cas du succès. Promesse en l'air dont ils purgent, par cette fiction hors d'œuvre & méditée de loin, la contexture de l'acte de société. Ce procédé est-il conforme aux loix de la franchise & de la bonne foi? Le titre du code est exprès : *Plus valere quod agitur, quam quod simulatè concipitur* : La vérité donne bien de plus grands avantages que la simulation.

Deuxiéme surprise. Je me trouve soumis, sans le savoir, à des associés invisibles, qui rendent leurs promesses inutiles. Ils me barrent mon chemin & tous les moyens de mettre le privilége dans sa véritable valeur. Je ne puis plus m'indemniser de mes longs travaux ni de mes dépenses; ce seroit pourtant bien le moins.

Troisiéme surprise. En cas de procès, ils se promettent de surprendre la religion d'un protecteur, pour l'irriter contre moi & surprendre celle des Juges au besoin, contre l'autre titre du code : *Ne liceat potentioribus, patrocinium litigantibus præstare* : Les personnes puissantes ne doivent pas favoriser le fort contre le foible en matiere de procès. C'est pourtant ce que les anonimes ont tenté pen-

d'un Privilége, dont ils sçavent les conséquences pour l'avenir. Vous les connoissez, Monsieur, ces injustes chicanneurs, puisque

dant 18 mois; mais ils ne savoient pas que si le fort l'emporte contre le foible, deux forces sont équilibre, & que souvent l'une fait pencher l'autre, sans autre poids que celui de la justice & de la vérité.

On voit ici, & presque toujours, mentir cet axiome de la loi: *Nomen societatis, nomen fraternitatis*: Le nom de société est un nom de fraternité; cependant les sociétés commencent toutes au nom de Dieu, & finissent presque toutes au nom du diable.

Quelle fraternité, grand Dieu! J'ai donc eu plus de freres que je ne pensois. Je ne suis plus surpris des chagrins que ces freres m'ont donné. La concorde est rare entr'eux; c'est le sage qui le dit: *Rara concordia fratrum.* L'intérêt, l'avarice, la méfiance, le tien & le mien mal entendu, par des avares sur-tout, sont la cause de ce malheur inné dans l'homme.

Vous avez vécu (me disoient ces freres devant les arbitres) mais ils ne savent pas encore comment, ni que je suis en état de leur prouver, sans réplique, que j'ai vécu de mon bien, & qu'en cas de malheur, j'avois des bourses ouvertes, dont je n'ai cependant jamais abusé. Voilà, si mes anonymes veulent paroître, ce que je suis en état de leur démontrer. L'avantage qu'ils ont sur moi, c'est que ne les connoissant pas sous le masque, je ne puis pas sçavoir leur état, leurs mœurs, s'ils vivent de leurs biens, ou si ce sont des orgueilleux travestis. Qui est-ce qui peut m'éclaircir à cet égard? Sera ce un associé visible que j'ai pour la forme seulement, & qui se repent d'avoir accepté une commission qui lui devient à charge aujourd'hui, surtout ne pouvant révéler le mystère ni violer le secret qu'il a promis?

Cet honnête homme me voit arrêté, il souffre & me plaint, & se plaint lui-même. La même chose m'étoit arrivée à peu près avec une foule de compagnies précédentes, qui ont senti l'importance de l'entreprise, & qui cependant après m'avoir laissé payer même jusqu'aux premiers frais des actes de

vous les avez combattus en secret & totalement défaits.

Rappellez-vous sur-tout l'ouvrage en forme de lettre, répandu & vendu aux portes de toutes les promenades publiques, dans laquelle on faisoit soutenir par M. Eller premier Médecin du Roi de Prusse, & par les sophismes les plus honteux pour ce Sçavant, que le cuivre n'étoit du tout point à craindre ni dans les Cuisines, ni dans les Pharmacies. De combien de faussetés, d'impertinences, de traits d'histoire, même de la fable, mêlée sans pudeur avec les histoires sacrées, n'a-t-on pas décoré cette lettre imprimée à Paris, sous le nom de la Capitale du Brandebourg; sans aucun égard pour la réputation de ce Médecin fameux, ni pour celle de M. Formey, Secrétaire perpétuel de l'Académie Royale de Prusse, ni pour la vérité si grossiérement attaquée, même contre les régles de la Police? Combien d'autres ridiculités de cette espéce, dont je refute la derniere dans l'avertissement qui suit? Mais que n'avez-vous pas dit, Monsieur, dans toutes ces occasions, où vous avez vu le public sur le point d'être trompé? Que n'avez-vous pas opéré dans les conversations?

J'avois l'honneur de vous dire un jour, que M. le Prince d'Elbœuf étoit venu

société, n'ont pas eu ensuite le premier sol pour fournir le quart des fonds pour leurs contingens (je pouvois encore alors fournir les trois quarts restans) Les Notaires qui ont pris 36 l. de ces actes, tandis que le dernier a couté dix fois plus, n'ont averti dans le tems, des piéges qui se rencontrent à Paris; mais je n'ai jamais su profiter de leurs conseils, & c'est cette faute qui est la source de mes malheurs.

honorer le magasin de sa présence ; & avoit choisi lui-même une Fontaine de dix ou douze voyes de contenance. Vous sçavez, Monsieur, qu'un ennemi avoit dégouté ce Prince, par les soins qu'il avoit pris clandestinement, en conseillant de laisser croupir l'eau sans la soutirer ni la renouveller, & d'y jetter des ordures, même des vers, pour les attribuer ensuite à la prétendue corruption du plomb, ce qui étoit absurde. Le Commis de la Manufacture fut appellé & chargé de reproches justes dans un cas pareil ; mais où étoient les coupables, du moins visibles ? Enfin j'eus l'honneur de voir ce Prince moi-même à son lever. Heureusement Monsieur le Hoc, son Médecin, s'y trouva. Je fis voir l'abus & la fraude par les raisons les plus sensibles, soutenues par le jugement & les preuves qu'ajouta ce sage Médecin indigné de l'oppression & des impostures. Le Prince qui avoit voulu d'abord que la compagnie reprît la Fontaine en fut convaincu. Son Altesse qui vit le tort qu'elle pourroit faire au bien public, donna des ordres pour veiller sur les tromperies qu'on pouvoit lui faire. La Fontaine fut lavée, le sable & les éponges changés, & l'examen fut renvoyé à l'expérience. Dans l'intervalle, le Prince monta dans son carrosse, pour aller lui-même à la découverte dans quelques grandes maisons, une entre autres, où vous aviez, Monsieur, préconisé l'invention. Son Altesse qui avoit pour principale vue le bien public, trouva par-tout les témoignages les plus satisfaisants. Enfin le jour marqué pour l'expérience arrivé, le Commis se présente, tire de la Fontaine une eau des plus limpides dans un verre. Les ennemis or-

dinaires qui ignoroient les informations prises par le Prince, soutiennent que la limpidité dégénérera bientôt, & que cette eau commence d'avoir du goût : cependant un Seigneur de la Cour, dont je ne rappelle pas le nom, mais qui est Académicien honoraire, sans doute instruit des premieres sources de la calomnie, & peut-être prié d'assister à l'expérience, va par curiosité goûter dans la cuisine, cette eau qu'il fait soutirer en sa présence, & dit que l'invention est excellente & très-simple ; mais que l'Inventeur avoit contre lui une terrible cabale. Le résultat a été que le Prince a gardé la Fontaine & rejetté les cabalistes imposteurs.

Vous avez pressenti, Monsieur, l'objet de ces derniers. Ils vouloient faire tomber la Manufacture, & à la faveur de quelques changemens, après un an d'abandon, s'en approprier le privilége sous le nom de quelque ouvrier affidé ; mais cela leur étoit-il possible, avec les préconiseurs que vous m'avez procurés, & qui seuls, sans le sçavoir, ont toujours entretenu le commerce de cette Manufacture.

Vous avez bien plus fait, Monsieur ; car en favorisant ainsi mes vues contre les Fontaines de cuivre, & en faveur des ustenciles de fer en particulier, vous avez contribué comme moi, à faire réussir ces derniers, dont le premier établissement, quoique tombé en discredit, s'est relevé avec succès, depuis celui des nouvelles Fontaines. Le Roi même le jugeant toujours plus necessaire pour déraciner peu à peu l'usage des vaisseaux de cuivre, en a donné un nouveau privilége à un second artiste, qui travaille maintenant autant que le premier.

Voilà, Monsieur, d'une pierre deux coups, & en total un vrai coup d'Etat, dont vous êtes le principal auteur, & dont le public vous devra toujours des actions de grace. Que le préjugé rende les succès lents pendant quelques années, n'importe, Monsieur; la lenteur avec une médiocre continuité est toujours le gage & le signe du succès le plus assuré. Vous avez frappé les grands coups, ils auront surement leurs effets tôt ou tard.

Les rivieres dans leurs sources ne paroissent que sous la figure d'un filet d'eau: chemin faisant cependant ce filet d'eau se joint à des ruisseaux, qui par leurs rencontres réitérées font les rivieres, les fleuves & les torrents. En effet, Monsieur, considerez maintenant votre ouvrage: je ne sçaurois blesser votre modestie, en vous rappellant des vérités très-utiles.

Combien d'amateurs, à Paris & à leur exemple dans les Provinces, ne se sont-ils pas déja reformés? Combien de batteries de fer battu à froid & blanchi des deux nouvelles Manufactures, n'ont-elles pas déja pris dans les cuisines, la place de celles de cuivre depuis six ou sept ans?

La premiere comme j'ai eu déja l'honneur de vous l'observer, étoit née & tombée en 1742. Dix ans après, renée & comme revivifiée par la fameuse Thèse composée & soutenue par M. Thierri, elle s'est relevée, elle s'est soutenue, elle se soutient & s'augmente par degré, au point même que l'autre artiste encouragé par ce succès inespéré, a quitté son commerce, pour tra-

vailler aux mêmes ustenciles dont il a vu le débit assuré, du moins pour l'usage des connoisseurs, & de tous ceux qui aiment toutes les suretés requises dans la préparation des aliments.

Voilà donc maintenant deux Manufactures pour une : voilà le filet qui a gagné les ruisseaux. Le volume d'eau a maintenant du poids & de la pente pour en atteindre plusieurs autres. Nous verrons peut-être, ou pour le moins nos neveux verront la riviere.

D'où vient cet accroissement insensible ? est-ce la Thèse de M. Thierry ? Non. Elle n'a été dans son principe qu'une fleur parmi les épines : Lilium inter spinas. *A la vérité c'est la source la plus récente, mais elle se replioit comme les précédentes dans elle-même, n'ayant point encore assez de pente pour aller plus loin. C'est le sort ordinaire de tous les bons conseils de santé qui ne sont pas suivis, & auxquels l'homme n'a bien souvent recours, que lorsqu'il n'en est plus tems.*

Est-ce la traduction de cette Thèse, & la publication que j'en ai faite dans mes livres ? Non. C'est bien quelque chose, mais ce n'étoit pas assez. Tout ce qu'on peut dire de mes avertissemens, c'est qu'ils sont heureusement parvenus dans vos mains, & qu'y saisissant deux objets très-utiles qui vous ont enflammé, vous avez pris à tache de les préconiser & de faire des prosélites, qui en font d'autres tous les jours.

Voilà, Monsieur, les heureuses impressions que vous avez faites dans les esprits. Ce sont tout autant de tâches indelebiles ; mais tâches salutaires, qui s'étendront d'elles-mêmes au profit de l'humanité. Voilà le champ semé par l'Académie & la Faculté de Médecine, que vous avez cru glorieux de cultiver suivant leurs désirs, & en particulier de feu M. de Reaumur, ce grand homme, dont le jugement valoit celui de plusieurs Sçavants. Frappé de tant de jugemens solides, vous voulutes, Monsieur, tout éprouver. Vous me fîtes l'honneur de m'écrire, croyant que j'étois intéressé dans l'entreprise, & de me demander une batterie complette de tous les ustenciles de fer. J'eus celui de vous repondre, que je n'y avois d'autre intérêt que le bien public, mais que cependant je sentois le service que vous vouliez me rendre personnellement, dont je vous étois toujours d'autant plus obligé.

Enfin, Monsieur, favorisant autant l'un que l'autre & sans vous découvrir, vous vous êtes livré en tout & par-tout pour la réussite d'un objet indivisible, & en particulier pour le bien du service du Roi sur mer & sur terre. Vous avez jugé non-seulement, que les vaisseaux de fer étoient le seul remède pour abolir l'usage de ceux de cuivre, mais encore, en réunissant tous les objets, que les troupes ont manqué jusqu'ici des moyens faciles pour purifier les eaux bourbeuses & mal saines, trop souvent employées pour leur boisson, & pour la préparation de leurs alimens.

C'est donc en poursuivant toujours en secret le succès des ustenciles de fer & des Fontaines domestiques, que vous avez opéré, chemin faisant, celui des Fontaines militaires & marines. Vous sçavez d'après votre expérience & les témoignages de l'Académie, que ces dernieres seront toujours d'une très-grande utilité

utilité en plusieurs rencontres. Quantité de militaires, & autres personnes de tous états, l'ont reconnu depuis quelques années, elles en font plusieurs usages différens & de nouvelle commodité; jusques-là, que quelques autres à Paris & dans les Provinces en ont fait faire en argent, les regardant comme de vrais bijoux, qui joignent le magnifique à l'utile; mais quelles plus grandes commodités depuis le soldat, jusqu'aux Maréchaux de France dans les armées, ne trouvera-t-on pas dans celles que je viens de faire perfectionner depuis peu, & dont la vue vous a fait tant de plaisir?

Du reste, Monsieur, vous reconnoîtrez ici que je n'ai & ne puis même avoir d'autre objet présent, que le bien du service du Roi. Les priviléges dont Sa Majesté m'a favorisé, sont dans les circonstances où je me trouve, d'une nature à ne pouvoir tourner à mon profit ou très-peu. Vous connoissez, Monsieur, ce dicton familier: J'ai battu les buissons, d'autres auront les moineaux. *En voici l'application à mon égard, c'est qu'après tant de dépenses, ne pouvant plus moi-même faire les établissemens nécessaires hors de Paris, les Fontaines militaires & marines seront, comme toutes les autres, contrefaites par-tout. Pourquoi cela? c'est que je n'ai qu'une compagnie anonime, dans laquelle je n'ai pu remarquer que des phantômes, sous la figure de feints protecteurs qui m'ont fait illusion. Cette compagnie dont je ne pouvois point pénétrer les desseins, ne s'est proposée dans mon privilége qu'une simple tentative, un jet de ret, une mise obscure & bornée dans un jeu de reste. Son intention cachée malgré les plus* belles promesses, étois donc, Monsieur, de n'exiger que très-peu de fonds, & sans tenir aucune sorte de compte pour les perdre, comme sont les joueurs retenus, prudens & circonspects, ou les voir de loin & comme derrière le rideau, se doubler au centuple.

Vous sentez, Monsieur, l'absurdité & l'indécence d'un pareil projet, sur-tout dans une affaire nouvelle qui demande des fonds compétens, de la décence, de l'harmonie & de l'accord entre les associés, que ceux-ci se connaissent entr'eux dans le vrai, qu'ils se donnent chacun des soins, & qu'ils fassent de concert tous les établissemens nécessaires & relatifs à leurs promesses, à leurs états & à leurs intérêts.

Vous voyez par-là, Monsieur, que je ne pouvois connoître au juste aucun de mes associés. Un ou plusieurs ç'a toujours été un mystère pour moi. Je n'ai vu que deux hommes, dont un seul m'étoit donné comme associé, agir l'un & l'autre avec tant d'exactitude, de condescendance & de fidélité dans leurs fonctions, qu'assurément [je leur dois ici cet aveu] il n'est personne dans ma société anonime qui puisse les blâmer.

Du reste, Monsieur, voici tout ce que je sçais, & que je puis affirmer avec les preuves par écrit que j'ai en main : c'est que j'ai donné moi seul tous mes soins & gratuitement, dans une entreprise des plus pénibles, par le seul défaut des promesses illusoires qui m'avoient été faites. Les anonimes en me quittant sans s'expliquer, m'ont laissé tout le fardeau à moi seul & à mes risques, sauf d'en venir à un compte final qu'ils s'étoient proposé en secret ; ce qui manifeste assez leur dessein aujourd'hui ; mais point d'honoraires, point d'habitation fixe & déterminée, point d'employés dans une affaire qui en demande, parce qu'il auroit fallu les payer comme dans toutes les autres Manufactures de quelque nature qu'elles soient. Voilà des bornes adroitement prescrites dans un acte de société. C'étoit là, Monsieur, la défense future de mes anonimes, dont j'ignorois les droits, que je ne voyois plus, & qui me la faisoit parvenir indirectement de bien loin, lorsque je me plaignois de l'inexécution des promesses. Ensorte qu'après de longs travaux & toutes les illusions que cette foule précédente d'associés m'avoit faites, je me vis réduit à d'autres travaux encore plus pénibles que les premiers. C'est ainsi, Monsieur, que j'ai lutté tout seul contre une foule d'ennemis, & contre les désavantages du lieu de l'établissement. Vous l'avez vu ce lieu singulier, hors de Paris & des yeux des passans dans une cave profonde & humide, pendant huit années. Ne sembloit-il pas choisi par l'avarice même, par la confiance sur la bonté de l'invention que mes anonimes s'imaginoient devoir percer, & se soutenir d'elle-même sans fonds ? Quels étoient donc les desseins de cette compagnie invisible ? Où étoit même le bon sens & l'espérance fondée de voir arriver les gallions parmi les tempêtes, sans rames, sans voiles & sans gouvernail ? . . . .

Comment a-t-elle pu me faire dire que j'étois son débiteur d'une portion très-importante des profits ? car voilà ce qu'elle m'a fait reprocher sans rougir ; mais qu'avois-je à craindre ayant la vérité pour moi, & personne n'osant se montrer pour me le dire en face ?

C'est ainsi que mes associés invisibles tentoient de m'effrayer, pour me faire passer de nouveaux actes avec un Clerc de Palais, * *&*

* Celui-là que j'ai tout lieu de croire du nombre de mes associés cachés, vint un jour chez moi avec un air grave & sévére. (c'étoit avant que les arbitres eussent pris connoissance de l'affaire) Il tenoit au petit doigt un inventaire de quelques effets, qu'il me promenoit devant les yeux avec des gestes hupertinens, pour me faire appercevoir cette piece écrite de ma main avec mon seing au bas; sa commission étoit donc de m'effrayer, & de me déterminer ainsi à lui vendre mon privilége, mais il ne savoit pas tout. A la vérité, ces indignes procédés m'auroient mis en fureur dans un autre tems, mais je n'en avois plus la force. D'ailleurs mes protecteurs pleins d'égards, de discrétion & de menagement, m'en avoient défendu jusqu'au moindre signe.

C'est, je crois, le même Clerc qui m'a fait dire en bonne compagnie, se voyant obligé de céder à la vérité & à la force, que mes protecteurs ne feroient pas ce que mes associés ont fait; mais cette objection méritoit-elle réponse?

Ces protecteurs, gens de la premiere distinction, sont-ils des commerçans? Ont-ils oublié ce qu'ils sont? Rendent-ils service par intérêt? Eh! que n'ont-ils pas fait? Que ne sont-ils pas en état de faire encore avec cette bonté dont mes anonimes ne seront jamais capables? Voilà ce que je pouvois répondre, si mes protecteurs ne me l'avoient défendu. Je leur ai tenu parole; mon silence d'ailleurs répondoit assez pour moi.

Du reste, j'ai la preuve de tout ce que j'avance sur les apparitions du Clerc. J'ai ses lettres, que j'ai gardées soigneusement, comme une infinité d'autres: aussi apres le dernier acte passé par la médiation des arbitres, & dont il sera parlé bientôt, mes anonimes ont voulu avoir ces lettres & autres papiers, en me faisant offrir les miens & tout ce qu'ils ont à moi; mais que chacun garde ce qu'il a. Je ne crains rien de ce que j'ai écrit, puisque j'en ai déposé la preuve en bonnes mains dans les premiers tems du trouble.

Ces anonimes cependant ont fait une seconde ten-

m'exclure de mon privilége, sous une reserve fort ambiguë en ma faveur; mais je ne leur fis jamais connoître que j'étois plus subtil dans la vérité, qu'eux-mêmes dans la fraude. A la vérité, Monsieur, toutes ces propositions odieuses commencerent à me jetter dans le desespoir, causé bien mieux par les violences que je me faisois, & par la défense de mes protecteurs, qui par des raisons de bienséance, ne voulurent pas me lais-*

tative, me voyant ensuite sans connoissance, comme je le dirai bientôt, & en danger de mort, après tant de chagrins & de vexations : c'est alors qu'ils ont tâché d'extorquer subtilement de ma famille, ce que je n'avois pas voulu leur remettre en santé. Je promets ici cependant que je ne ferai jamais paroître aucun papier de ces associés anonimes, que lorsqu'ils paroîtront eux-mêmes. Je les réserve pour cause juste & nécessaire, suivant l'exigence des cas & après en avoir instruit mes protecteurs. Que sait-on des événemens futurs, quand on ne connoît pas encore ceux auxquels on a affaire?

* Si je leurs avois vendu mon privilége, que n'auroient-ils pas mis en usage pour le faire renouveller à leur seul profit? Quels fonds n'auroient-ils pas mis alors, pour mettre ce privilége en valeur? Comment, après la société expirée, aurois-je pu demander le renouvellement d'un privilége, m'étant dépouillé du titre? Quelles chicannes n'auroient-ils pas élévées contre moi pour représenter mes prétendues dissipations & la perte de leurs fonds enflés, comme celle de leurs profits immenses, prétendus tels dans le tems du litige pardevant les arbitres? Enfin, comment après m'être épuisé, aurois-je pu me défendre pour rentrer dans mes droits? Car voilà leurs projets : c'étoit de me tenir le pied sur la gorge, & de m'empêcher de faire le moindre mouvement : du reste, je ne dis rien encore que preuve en main; mais à quoi servent les preuves contre des anonimes? Quels fagots d'épines! quels charbons ardens ne m'avoient-ils pas préparés pour me rendre service!

ser mettre au jour des argumens invincibles, que par aucune crainte de l'évenement des contestations alors présentes, & d'un nouvel acteur qui me faisoit pitié. Croiriez-vous, Monsieur, que ces contestations ont duré dix-huit mois devant les arbitres les plus équitables, & que ceux-ci n'ont pu voir d'autre compte que le mien, contenant le détail exact de la recette & de la dépense?

Le compte de cette société anonime n'a jamais pu paroître qu'en blot, sans aucun détail & sans recépissés des prétendus fonds qui ont été employés à l'entreprise. Partie de ces fonds ont été fournis, j'en conviens. L'autre partie a été retenue, j'en ai la preuve en main. Il est bon, Monsieur, de vous observer, que n'étant pas encore assez instruit, je fus obligé en deux différens tems des mêmes contestations de passer différens actes protestatifs par-devant un Notaire, pour fixer la vérité des piéces, contenant tout ce qui avoit été écrit de part & d'autre, & m'en servir au besoin. Je déposai même un blanc seing chez le même Notaire, dont j'envoyai le double le lendemain avec cession & transport de mon privilége au protecteur, qui pourroit en faire contenter mes anonimes & les faire donner ainsi dans le piége. Il s'en fallut de peu qu'ils n'y donnassent; car ils le garderent pendant six mois, quoique souvent interpellés de le rendre, s'ils ne vouloient pas en faire usage. Ils y furent cependant obligés par-devant les arbitres.

Vous voyez par-là, Monsieur, que les piéges sont nécessaires & permis quelquefois, lorsqu'il s'agit de parer ceux qui nous sont tendus, pour nous délivrer de la vexation &

nous procurer cette tranquillité, dont l'impossible met notre vie en danger, comme vous l'allez voir bientôt.

Remarquez, Monsieur, l'argument singulier que me faisoit faire cette compagnie invisible au sujet des fonds prétendus fournis. De quoi est-ce, *me faisoit-elle dire*, que vous avez établi la Manufacture & tous les ouvrages qui ont été vendus, si ce n'est des fonds que vous avez reçus en entier ? D'ailleurs vous étiez seul & caissier. *Je répondois à cela :* J'ai été seul, parce que vous m'avez laissé seul à dessein d'en venir à votre but, qui étoit, dans le principe, de me dépouiller à force de litige, dans la présomption de l'inexactitude des comptes d'un Directeur accablé de soins. J'ai fait vendre les ouvrages, & faisant de la terre le fossé, j'ai fait convertir les prix aux refactions & à tous les autres frais ; voilà le compte exact ; faites paroître le vôtre. Voulez-vous que je sois caissier à cet égard ? J'y consens : mais vous-même *compagnie anonime*, vous aviez établi un caissier porteur de vos fonds, qui devoit suivre l'emploi des sommes que vous me faisiez compter par ses mains, & dont je lui donnois mes récépissés. Montrez-les donc, ou convenez, que si vous n'en avez pas assez pour justifier du payement de vos fonds, c'est que vous en avez retenu le restant, & j'en ai la plus forte preuve par écrit. Pouvez-vous alléguer, que votre caissier me les ait remis de la main à la main, & sans quittance pour sa décharge à votre égard ? C'est ridicule ; convenez donc, que votre argument n'est qu'une subtilité puérile, un vrai sophisme,

& que l'établissement des ouvrages dit bien une somme plus ou moins considérable, mais ne dit point une somme fixe, & telle que vous soutenez m'avoir fourni, partie sur me recépissés, & partie par de pures allégations.

Enfin, Monsieur, malgré mon compte & le vice de celui de cette compagnie, le litige & la vexation duroient toujours. L'établissement se trouvoit en danger par d'autres moyens mis en usage clandestinement, pour éluder l'effet des congés donnés au propriétaire des magasins, ou à volonté, rendre ces congés valides, & en opposant ainsi à la validité du Bail actuel, quoique fait & passé de leur consentement, me faire trouver sans magasin, sans attelier, & voir mettre tous les ouvrages sur le carreau, pour les faire vendre nécessairement & en détacher les prétendus fonds. C'est ainsi qu'elle vouloit le faire tomber, sauf de le rétablir ensuite à son profit suivant les foibles principes qu'elle se proposoit *.

Ce fut alors, que poussé à bout je vis la nécessité de transgresser la défense que mes protecteurs m'avoient faite. Je fis signifier des actes de sommation à la personne chargée de

* Ce dessein paroît même durer toujours, puisque le bail actuel se trouve expiré à tous les termes, sans que cette Compagnie anonime veuille délibérer à cet égard ; mais que gagnera-t-elle dans ce cas ? rien absolument : je me flatte que le Roi, qui m'a honoré des témoignages de sa bienveillance & de sa satisfaction, m'accordera un logement dans une maison Royale, pour rétablir une Manufacture qu'elle protege & que mes anonimes veulent faire tomber à la faveur de ces mots, dits avec beaucoup de flegme, & si contraires à leurs promesses : *il faut que la chose fasse la chose.*

paroître dans les actes pour les intéressés invisibles. Je m'y expliquai fortement, & ceux-ci déconcertés par des résolutions auxquelles ils ne s'attendoient pas de ma part, consentirent sur le champ à finir par un acte le plus prudent qu'ils pussent imaginer, pour éviter de nouvelles contestations dont les suites paroissoient dangereuses. Mais quel reméde ? quel moyen de masquer le mensonge, sous la figure de la vérité ? Le reméde n'est-il pas le plus souvent plus à craindre que le mal même ? les précautions d'ailleurs ne sont-elles pas toujours libres ?

Depuis ce dernier acte où je n'ai pas voulu du jeune homme, que mes anonimes inconnus se proposoient de me faire accepter pour nouvel adjoint, je vis plus tranquille avec le premier & son conseil, exemts de tout péché originel, je veux dire, des piéges que les anonimes m'avoient fait tendre, pour me faire consentir à un premier acte de société, aussi captieux que celui dont je me plains.

Or ces piéges, dont j'ai la preuve, étoient avant cet acte, qu'on me faisoit représenter l'entreprise comme infaillible & une vraie mine d'or. Les anonimes me faisoient dire, que lorsqu'il y auroit dix mille Fontaines répandues dans Paris, le seul entretien à douze livres par an, produiroit à la Société, franche des salaires des ouvriers, cent mille livres de bénéfice. Je riois en moi-même de ces idées, & je répondois, que les fonds destinés ne suffisoient pas pour espérer un événement de cette importance, qui exigeroit, dans ce cas, au moins cent mille écus de fonds.

Je me défendois encore en disant, que les

fonds proposés ne pouvoient servir que pour les frais préliminaires. Les anonimes me faisoient répondre à cela, que dès l'entrée du succès, ils donneroient leurs crédits pour trente mille livres d'augmentation de fonds. Ces inconnus raisonnoient bien juste pour le succès; en effet ce succès a eu lieu dès l'ouverture du magasin, & toujours de plus en plus après ces fonds. Mais l'inexécution des promesses, & l'avidité qui n'ont pu l'étouffer dans une cave, l'ont retenu dans la médiocrité. Le projet se fait sentir: si la vogue vient, pensoient-ils sans doute, voilà nos fonds tout faits. Si elle est tardive, si elle se soutient dans la médiocrité, attendu la nouveauté qui pourra demander du tems pour s'établir, nous dirons qu'il faut attendre pour retirer des fonds qu'il y ait plus de sureté pour le succès. Dans tous les cas leur réponse étoit prête.

Ils croioient donc que je ferois d'une petite langue de terre un long & vaste fossé, moi seul, avec quelques ouvriers répandus dans Paris, pour exécuter mes pensées. Quelle riche ambulance pour moi? sans aide d'ailleurs & sans établissemens convenables. Ils me faisoient ainsi faire des promesses dans le secret dessein d'y manquer, & de ne faire qu'un simple essai dans une espèce d'échoppe, qu'ils espéroient devoir devenir un palais, sans se mettre en peine du sort d'une affaire si authentique par son utilité, qui me coute si cher, & me coutera peut-être la vie avant le tems & contre les loix ordinaires de la nature.

Voyez, Monsieur, la rigueur de ma destinée: je sors d'une famille, où l'on trouve des Magistrats en Cour souveraine, des Offi-

*ciers décorés de la Croix de Saint Louis, des Juges, des Avocats, dont je suis le onzième, ayant rempli moi-même des Judicatures, des fonctions de Procureur du Roi, même de Juge dans des jugemens en dernier ressort, irréprochable dans mes mœurs; * & parce que j'ai quitté ma profession pour enrichir l'humanité de deux trésors, l'un connu & l'autre inconnu, ** ma destinée après m'être excédé de par-tout, me fait tomber successivement entre les mains d'une infinité d'associés avides & impuissans, qui ne m'ont regardé que comme un machiniste utile, & ont suivi par les mépris & les vexations. Mais puis-je me plaindre aujourd'hui, si je considere que sous le masque, vous-même, Monsieur, vous avez démasqué & confondu tous mes ennemis? Jaloux, avares, calomniateurs, tout est mis au néant, par vos soins généreux. Maintenant*

1. * Je ne fais ici cette digression que pour diminuer les mépris insupportables de mes ennemis, qui doivent faire attention que la probité seule ennoblit les nobles & les roturiers.

2. ** Louis XV les protége & les conseille à ses sujets dans ses Lettres Patentes. Le Trésor connu est le fer, que Sa Majesté veut faire revivre sur mes instances & mon dévouement à contribuer à la conservation de ses sujets. L'inconnu est l'éponge qui est comme un bouquet d'où sortent des perles qu'on laisse tomber dans le fumier. Ces perles font le volume arbitraire de l'éponge suivant le besoin. Les nouveaux vaisseaux convenables à ce volume, la facilité de mettre le tout en état; la légéreté & la commodité du transport; ces avantages nouveaux regardent les militaires principalement. La quantité d'eau nécessaire par-tout, & la promptitude de la filtration, suivant toutes les grandeurs arbitraires des Fontaines domestiques; le nombre des alvéoles & la puissance du filtre par sa pression, la limpidité de l'eau & sa salubrité.

le rideau est tiré : je vois & je connois encore plus clairement les deux seules personnes que j'ai toujours connues. Je leur rends justice : la vérité, l'harmonie, l'union, l'amitié même & l'intelligence, regnent entre nous, & l'on voit dans l'administration présente la preuve la plus parfaite de la vérité de mes défenses & de l'injustice des moyens employés auparavant par mes associés toujours invisibles.

Croiriez-vous, Monsieur, qu'ils m'ont fait reprocher l'ingratitude ? Mais où est le service quand il n'a d'autre objet que l'intérêt & l'avarice ?

La raison bannale de mes anonimes m'étoit opposée sans cesse. Depuis l'établissement [me faisoient-ils dire] *nous n'avons touché aucun profit.* Je répondois : *c'est que les fonds sont trop modiques pour faire un établissement lucratif & brillant. Il faut ce brillant, il faut figurer, il faut étendre ce que l'Académie a jugé susceptible d'extension & de différentes utilités. Il falloit sortir de la cave où ils ont détenu l'entreprise ; mais où prendre & comment leur faire mettre des fonds verbalement promis par un protecteur de bonne foi ? heureux encore pour eux, s'ils pensoient juste, que je l'aie soutenue par mes soins. La Manufacture des Glaces a changé plusieurs fois de compagnie pour acquérir des forces qu'elle n'avoit pas. Il a fallu enfin celles du Roi. He! n'ont-ils pas pris la précaution dans l'acte de société, de stipuler qu'il ne seroit libre ni aux uns ni aux aux autres, d'introduire d'autres associés ? n'est-ce pas là une preuve qu'ils avoient envisagé l'entreprise, comme un moyen facile d'aller au Perou dans un batelet ? mais cela étoit-il possible, dans* une affaire nouvelle, qui alloit être exposée à tous les traits des critiques ? ne devoient-ils pas savoir le ton de Paris, mieux qu'un étranger tel que moi ?

N'ont-ils pas vû l'inventeur des Parasols de soye, rester dans la médiocrité, avec son Privilége, pendant dix ans & ne faire fortune qu'après sa mort ? belle fortune ! d'où vient cela ? c'est qu'il n'avoit pas assez de fonds, pour faire de son vivant, ce qui est arrivé après sa mort. Le Public désireux de ce qui lui paroît bon, lorsqu'il n'en a plus le moyen, * a suscité plusieurs marchands qui en ont fait fabriquer.

Voilà des fonds, par le nombre des marchands. Veulent-ils savoir le succès ? il est peu de particuliers aujourd'hui à Paris, qui n'en ayent. Les poeles de fayence n'ont-ils pas eu le même sort, toujours par la penurie des fonds : ils ont cependant pris faveur après dix ans. Qu'ils voyent le nombre qu'il y en a dans Paris, & combien tous les ans de caisses d'emballage pour la province & pour le pays étranger ? Voilà ce qu'ils devoient savoir mieux que moi, qui ai consumé avant l'établissement vingt fois plus de bien qu'eux. Ils devoient m'imiter après, & ils auroient rempli plus rapidement leur objet.

En un mot il ne falloit pas, sous la promesse verbale d'un bon vaisseau, m'embarquer dans un battelet, ils ont failli à m'y faire faire naufrage ; personne d'eux n'y a paru ; ils n'y ont risqué que de petits fonds ; & s'ils étoient perdus, je ne saurois pas même qui je dois plaindre, ne pouvant connoître

* Nitimur in vetitum. Volumus, poscimusque negata.

dans ce cas que moi seul : ainsi leur raison banale tombe d'elle-même. Ils doivent le sentir à présent, après un nouvel acte & leur vigilance des plus exactes. Qu'ils comparent le débit d'aujourd'hui, exempt de tous les frais préliminaires, avec le débit des premières années, où les dépenses étoient beaucoup plus fortes.

Du reste comment veulent-ils faire augmenter les profits, dans un nouveau magasin qui permet encore moins les établissemens nécessaires ; bon, à la vérité, pour la vente en tems de paix, mais sujet bientôt à un déménagement ; d'ailleurs très à l'étroit, sans attelier, sans honnête habitation, sans salubrité, sans commodité, & sans aucun moyen de repos, ni la nuit ni le jour. Qu'ils paroissent donc, & le fassent juger par des hommes raisonnables.

Leur dessein se fait sentir. C'est maintenant une vengeance injuste. Il n'est plus question de gagner, parce qu'ils ne veulent pas mettre les fonds qu'ils m'ont fait promettre. Peut-être ne le peuvent-ils pas. C'est, ne les connoissant pas, ce que je ne sais point ; mais s'ils le peuvent, & que le chagrin d'avoir manqué de gagner, par un projet déraisonnable, ne leur inspire plus que de se venger, ils n'y réussiront pas ; car d'esclave alors, je deviendrai libre. C'est le plus grand bonheur qui puisse m'arriver : Libertas inestimabilis res est.

Il me reste cependant un chagrin cuisant ; c'est qu'après tant de tergiversations de toutes parts, j'ai la douleur de voir les amis que j'estimois les plus chers, qui s'éloignant de moi sont allés bien loin, au

entre autres encore plus écarté. Peu s'en est même fallu [le croirez-vous encore ?] qu'avant leur départ, me regardant avec mépris & comme un imbécile, ils ne m'ayent fait pourvoir d'un curateur. Suivant toute apparence, ce sont ici des interesses d'un autre genre, qui ont tenté de m'exclure ; mais qui ne voyent pas le mal qui peut leur en arriver dans l'avenir. Ce sont les inconsidérations, l'abandon, les reproches, les contradictions, l'ingratitude & la mésestime de ceux-ci, qui m'ont le plus affligé, & contribué à la ruine de ma santé. Quelle source de malheurs ne doit-on pas craindre de la corruption, & de la duplicité des hommes ! Hélas, Monsieur, qu'est-ce que c'est que l'homme ! mon mal augmente même tous les jours, parce que je n'espere plus de les voir revenir pour les désabuser. Voilà le fruit le plus sensible de l'injustice.

En effet, c'est être bien injuste que de regarder comme des profits détournés, les grandes sommes provenues de modiques fonds, surtout retenus & exténués, & sans vouloir faire cette attention si juste & si raisonnable qu'exigent, je ne dis pas mes peines qu'ils ont toujours méprisées, avec le dédain le plus injurieux & le plus piquant, mais les achats des matieres toujours plus chéres par le défaut des établissemens nécessaires, les salaires des ouvriers, les loyers, les dons pour le bien de la chose, les frais de voitures dans Paris pour aller diriger les ouvrages & les ouvriers, que la pénurie des fonds ne permettoit pas & ne permet pas même encore de tenir dans le lieu de l'établissement; [Hé ! combien de centaines de lieues n'ai-je pas fait à pied pour ménager ces fonds !] Enfin ceux des impressions des livres absolument nécessaires, si mal digerés qu'ils soient dans le trouble où j'ai toujours été; mais qui ont servi pour entretenir l'entreprise, & pour instruire le public, qu'il falloit redresser sur les impostures d'une légion d'ennemis secrets.

N'est-ce pas une merveille, avec tant d'ennemis à combattre, dans l'établissement surtout d'une affaire nouvelle, & avec des fonds si douteux & si disproportionnés, [je n'ose, Monsieur, vous en dire la véritable valeur,] que j'aye soutenu l'entreprise pendant si longtems, & que je l'aye mise enfin au point de se soutenir d'elle-même?

Quelle plus grande preuve de la solidité des jugemens de l'Académie & de la Faculté de Médecine, que de voir les fleurs, qu'elles ont semées dans mon champ, pousser si orgueilleusement & se soutenir dans la zizanie & l'ivraye, parmi les ronces & les épines?

Il est vrai, Monsieur, que vous étiez le Mentor & l'Auteur caché d'un succès que je n'attribuois qu'à mes soins; mais vous ayant découvert, je puis assurer encore mieux, que l'entreprise se soutiendra toujours, du moins pendant tout le tems que mes forces très-affoiblies pourront me permettre d'en prendre le soin; mais vous sentez que n'étant plus jeune, & faisant ainsi comme l'impossible, je ne puis que succomber enfin, faute des aides que les fonds très-inférieurs à ceux que j'ai fournis dans le principe, ne permettent pas, & qu'une compagnie aussi singulierement établie, n'est nullement propre à porter & étendre les établissemens nécessaires hors de Paris, dans les villes où les porteurs d'eau vont puiser dans les rivieres, dans les ports *de mer & autres routes des troupes sur terre, ou à la suite des Armées.*

Je ne dis pas cependant qu'un autre à mon défaut ne puisse suivre cette affaire ; elle ne s'éteindra même jamais. Le principe simple aujourd'hui bien connu par un grand nombre d'Amateurs, sera toujours cultivé ; mais il faudra bien du tems, pour découvrir les différentes rencontres prévues par l'Académie ; car je n'ai pu encore mettre au jour que quelques utilités. Vous en verrez cependant une nouvelle, soutenue par l'expérience, & par les jugemens les plus authentiques, dans la seconde partie qui paroîtra bientôt.

N'est-il pas vrai, Monsieur, que le débit des inventions nouvelles & les plus utiles, dépend bien mieux des yeux de ceux qui les voyent, * *qui en sont frappés & qui en ont besoin, que de tous les bruits confus qui s'en répandent dans les Journaux ? Les trésors & les diamans les plus précieux, sont tou... assez bien gardés dans les entrailles de .erre. Il est très-rare, pour ne pas dire impossible, que les voleurs ou les Marchands y fassent leur fortune.*

Il n'y aura donc que le petit nombre des Fontaines militaires & marines qui se debiteront toujours à Paris ; [mais cette vaste Capitale n'est point un lieu de passage des troupes] elles ne serviront donc que comme des modéles portatifs, qui seront contrefaits par-tout.

* Segnius irritant animos, quæ sunt demissa per aurem,
Quam quæ sunt oculis subjecta fidelibus, & quæ
Ipse, sibi tradit spectator. *Juv.*

Voilà, Monsieur, toute la récompense que je suis en droit de me promettre d'un Privilége exclusif quoique renouvellé, & d'une invention aussi utile, tant que je serai avec une compagnie, qui par une avarice contraire, non-seulement à ses promesses, mais à ses propres intérêts, se trouve comme paralitique, ou agitée en secret d'autres passions nuisibles au bien de l'entreprise, même contre les intentions expresses du Roi dans les dernieres Lettres du 22 Décembre.

Je ne peux même me rien promettre de mon vivant, (ceci est démontré.) Considerez, Monsieur, les vexations & les chagrins que j'ai endurés de toutes parts, & le travail pénible que j'ai fait, qui continue même encore depuis 15 ans; vous ne serez pas surpris qu'une santé aussi forte que la mienne, qui n'avoit jamais reçu la moindre atteinte jusqu'à l'âge de 61 ans, se soit enfin détruite tout d'un coup. Un accident d'apopléxie dans le mois de Septembre dernier, dont je ressens toujours quelques attaques, a changé tout mon tempérament, ruiné mes forces & ma vue. L'hyver des ans dans un cas pareil, ne permet jamais un rétablissement parfait; il ne laisse même d'autre espérance qu'une rechute dangereuse.

Rendez-moi donc justice, voyez, Monsieur, si je puis avoir en ceci d'autres vues pour le présent, que l'extension d'une invention utile au service du Roi.

Tout ce qui peut entrer dans ces vues, c'est, je l'avoue, l'avantage de ma famille, lorsqu'elle sera parvenue en 1766, à l'exploitation plus libre d'un nouveau privilége; mais en l'état où je suis, serai-je en vie alors?

Voici cependant ce que j'ai projetté pour conserver dans l'avenir à cette famille, & aux autres Artistes utiles dont j'ai parlé, le fruit de vos soins généreux, & conséquemment au public présent & à venir, l'assurance d'un nouvel usage exempt de tout danger, & solidement établi pour toujours.

Pour ces effets, j'ai conseillé aux deux Fabricateurs des ustenciles de fer battu à froid & blanchi, de faire supplier le Roi de leur accorder la permission d'établir un Bureau de vente, chacun, aux deux extrémités du Pont-Neuf, du côté de la Place Dauphine, c'est-à-dire, un joignant le Quai de la Ferraille, & l'autre le Quai de la Vallée; cela se peut sans gêner le passage. Sa Majesté a bien jugé nécessaire de congédier toutes les boutiques, pour la plus grande commodité publique; mais les enfoncemens ou demi-lunes qui se trouvent sur toutes les piles du Pont, sont hors du passage, & contiennent tout l'espace nécessaire, pour y établir deux Bureaux de vente de ces ustenciles de fer, je peux dire mieux, de ces ustenciles de santé; sauf, si le débit augmente, ce qui ne peut manquer par ce moyen, d'établir à proportion & suivant le besoin, d'autres Bureaux dans les autres demi-lunes.

Je conviens, Monsieur, que les ustenciles de cuivre, pour la préparation des alimens, sont plus commodes pour les cuisiniers des grandes maisons; mais outre que ceux-ci sont ordinairement plus attentifs aux rétamages, aux lavages, aux essuyemens & à la propreté, les casserolles d'argent sauvent souvent les maîtres des dangers d'un métal redoutable. Cette attention cependant n'est jamais une regle *sans exceptio. Combien de Seigneurs n'ont-ils pas été les victimes du cuivre ? Mais considerez le public ignorant ou négligent ou paresseux, qui fait la plus grande partie de l'Etat. Combien de maladies inconnues ? Combien d'accidens funestes tous les jours çà & là, principalement par l'usage des Fontaines de cuivre négligées, dans lesquelles l'eau séjourne souvent des semaines entieres, pour le moins du soir au matin, avec le verd-de-gris qui a toujours son effet à la premiere disposition des visceres ?*

On ne peut donc sauver entiérement ce dernier, qu'en exposant sans cesse à ses yeux des ustencilles de santé. *Quel endroit plus frappant & plus fréquenté que le Pont-Neuf ? Quoi de plus exprès, de plus instructif & de plus éloquent, que la permission distinguée, ou même l'ordre absolu pour les y mettre en évidence, à l'exclusion de tout autre commerce ? Voilà pour le public en général.*

Je viens à l'intérêt des troupes de mer & de terre. Je suppose ici la même permission de l'autre côté du Pont, à la droite & à la gauche de la Place Royale d'Henri IV. Le commerce des Fontaines militaires & marines seroit ici encore plus remarquable aux pieds de ce grand Roi, autre pere des soldats.

Mon projet seroit donc, Monsieur, [suivant la permission que le Roi m'en donne, & attendu l'inaction d'une compagnie inconnue, avec laquelle par les précautions les plus singulieres qu'on ait jamais vûes dans les actes de société, je ne puis prendre ni déliberations, ni aucun arrangement] de donner à un Maître Ferblantier la permission par écrit de construire & debiter pour son compte, des Fon-

taines militaires & marines, pour les étendre ainsi à son seul profit. Voilà, Monsieur, les semences qui se vendroient à Paris pour les villes des Provinces. Je ne vois pas qu'une compagnie inconnue qui se refuse à tout, puisse l'empêcher ; je dis même affirmativement qu'elle ne le peut pas. Où est en effet le droit d'une compagnie d'associés anonimes, quelle qu'elle soit, sur-tout sous le masque, de guetter un privilége exclusif, dans la volonté cachée de n'en faire que l'essai, de se rendre ainsi les auteurs du risque de sa chute par des fonds impuissants, même indécents & contraires ainsi à l'extension d'un privilége utile au bien public, & aux intentions du Roi?

Le même Maître Ferblantier travailleroit en même tems suivant le méchanisme que je lui en donnerai, à des marmites de fer blanc pour les soldats. Observez, Monsieur, que ces marmites seront moins pesantes, plus commodes, moins couteuses à MM. les Capitaines d'Infanterie & de Cavalerie, & sans danger de verd-de-gris, qui est assez souvent une des sources principales des dissenteries & autres maladies épidémiques dans les Armées, quelquefois d'un poison mortel. Quelle sureté peut-il y avoir dans une marmite de cuivre entre les mains des soldats, qui y conservent les potages, quelquefois du diné au soupé ou du soupé au lendemain ; d'ailleurs négligens, presque toujours ignorans & nullement Physiciens?

Tous ces moyens, s'ils peuvent me réussir, comme je l'espere, en soutenant une si bonne cause, ne peuvent me fournir, comme vous voyez, Monsieur, d'autre récompense, que celle que je ressentirai de la confusion & de la honte de mes persécuteurs, & principalement du bien du service du Roi. Ainsi point de vue d'intérêt, point d'autre récompense que celle dont Sa Majesté m'a honoré dans ses dernieres Lettres Patentes, & par des termes si flatteurs qu'ils remplissent tous mes désirs, pourvû que je puisse y répondre par les seuls moyens que je viens d'avoir l'honneur de vous observer. Il me suffit, Monsieur, que vous m'ayez procuré indirectement un succès infaillible pour l'avenir. C'est ce succès seul qui m'a valu ces expressions distinguées de Sa Majesté : A ces causes & voulant donner à l'exposant de nouvelles marques de notre bienveillance, & de la satisfaction que nous ressentons de son devouement à contribuer à la conservation de nos sujets. Voila la récompense dont j'étois jaloux. Je l'ai obtenue & je ne demande plus rien : ainsi, Monsieur, si je ne puis profiter encore d'un privilége prisonnier à Paris, du moins je serai tranquille en mourant sur le sort de ma famille, & j'aurai trouvé le moyen de laisser ici un monument de vos bienfaits. Pouvois-je en esperer un plus grand ? Quoi de plus glorieux en effet pour moi ? Mais aussi quoi de plus glorieux encore pour vous, Monsieur, que d'avoir voulu me laisser seul mériter une récompense, dont vous étiez le seul moteur secret ? Sa Majesté n'a été déterminée que par sa justice, sa vigilance au bien de ses sujets, & par la notoriété publique ; mais n'êtes-vous pas toujours ce seul moteur secret ? Ce sera donc toujours vous, Monsieur, qui aurez frappé les derniers coups de massue, & terrassé les ennemis de la vérité, en la tirant comme vous avez fait de l'obscurité

suivi une compagnie, non moins obscure & indéchiffrable, l'a toujours laissée pour la faire percer dans les grandes maisons. Celles-ci avoient toujours donné le ton, que vous avez rendu décisif, infaillible & durable dans l'avenir. Le public même le plus soumis au préjugé, sera venu peu à peu & de plus en plus à résipiscence. Il aura proscrit totalement, du moins les Fontaines de cuivre, sources d'une infinité de morts ou de maladies inconnues. Même quels plus grands effets n'êtes-vous pas en droit d'espérer de votre zéle ? Peut-être que Louis XV suivant cette bonté, cette prudence & ce secret qui brillent dans ses vertus Royales, a voulu jusqu'ici ménager, jusqu'à la plus petite partie de ses sujets, intéressés au commerce du cuivre.

Il peut donc arriver, que ne voyant plus dans la suite qu'un petit nombre de sujets incorrigibles, Sa Majesté rendra un Edit absolu pour proscrire irrévocablement tous les vaisseaux formés de ce métal pernicieux dans les cuisines & dans les pharmacies, & convertir ainsi ces monstres domestiques à toutes les foudres qu'elle tient dans ses mains, pour exterminer les ennemis de l'Etat. C'est alors, Monsieur, que vivant avec vous-même dans les siécles à venir, je vous rendrai des actions de grace toujours durables de ma juste reconnoissance.

Au surplus, j'ai pensé que vous ne blâmeriez pas des aveux aussi en place que ceux-ci. Laissez, je vous prie à ma sensibilité, la satisfaction & les douceurs que je goute en vous élevant à la tête de ce livre la statue que vous méritez à si juste titre, par votre générosité & votre zéle pour la véri-

té, pour le bien public, & pour celui du service du Roi sur mer & sur terre. Vous le devez même, Monsieur, pour laisser aux bons citoyens une partie des instructions, dont ils peuvent avoir besoin pour former les desseins d'une compagnie plus utile & plus agréable aux intentions claires de Sa Majesté; instructions qu'ils ne peuvent trouver que dans le recit des faits uniquement relatifs à un amour & un acharnement aussi louables & aussi heureux que les vôtres pour l'humanité.

Je suis avec un profond respect & la plus vive reconnoissance,

MESSEIGNEURS & MESSIEURS,

Votre très-humble & très-obéissant serviteur AMY.

AVERTISSEMENT

Pour se méfier ou mettre en usage les découvertes d'un nouvel Artiste.

PLusieurs Artistes qui ont vu le succès des nouvelles Fontaines, ont été tentés de les imiter, du moins du côté des matieres & des robinets coupés, ne pouvant toucher au reste d'un méchanisme nouveau défendu par un privilége exclusif. Dans cet objet, ils ont imaginé de doubler les vieilles Fontaines de cuivre de plomb laminé, & d'y faire d'autres changemens qui leur ont paru nouveaux & utiles.

Croyant d'avoir réussi, ils se sont annoncés dans une des feuilles publiques en 1756, sous les prétendus auspices & les témoignages flatteurs de l'utilité reconnue par l'Académie Royale des Sciences; mais reconnoissant bien des dangers & des inconvéniens dans leurs ouvrages, ils ont tâché de les corriger, & se sont annoncés encore dans une des mêmes feuilles en 1758.

Les corrections s'y réduisoient à supprimer les panaches ou planchers portant le sable, qui étoient formés dans leur premiere construction d'une lame de cuivre à l'ordinaire, recouverte de plomb en-dessus & en-dessous, *crainte*, disoient-ils, *que ce plomb ne vînt à se percer, sans qu'on s'en apperçût, & causât quelque accident :* en sorte que le plomb plus épais & tout seul, tenoit la place, & faisoit la force du cuivre, pour porter le sable & la charge de l'eau. Leurs corrections consistoient encore en deux prétendus robinets de composition. Enfin ils ont aventuré dans ce dernier tems, assez éloigné du premier, que leurs ouvrages avoient obtenu de nouvelles *louanges & approbations* de la même Académie.

Mais est-il vraisemblable que cela soit? L'Académie auroit-elle loué & approuvé en 1756 ce qu'ils ont avoué eux-mêmes en 1758 avoir reconnu dangereux & mal-entendu? Ne seroit-ce point ici un abus du nom respectable d'une illustre Compagnie, qui ne prononce que des oracles? aussi l'on ne voit pas qu'ils ayent fait publier dans aucun de ces tems leurs prétendus certificats d'expériences & d'approbation : du reste ils n'ont pas réussi. On le verra beaucoup mieux sous le nombre XX & suivans.

Parmi tous ces nouveaux Artistes annoncés, & enfin découragés, il s'en est trouvé un, qui ranimé par un ouvrier, d'intelligence avec lui depuis long-tems, * a cru avec le secours de celui-ci, pouvoir porter les vieilles Fontaines de cuivre à un dégré de perfection capable de séduire le Public.

Après plusieurs essais, s'imaginant d'y avoir réussi, il s'est annoncé alors lui seul dans les grandes maisons comme *inventeur des Fontaines de cuivre doublées de plomb laminé*; il assuroit qu'en cet état *elles sont toujours exemtes de verd-de-gris, même de vase, au moyen de deux robinets, dont un est soudé vers le fonds. On peut les laver*, ajoutoit-il, *sans les ôter de leurs places, en y versant par le tuyau de l'é-*

* Exemple qui n'est pas nouveau : cet ouvrier a fait sa petite fortune auprès d'une personne qu'il a calomniée cruellement : il a fini & réussi en calomniant son bienfaiteur auprès d'elle.

vent quelques potées d'eau, qui emportent, par le moyen de ce dernier robinet, le limon déposé dans le réservoir de l'eau pure. Ce limon est la principale cause, (comme il l'avoit dit lui-même dans une autre feuille en 1758) *qui fait puer l'eau des Fontaines sablées. Au moyen de cette addition*, ajoutoit-il encore, *on les fera laver moins souvent, & on aura l'eau plus propre, parce que les Fontaines sablées, nouvellement lavées, rendent ordinairement l'eau trouble ou louche, pendant plusieurs jours. Du reste*, disoit-il, *le verd-de-gris y est toujours d'autant moins à craindre, que les robinets sont formés d'une composition très-dure, dans laquelle il n'entre point de cuivre.* Enfin il assuroit, comme l'avoient dit avec lui ses précédens Associés, que ses inventions avoient été également *louées & approuvées* par la même Académie.

On doit convenir que s'il a dit vrai dans ce dernier point, le public ne risque rien de s'adresser à un Artiste, qui se rend même nécessaire par une autre invention très-intéressante, car il assure qu'il a le secret d'*étamer toutes les*

Cassérolles & Marmites à la maniere des Orientaux; qu'en cet état elles sont *absolument exemtes de verd de-gris, & imitent la vaisselle d'argent.* *

Les désirs du Public seroient enfin exaucés : rien ne seroit en effet plus utile pour la conservation du genre humain dans le monde entier; mais les personnes sages, & qui ne croient pas à la légere, attendent à tous ces utiles égards des certificats authentiques; jusqu'alors, voici leurs raisonnemens & leurs doutes.

1°. Cet Artiste se rend suspect en se parant, mal-à-propos, du nom d'inventeur, sur-tout après s'être annoncé précédemment comme associé de plusieurs autres qui lui donnent l'exclusion. Pour le moins ils sont coinventeurs avec lui : encore reste-t-il à savoir s'il y a invention, si elle est utile, & si ce ne sont pas ici des Plagiaires.

* On a découvert dans le courant de cette Impression, que cet Artiste avoit fait distribuer des adresses imprimées, contenant tous les avantages dont on a fait le détail ; on n'attaque celui-ci que pour battre, comme on dit, le chien devant le lion.

2°. Les Fontaines de cuivre doublées de plomb sont encore plus dangereuses que celles qui ne sont qu'étamées, attendu les défauts des soudures, les pailles & feuillures, & les ouvertures plus ou moins profondes qu'un grain de sable peut faire à ce plomb passant avec celui-ci sous le laminoir; car d'un côté ces ouvertures peuvent faire refluer dans le réservoir de l'eau filtrée, l'eau qui se glisse entre le plomb & le cuivre, conséquemment plus impregnée de verd-de-gris qu'à l'ordinaire *; de l'autre, c'est là un défaut irréparable, quand ces deux métaux sont joints ensemble. Comment démonter des Fontaines de ce méchanisme sans les briser? Comment les réparer, si on ne peut les démonter, pour voir le vaisseau de plomb tout nud, & découvrir les fuites d'eau? **

* Notre Artiste a reconnu lui-même cette possibilité, en parlant des planchers recouverts de plomb : il doit donc en convenir de même, & à plus forte raison à l'égard du vaisseau formé du même métal, qui a beaucoup plus de surface.

** Ce méchanisme n'est propre qu'aux nouvelles Fontaines.

4°. Si en jettant de l'eau par le tuyau de l'évent on emporte le gout de l'eau puante, & le limon amassé dans le réservoir de l'eau filtrée, c'est donc là une preuve que le sable s'empuantit comme l'éponge, & tous les filtres quelconques, par la seule cessation de la filtration & par la fermentation de la vase, & que d'ailleurs ce sable est un filtre impuissant, qui ne retient pas le limon, sur-tout quand la riviere est trouble ; à la différence des nouvelles Fontaines qui le retiennent parfaitement en tout tems.

5°. La prétendue composition très-dure des robinets annoncés n'est point une preuve qu'il n'y entre point de cuivre, d'arsenic, de zinch, ou autres marcassites. Le mêlange peut bien masquer la couleur du cuivre, & tout autre matiere vitriolique ou arsénicale, mais il n'en prouve pas l'absence. *

6°. Le prétendu étamage *à la maniere des Orientaux absolument exent de verd-de-gris, & imitant la vaisselle d'argent*, (ce qui seroit un secret des plus nouveaux en France) s'applique-

* Il n'y a que l'Académie qui puisse décider ce point.

roit ici fort à propos, en le supposant vrai, aux Fontaines de cuivre, sans les garnir de plomb laminé, dont l'emploi détruit tout seul la vérité de cet étamage. Pourquoi une double dépense inutile & dangereuse, si l'Artiste peut faire mieux, comme il l'assure?

7°. Si la même étamure imite la vaisselle d'argent, celle-ci ne se trouvant pas absolument exemte de verd-de-gris, attendu l'alliage du cuivre, c'est à tort que le même Artiste prétend que ses Casserolles & Marmites dont tout le fond est de cuivre, en sont *absolument* exemtes. N'est-ce pas là un leurre?

8°. Le Public, dans la bonne foi d'une annonce décorée de *louanges* & d'*approbations* vraisemblablement supposées, peut acheter ces Marmites & Casserolles, y laisser séjourner du *lait*, du *riz*, des *ragouts*, de la *salade*, de l'*huile*, du *vinaigre* ou *autres acides*, & tous *autres alimens*; & s'empoisonner ainsi, se croyant sans danger. *

* Tous les particuliers crédules ne savent pas se méfier d'une annonce suspecte. On est éclairé à Paris; mais il y a des dupes par-

De tous ces raisonnemens qui paroissent justes, le sage public conclud que pour ne pas abuser de l'autorité respectable de l'Académie, de la foi publique & des regles de l'exacte police, l'Artiste, s'il veut avoir la vogue au préjudice même de ses associés, doit justifier des certificats d'expériences faites devant le seul tribunal légitime, à moins qu'il ne veuille se rendre responsable des événemens, (ce qui ne se peut, s'agissant de la santé & de la vie des citoyens,) & s'exposer ainsi avec son ouvrier, à l'animadversion des magistrats politiques, & à des suites fâcheuses, suivant les accidens funestes dont ils peuvent devenir les auteurs.

En un mot, on ne connoît à Paris que trois manufactures *absolument exemtes de verd-de-gris*, pour la boisson & la préparation des alimens, déclarées telles par l'Académie & la Faculté de Médecine, & protégées par Louis XV, toujours attentif au bien de ses sujets. Les deux premieres four-

tout : il en est peu cependant qui soient pris dans la primeur ; car les accidens de ceux-ci mettent tous les autres sous la tutelle de la police.

nissent des ustencilles de fer battu à froid & blanchi ; l'une établie rue Baffroy, au fauxbourg S. Antoine, & l'autre dans la rue de l'Arbre-sec, avec permission par arrêt du Conseil. La derniere & la plus nouvelle, est celle des Fontaines filtrantes, établie par un privilége exclusif, registré au Parlement, renouvellé même, attendu son utilité généralement reconnue. Que notre Artiste prenne les mêmes routes, & l'on aura plus de confiance en lui.

Maintenant si on veut, sans prendre aucun parti, balancer le droit de toutes les parties intéressées, on peut dire que le Public aura grand tort dans ses doutes, qu'il gagnera cependant beaucoup, & sera délivré de grands dangers si l'Artiste prouve ce qu'il avance ; mais aussi ce Public aura raison & perdra beaucoup, si le même Artiste vient à se trouver en défaut.

Celui-ci ne pourroit alors alléguer d'autre défense que l'envie de se procurer la vogue ; mais il resteroit à savoir s'il est permis de faire imprimer sans permission, & de répandre des inventions dangereuses, comme des hameçons & des appas pour pêcher des hommes, comme on fait des poissons : du moins il paroît, sauf la preuve contraire de l'Artiste, que le cuivre sera toujours du cuivre, toujours pernicieux, toujours dangereux en cas d'accident, de coliques, de convulsions, de mort ou de maladie chronique, de quelque façon qu'on l'apprête. Le plus ou le moins dépendront toujours de l'entêtement, du soin, de la dose, & de la disposition des viscères : le fer sera toujours du fer, & toujours ami de la santé des hommes & des animaux, en quelque état que soient leurs viscères.

Si l'Artiste est en regle, cet avertissement ne peut que lui être utile pour le préconiser : s'il est hors de la regle, il gardera le silence, ou tenté de parler, à l'exemple d'une infinité d'autres faiseurs d'essais * ; il dira peut-

* Ce sont ici des Lions rugissans de toutes les conditions & de tous les états qui ont tenté sous le masque par des calomnies, des suppositions & des menées sourdes, de subjuguer l'inventeur, à la faveur d'autres prétendues nouvelles inventions, plus commodes & moins couteuses, mais folles & impraticables ; en un mot, de ces hommes que la

être, faisant une diversion des plus

loi appelle *fortunis inhiantes*, & qui n'ont cessé de suivre secrétement le sort de ce privilége, même depuis quelques années avant l'enregistrement; mais ne devoient-ils pas faire attention que ce privilége, après quinze ans de frais, d'expériences, de poursuites & de travail assidu, coute au-delà de cent mille livres à l'inventeur. Celui-ci en donnera toujours des preuves par écrit, & non équivoques, aux magistrats, si le cas échoit; même des preuves éclatantes d'une vexation odieuse & clandestine. Le Roi, le Parlement, l'Académie, la Faculté de Médecine, ennemis de tout ce qui est contre leur autorité, la vérité, la probité & le bien public, mettent ici les armes entre les mains de l'opprimé, pour une défense d'autant plus légitime, qu'elle est discréte, & n'attaque personne directement ni indirectement. Tout ce qu'on peut conclurre de tant de vexations, c'est que l'invention est d'autant plus belle & utile, qu'elle est très-simple, & qu'elle a été combattue & tout à la fois convoitée par une légion d'hipocrites, d'avares & d'envieux, mais inutilement. Ils ont voulu faire une digue & arrêter l'eau d'un torrent; mais cet effort a surpassé leurs forces; car celle-ci se fera toujours plus remarquer, en passant beaucoup plus épurée, plus limpide, plus légere & plus saine au travers des fentes. Voilà ce qu'ils ont tâché de s'approprier: en un mot, ils ont voulu la *vigne de Nabot*, sans réflechir à la punition de l'*impie Achab*.

inconséquentes, que c'est prodiguer l'argent, que de faire imprimer tant de livres, pour se répéter sans cesse; mais que lui importe? Veut-il se rendre administrateur & maître du bien d'autrui?

Du reste, il n'y a point ici de répétition: y en eût-il; depuis quand pourroit-il s'ériger en censeur, se trouvant soumis lui-même à la censure le premier? Ne sent-il pas que les vérités utiles & contestées doivent être souvent répétées? *Inculcanda repetenda.* Ce n'est que par ce moyen qu'elles peuvent percer. Eh! n'est-ce pas là même qu'il a puisé ses prétendues inventions? Au surplus, a-t-il mis la main dans sa bourse pour en faire les frais?

Qu'il pense donc uniquement à s'acquitter de ses promesses, à prévenir les soupçons & les revers fâcheux qui en naissent, & à faire cesser ainsi des doutes justes & fondés.

Ce n'est que par ce seul moyen qu'il peut s'accréditer, faire le bien du Public, & se donner pour le héros d'une découverte importante; tout le reste est étranger, & ne l'intéresse aucunement, à moins qu'il ne veuille s'arroger le droit de bercer ce Public;

& de lui imposer silence. La preuve en paroît claire dans les journaux cités. On a la discrétion d'en taire les noms, même ceux de l'Artiste, & de plusieurs autres, pour leur donner le tems de s'acquitter, ou de se désister; mais il est à craindre qu'on ne dise d'eux dans un sens, ce que dit Rousseau dans un autre :

Mais au moindre revers funeste
Le masque tombe, l'homme reste,
Et le héros s'évanouit.

Attestation de M. de Reaumur, pour lors Directeur de l'Académie Royale des Sciences.

JE n'aurois pu, sans injustice, refuser à M. Amy l'attestation qu'il a desirée de moi, par rapport à l'usage que j'ai fait de ses Fontaines à filtrer l'eau. Il me paroît qu'on ne doit pas hésiter à les préférer aux Fontaines sablées ordinaires, qui sont de cuivre, & dans lesquelles, malgré toutes les précautions qu'on peut prendre, il s'engendre un verd-de-gris très-redoutable. Je me suis servi pendant un mois & demi, & je me promets de continuer de me servir de celles de M. Amy. J'en ai eu plusieurs à la fois, dont chacune avoit été garnie par lui-même d'un différent filtre ; les unes d'éponge, les autres de coton, les autres de laine ; les autres de soye, & les autres de sable. Elles ont toutes donné constamment une eau très-claire & très-limpide. Les filtres d'éponge, auxquels il semble porté à donner la préférence, sont les plus aisés à nétoyer, à placer, & à mettre en état de donner à volonté de l'eau en plus grande ou moindre quantité ; mais ils demandent qu'on ne les laisse pas sans être couverts d'eau. La négligence de mes domestiques à remplir une de ces Fontaines qui étoient chez moi, a quelquefois été cause que la premiere eau qu'elle me donnoit après avoir été nouvellement remplie, avoit un léger gout d'éponge ou de marécage. Cet inconvénient, qu'on évitera avec un peu d'attention, & auquel M. Amy remédiera, en faisant à ses Fontaines quelques additions * qui

* Le dessein des corrections & additions a été déposé depuis au Secrétariat de l'Académie des Sciences, & M. de Reaumur est revenu au filtre de l'éponge ; il s'en est servi

manquoient à celle qui étoit chez moi, ne s'est trouvé à aucune de celles qui ont été garnies d'autres filtres : elles m'ont toutes donné une eau très-belle, & agréable à boire. L'habitude où l'on est de voir filtrer l'eau par le sable, donnera apparemment plus d'inclination pour cette sorte de filtre, que pour les autres ; mais l'espece du filtre est indifférente à ces sortes de Fontaines, dont il est à souhaiter pour le bien public, que l'usage s'étende. A Paris ce 29 Juillet 1747. *Signé* DE REAUMUR.

Extrait des Registres de l'Académie Royale des Sciences, du 21 Août 1748.

NOus avons examiné, par ordre de l'Académie, un changement fait par M. Amy, &c. Quoiqu'un grand nombre d'expériences faites depuis long-tems, & sur-tout par les personnes les plus en état d'en juger, ayent dû lever tous les doutes qu'on pouvoit avoir sur l'usage des éponges ; comme cependant il y a encore

depuis le mois de Septembre 1747, jusqu'à sa mort, arrivée en 1758.

quelques perſonnes à qui elles paroiſſent faire de la peine, il a tenté de leur ſubſtituer du ſable, en retenant cependant les avantages de la conſtruction de ſes autres Fontaines; & le moyen qu'il propoſe conſiſte, 1°. A briſer en deux ou trois parties le vaiſſeau deſtiné à cet uſage, & qu'il ſe propoſe de faire de plomb ou de terre; ce qui procure une extrême facilité de nétoyer le deſſous des planchers, & une très-grande commodité pour le tranſport, les piéces étant telles, qu'on peut les faire entrer les unes dans les autres. 2°. A mettre au-deſſus du ſable une eſpece de couvercle à rebord, qui reçoive le premier dépôt de l'eau, & empêche le ſable de s'envaſer auſſi promptement que dans les Fontaines ordinaires. 3°. A ne permettre à l'eau déja filtrée au travers du ſable, le paſſage dans le réſervoir, qu'au travers d'une boëte fermée de deux couvercles, & remplie de ſable plus fin, & extrêmement foulé. *Signés*, DE REAUMUR, & DE FOUCHI.

Extrait des Regiſtres de l'Académie Royale des Sciences, du 9 Juillet 1749.

NOus avons lu, par ordre de l'Académie, &c. Par toutes ces raiſons, nous perſiſtons d'autant plus volontiers à regarder ces Machines comme utiles, que les expériences qui ont ſuivi les avis précédens, n'ont fait que nous confirmer dans ce ſentiment, & nous ne voyons rien qui puiſſe empêcher l'enregiſtrement deſdites Lettres, en ſupprimant cependant l'uſage des bateaux à filtration, auxquels l'Auteur a renoncé, & deſquels il a tranſporté plus utilement le mécaniſme dans ſes Fontaines. *Signé* DE REAUMUR, & DE FOUCHI.

Atteſtation de M. Falconet, de l'Académie Royale des Inſcriptions & Belles-Lettres, Docteur-Régent de la Faculté de Paris, & Médecin conſultant du Roi.

TElle eſt la force de la coutume, que dans les choſes les plus importantes à la vie, plus ſouvent encore que dans les plus indifférentes, elle prévaut à la raison, quoique sentie & même avouée. L'exemple n'en sauroit être plus manifeste que dans l'usage des Fontaines de cuivre : tout le monde convient des accidens funestes que souvent elles produisent ; on en est frappé, on se recrie, & cependant l'on continue de s'en servir. L'étamure sur laquelle on se rassure, est un secours d'autant plus infidéle que, soit ignorance, soit négligence, on n'apporte point assez d'attention à la renouveller dans les cas où elle est nécessaire. M. Amy ayant senti l'importance de tous ces inconvéniens, guidé par l'amour du bien public, nous propose des Fontaines faites de matieres qui ne peuvent préjudicier à la santé : outre le danger dont il nous préserve en excluant le cuivre, il les fait construire de maniere à nous procurer une eau beaucoup mieux dépurée, & par conséquent plus saine, par le moyen de différens filtres placés avec art en différens endroits. Ajoutons à tous ces avantages la commodité que donne la structure qu'il a imaginée, pour transporter ces Fontaines quelque part que ce soit, & pour les nétoyer plus parfaitement, plus facilement & à moins de frais, sans les demonter. C'est le témoignage que je crois devoir rendre à M. Amy, sur l'examen des Fontaines qu'il m'a fait voir, & sur la lecture du livre qu'il donne au Public; témoignage au reste, qui ne lui seroit aucunement nécessaire, puisque le suffrage dont Messieurs de l'Académie des Sciences l'ont honoré, est au-dessus de toutes les approbations. A Paris ce 3 Décembre 1749. *Signé* FALCONET.

Extrait abrégé des Lettres-Patentes, portant renouvellement du Privilége exclusif de la construction, vente & débit des nouvelles Fontaines.

LOUIS, par la grace de Dieu, Roi de France & de Navarre, à tous ceux qui ces Présentes verront, SALUT. Notre cher & bien-amé JOSEPH AMY, Avocat en notre Cour de Parlement de Provence, nous a fait exposer, &c. Que les nouvelles Fontaines sont pour le Public un moyen assuré de se préserver des dangers du verd-de-gris des Fontaines de cuivre ordinaire, qui étant souvent négligées, sur-tout chez les gens du peuple, nous enlevent tous les ans quantité de nos sujets, même des familles entieres, qui se trouvent empoisonnées subitement, & périssent dans les convulsions, suivant ce qui résulte de la thése soutenue dans notre Ecole de Médecine de Paris le 25 Février 1749, sous la présidence du sieur Falconet, l'un de nos Médecins consultans, & des attestations du même sieur Falconet & de feu sieur de Reaumur, lors Directeur de notredite Académie des Sciences, des 29 Juillet 1748 & 3 Décembre 1749. Que quoique l'Exposant n'ait qu'à se louer, à certains égards, du débit de ses Fontaines, relativement aux différents genres d'utilité, dont elles ont été jugées susceptibles, il n'a pu cependant lui suffire encore pour faire des établissemens dans les Provinces, ni conséquemment l'indemniser par leur moyen, de ses longs travaux. Il ne peut donc espérer d'en recueillir le fruit, *& se procurer une nouvelle Compagnie, en état de faire les établissemens nécessaires*, qu'autant que nous voudrons bien, outre le temps porté par nos précédentes Lettres, lui accorder une prolongation dudit privilége, pendant un nombre d'années proportionné aux pertes qu'il a souffertes, & à l'importance de l'entreprise dont il s'agit ; à l'effet de quoi, il nous a très-humblement fait supplier de lui accorder nos Lettres sur ce nécessaires. A CES CAUSES, & *voulant donner à l'Exposant de nouvelles marques de notre bienveillance & de la satisfaction que nous ressentons de son dévouement à contribuer à la conservation de nos sujets*, de l'avis de notre Conseil qui a vu, &c. Nous avons prorogé, & par ces Présentes signées de notre main, &c. Faisons très-expresses inhibitions & défenses à toutes personnes de quelque état, *qualité & condition* qu'elles soient, de s'immiscer, en quelque sorte & maniere que ce puisse être, &c. dans la construction, vente ou débit des ouvrages.... ni dans l'application qui leur est propre, sans la permission expresse & par écrit dudit Exposant..... Et c'est sous les peines portées par nos précédentes Lettres du 15 Juin 1746...., Si donnons, &c. Donné à Versailles le vingtuniéme jour de Décembre, l'an de grace 1757, & de notre regne le quarante-troisiéme. *Signé* LOUIS. *Et plus bas*, par le Roy. *Signé* PHELYPEAUX.

TABLEAU

Premiere figure, page xxʌ.

Explication de la premiere Figure.

Arte lavantur aquæ. Si on peut se servir ici de cette expression poëtique, l'eau se lave elle-même en lavant la Fontaine, les éponges & le sable : ceci se fait sans toucher aux filtres, même sans toucher à la Fontaine & sans l'ouvrir, si l'on veut.

Du reste cette Fontaine particuliere ne peut entrer dans le commerce. Elle demande des soins, que les domestiques ne pourroient point prendre. On en verra l'usage & l'utilité dans ce livre.

La même Fontaine sera garnie de trente filtres différens & nouveaux, & de trois robinets. C'est celle dont on vient de parler, & qui paroît servir comme de piedestal aux fleuves de la Seine & de la Marne, dont les eaux se mêlent ensemble.

La Seine fournit les immondices de Paris, dont les parties les plus divisées, & comme invisibles, échappent toujours aux filtres de sable des Fontaines sablées anciennes, formées de cuivre ou d'étaim.

La Marne, dans les tems où elle

se verse avec impétuosité dans la Seine, y apporte un finlimon que ce sable ne peut encore retenir.

A la droite de cette Fontaine, on voit le dieu Mars * qui brise les ustenciles de cuivre, comme mortels, ou souvent nuisibles à ses soldats qui tombent dans des maladies épidémiques, par l'usage des alimens préparés dans des vaisseaux formés de ce métal dangereux pour peu qu'il soit négligé. A la gauche est la déesse Venus ** qui s'enfuit à la présence de ce dieu qui la poursuit enflammé de colere.

Les Fontaines domestiques pour les cuisines, les Offices, les Salles à manger, les Gardes-robes, les Cabinets de toilette, sont à peu près de

* Mars signifie le fer chez les Chymistes. Ce métal est très-ami de la santé.

** Venus signifie le cuivre chez les mêmes. Mille volumes ne suffiroient pas pour raconter les morts & les maladies inconnues que ce métal a causés depuis qu'il s'est glissé dans les Cuisines & les Pharmacies, & qu'il causera toujours dans tous les états, principalement dans le peuple ignorant : du reste parmi les plus fins & les plus attentifs, il y en a toujours de pris dans ses filets.

la même forme que celle représentée dans la figure. Elles ont 1, 2 ou 3 robinets, suivant le nombre des filtres intérieurs, qui consistent pour l'ordinaire en deux filtres d'éponges serrées dans leurs alvéoles, & en un de sable. *

. La Compagnie n'en fait construire pour les Cuisines au-de-là de douze voies d'eau de contenance, que pour les personnes qui les demandent plus grandes. Elles sont ou carrées ou en encoignures, pour ménager les places.

Les Fontaines Militaires & Marines sont représentées dans la même

* Les Fontaines domestiques, les militaires & les marines sont dans leur perfection & ne demandent qu'une nouvelle Compagnie, intelligente & en état de s'étendre. La Fontaine à 30 filtres, dont il est parlé dans la premiere partie, pag. 90, & seconde partie, pag. 61, ensemble le méchanisme pour recevoir immédiatement dans le verre l'eau de la pluie, dont il est parlé dans la premiere partie, pag. 105 & 112, paroîtront dans leur tems, sans qu'il soit besoin de Compagnie à cet égard, comme pour tous les autres ouvrages dépendans de ceux-ci, qui ne sont pas faits pour des Associés anonymes.

figure en *A* & *B*. Les méchanismes & les volumes en sont extrêmement variés, pour la commodité des militaires dans différentes rencontres. Il en est de même de toutes celles qui ont été nouvellement perfectionnées, & toujours conformément aux principes approuvés par l'Académie Royale des Sciences.

Fontaines de Cuisine, d'Office & de Salle à manger.

Le méchanisme des Fontaines de Cuisine, d'Office & de Salle à manger, s'entendra mieux dans la seconde figure. Elles ne different que par le plus ou le moins de contenance. Les couvercles *R P O*, & la traverse *S S*, en forment le carré supérieur, qui indique l'inférieur *I K L*.

Le couvercle *N*, & la loge *A*, representent une continuité de vaisseau arbitraire, pour les personnes qui veulent en été mettre leur eau & leur vin à la glace : M. Amy se propose, s'il lui reste assez de vie, de faire graver en tailles-douces 73 figures, qui présenteront les différentes Fontaines avec leurs ornemens, leur utilité

Seconde figure , page xxix.

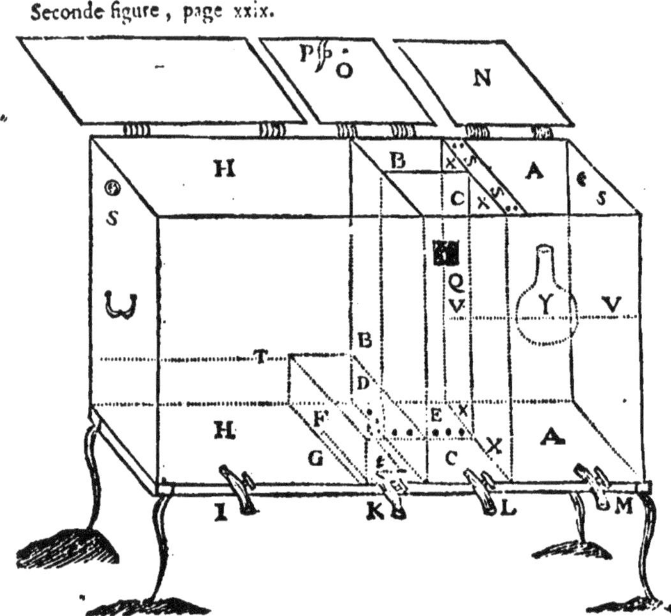

particuliere & leur explication ; seul moyen pour bien instruire le public sur un point aussi essentiel que celui de la filtration de l'eau, & sur les différentes utilités dans les différentes rencontres prévûes par l'Académie.

En attendant comme les Fontaînes de Cuisine & d'Office & les plus nécessaires, se trouvent assez intelligibles pour l'utilité dans la seconde figure, il suffira ici d'en donner l'explication.

Explication de la seconde Figure.

HH, Loge de l'eau sale, d'où on la soutire par le robinet *I*, quand on veut laver cette loge. Elle peut être depuis une voye de contenance jusqu'à quarante, si l'on veut.

F, Banc de sable, qui arrête le gros limon de l'eau, & la fait parvenir plus pure aux éponges *D*, comprimées dans les alvéoles de la loge *BB*, d'où on la soutire par le robinet *K*.

G, Ouverture au bas du banc de sable, pour que l'eau parvenue à la hauteur de ce banc, comme en *T*, [supposé que le porteur d'eau ne soit pas encore venu remplir la Fontaine] puisse filtrer, en attendant, par cette basse ouverture.

t, Tuyau qui conduit la premiere eau filtrée de la loge *BB*, au robinet *K*.

CC, Loge où l'eau est parvenue du banc de sable *F*, des éponges *D*, & des éponges *E*, comprimées dans les alvéoles des loges *BB*, & *CC*, C'est au travers de ces dernieres que l'eau filtre une troisiéme fois, & se raffine encore davantage. On la soutire pour la table par le robinet *L*.

AA, Loge de la glace, dont la séparation *XXXX*, touche les eaux purifiées, contenues dans les loges *BB* & *CC*. On peut mettre dans la loge *AA*, une ou plusieurs bouteilles de vin, suivant la grandeur de la Fontaine, pour avoir en même tems l'eau & le vin à la glace.

VV, Suppose le niveau de la glace.

Y, Suppose une bouteille de vin enfoncée dans la glace.

En Hyver, les personnes enrhumées, ou d'un tempérammment délicat, sujettes à des fluxions sur les dents, ou qui ont mauvais estomach ou mauvaise poitrine, pourront une heure ou demi-heure avant leur repas faire remplir cette loge d'eau *chaude*, ou *bouillante*, plus ou moins, suivant le degré de tiédeur, dont elles auront besoin. Cette chaleur douce ne communique point à l'eau ce goût de graillon, qu'elle prend souvent auprès du feu dans une caffetiere.

SS, Traverse de bois, à feuillures, sur laquelle tombe le couvercle *N*, de la glace, & le couvercle *O*, des eaux filtrées, lequel se ferme au moyen d'une serrure *Q*, & du morraillon *P*, pour éviter que qui que ce soit, par curiosité ou autrement, aille regarder dans les loges des eaux filtrées *BB* & *CC*, & y laisse tomber quelque chose de mal propre.

R, Couvercle de l'eau sale.

S, Ventouse ou tambour de crin, pour donner passage à l'air, & emporter le goût de fermentation, qui se fait sentir souvent dans les choses renfermées. Ces ventouses de crin à droite & à gauche, retiennent la poussiere, les mouches & les araignées, & tous insectes, qui pourroient s'aller noyer dans l'eau de la Fontaine; elles se pratiquent dans beaucoup de Fontaines de la Manufacture.

Arrangement forcé de la Compagnie des nouvelles Fontaines sur la forme des ventes & des livraisons.

Il faut observer sur la forme des ventes & des livraisons, que la Compagnie formée de plusieurs personnes inconnues, qui n'ont jamais paru, n'a jamais voulu aussi faire prendre aucune délibération par écrit, quoiqu'il y ait un article exprès à ce sujet dans l'acte de société. Elles ont fait passer cet acte mystérieux sous le nom seul d'un tiers, qui a bien voulu se charger de leurs intérêts.

M. Amy* a des preuves par écrit

* L'impression du tableau des acheteurs ci-après, a été commencée après l'accident arrivé à M. Amy. Les trois premieres feuilles étoient finies jusqu'à la page 72, lorsqu'il se trouva en état de pouvoir y prêter attention. Comme la personne chargée de son manuscrit avoit cru qu'il devoit le faire parler à la troisiéme personne, & qu'il n'y auroit eu d'autre remède que celui de réimprimer tout ce qui étoit fait, pour le

de plusieurs personnes qui prouvent à cet égard la simulation de l'acte & la reticence des faits, qui auroient empêché la société, s'ils avoient été connus; mais elle subsiste. Il n'est donc pas le seul maître de son privilége. Ce tiers fort honnête homme s'oppose à raison de sa charge aux délibérations, ne voulant contracter aucune obligation dans une affaire où, à ce qu'il dit, il n'a aucun intérêt: pour mieux dire, les vrais intéressés le font opposer en secret, crainte de s'engager en leur absence au de-là de leurs forces ou de leur projet.*

faire parler à la premiere, on a cru devoir continuer à la troisiéme personne, pour éviter les frais.

* Une personne très-respectable, faisant office de protecteur & très-digne de foi, a certifié verbalement & par écrit une infinité de fois, la probité de ce tiers; mais ceux-ci, comme on verra toujours mieux, ont été joués par une Compagnie invisible. Elle étoit composée de quatre personnes cachées, suivant les assurances qui en ont été données à M. Amy en 1751, après l'acte de société & l'ouverture du magasin. Celui-ci ayant écrit au protecteur de cette Compagnie, pour savoir ce qui en étoit, fut rassu-

Il suit de là que l'article des délibérations, comme tant d'autres dans l'acte de société, n'a été qu'une feinte pour donner du corps à une promesse verbale de 30000 liv. de plus grands fonds prétendus assurés en cas de succès, dont il est parlé dans ce livre.

Ainsi par la même raison que cette promesse, d'abord verbale de la part du protecteur joué & trompé comme l'a été M. Amy à son tour, ensuite litérale dans l'acte entre ce tiers & M. Amy, & quelques jours après détruite par une contre-lettre, * n'a été qu'un leurre pour parvenir à la société & par ce moyen à l'essai, que

ré par la réponse à sa lettre, comme on a dit plus haut.

En 1758 deux acheteurs raisonnant dans le magasin sur l'indolence de la Compagnie, ont assuré qu'elle étoit augmentée de trois personnes; mais les premiers & les derniers donneurs d'avis, n'ont jamais voulu dire les noms d'aucun de ces associés cachés. Le protecteur lui-même a jugé prudemment en faisant terminer les contestations élevées à cet égard, & plusieurs autres, qu'il falloit garder un profond silence, & c'est en effet le parti le plus sage.

* La premiere promesse subsistoit toujours, du moins dans la croyance & la bonne foi de M. Amy.

les vrais associés s'étoient uniquement proposés pour tirer leur coup; par la même raison aussi, l'article des délibérations n'a été qu'une tournure dans l'acte, pour colorer cette promesse & représenter ainsi une affaire durable par un phantôme de fonds suffisans, qui exigeroient dans la suite des délibérations sur leur emploi, sur les approvisionnemens, sur les établissemens, sur les logemens, & sur les salaires des ouvriers & des employés. *

* L'objet des anonymes étoit au contraire dans le principe de ne prendre aucun engagement, même de faire travailler *gratis* les employés. C'est ce qu'ils ont confirmé en dernier lieu, en ne voulant donner à plusieurs employés d'autres appointemens que l'honneur de servir la Compagnie, *en attendant* [faisoient-ils dire] *qu'elle eut assez d'argent en caisse pour leur donner des appointemens.*

Aujourd'hui plusieurs donnent leurs soins, dont deux seulement sont appointés, hors les jours de dimanches & de fêtes; mais cette Compagnie inconnue n'y a consenti, que pour éluder les conventions de l'acte, dont l'exécution seroit plus couteuse.

Avant que d'avoir encore assez refléchi, un de leurs émissaires soutenoit hardiment qu'on trouveroit un teneur de livre à 400

Toutes ces choſes, qui n'ont été jadis que des illuſions, ne peuvent auſſi produire maintenant que des illuſions, c'eſt-à-dire des délibérations verbales

liv. par an, & qui ſeroit du ſoir au matin cloué ſur ſon bureau pour attendre les acheteurs & veiller à toutes choſes. Dans Paris! quelle ſécurité! quelle propoſition pour faire ſa cour à une compagnie cachée! quel teneur de livre! quelle couleur vermeille pour orner la ſcéne!

Il auroit fallu en même tems un controlleur pour la ſûreté de M. Amy, qui n'a plus nulle confiance à une compagnie qui l'a joué & qui le joue encore derriere le rideau. Voilà le motif de l'arrangement qu'ils ont pris & toujours ſans en faire mention dans le nouvel acte, qui eſt le traité de paix.

Peu s'en eſt fallu cependant qu'ils n'ayent tenté la force pour y ajouter qu'on ne pourroit faire conſtruire d'autres Fontaines, que celles de cuiſine & d'office, actuellement en uſage.

Mais pouvoient-ils gêner la liberté d'un inventeur utile, qui n'a obtenu des priviléges du Roi, que pour étendre ce que l'Académie a jugé *ſuſceptible d'utilité en pluſieurs rencontres*? Sa Majeſté les auroit-elle accordés, ſi elle avoit prévû qu'une compagnie anonyme viendroit en cachette dans la ſuite pour en faire un avare eſſai, ſans ſe ſoucier de l'utilité publique ni de celle de ſes armées, ni de leur retard, & pour avoir

pour l'œconomie des fonds, sur la construction & sur la forme des ventes & des livraisons. A cet égard, il est donc déliberé verbalement par la compagnie des associés anonymes :

1°. Que les personnes qui demanderont des Fontaines à l'avenir, selon les mesures des places & leur convenance, consigneront d'avance la moitié du prix qui sera convenu. [Ce

ainsi le tems de faire les fonds nécessaires & de parvenir à leur objet, qui est, comme ils le font dire sans cesse, qu'il *faut que la chose fasse la chose*; disons mieux : M. Amy auroit-il souffert cette novation dans le nouvel acte ? Tentative du reste inutile, car ils n'avoient qu'à partir de leurs fonds écrits, sans se mettre en peine de ceux qu'ils ont fait dire *non écrits* & qui n'ont été que pour l'appas seulement ; mais les appas sont-ils permis ? en matiere de vente, la loi dit bien que l'acheteur & le vendeur peuvent se tromper l'un l'autre dans le prix : *Licet contrahentibus se invicem decipere in pretio*; mais il s'agit, dans le cas de la loi, d'un prix certain offert par le véritable acheteur, & il s'agit ici de deux prix, l'un écrit & l'autre ideal dans une promesse verbale, que des associés cachés ont fait faire par leur protecteur, en abusant de sa bonne foi & de celle de M. Amy. En un mot il s'agit ici d'une manufacture reconnue très-utile par les jugemens les plus respectables &

premier article a été même de tous les tems le seul conseil annoncé par le tiers associé benevole, pour équivalent de la promesse verbale des 30000 liv. auxiliaires en cas de succès.]

2°. Qu'on ne laissera plus sortir aucune Fontaine du magasin, que le prix n'en soit payé. [Il y a plus que de raison ici en considérant le projet & les fonds.]

3°. Que le commis, qui les aura livrées, en sera responsable [il faut cela à la rigueur.]

Ce sont là les trois articles, même nécessaires, de l'Arrêt verbal de la Compagnie anonyme, qui n'ayant pensé qu'à elle seule dès le commencement au moyen d'un plan borné & des plus cachés, quoiqu'en apparence clair & assez étendu, ne peut maintenant faire mieux, à moins que de s'acquitter de sa promesse.

Peut-être prendra-t-elle ceci pour une tentative; mais on a assez ap-

par Louis XV. lui-même. Il n'étoit donc pas permis aux Anonymes de faire traiter l'inventeur, comme on voit faire à la comédie M. Josselin de son petit babouin.

pris par expérience la façon de penser de tous ses membres, pour leur épargner la peine de faire répéter sans cesse ce dicton bannal, *il faut que la chose fasse la chose*. Une infinité de gens savent ce dicton, M. Amy ne l'ignore pas, & il sçait aussi que s'ils avoient maintenant des assureurs pour réaliser leur premier objet, dans les sept ans qui leur restent, ils y verseroient tous leurs moyens; mais ils n'y sont plus à tems. Cette entreprise n'a jamais été faite pour eux. Il faut de la hardiesse & un esprit libre, un bon jugement, de la générosité pour soi-même, c'est bien le moins; mais ce sont là les richesses, dont ils ne paroissent pas trop pourvûs.

S'ils ont manqué de sagesse en commençant, ils veulent paroître sages à présent. Les conjonctures du tems & l'expiration du premier privilége en 1766, semblent les autoriser; mais la promesse verbale de 30000 liv. subsiste dans le vrai. Elle est écrite, elle est vraisemblable, elle est vraye, mais elle est détruite par l'abus de la bonne foi de M. Amy. Leurs finesses, leurs feintes & leurs abus les laisseront donc toujours dans leur tort, même envers eux-mêmes.

Comme le public a besoin d'être instruit des us & coutumes d'u[illegible]nufacture, qui a excité la [illegible] d'une foule de compagnies o[illegible] & de cette derniere, cette di[illegible] étoit nécessaire, principalemen[illegible] pour les étrangers, qui ne seroient pas instruits autrement des causes de la forme actuelle des ventes & des livraisons.

Conseil de M. Boerhaave, pag. 328, sur l'effet des bonnes & mauvaises eaux.

Ipsa sanitas, quæ summa vitæ perfectio, omnesque ad hanc desid'ratæ actionum exercitationes, aquæ iterum magis quam aliis rebus debentur & perficiuntur. Incrementum corporis aquâ imprimis absolvitur. Morborum plurimi aquâ fiunt; plurimi tolluntur aquâ . . . . . sanatio autem felicissima perficitur aquâ; c'est-à-dire, Cette santé, qui est le plus grand bien de la vie, doit encore mieux son être & sa perfection à l'eau, qu'à toute autre chose. Il en est de même de la force & de l'agilité des membres si désirées pour l'exercice de toutes les actions. L'eau retient ou avance l'accroissement du corps. C'est elle qui fait ou guérit plusieurs maladies . . . . . en un mot la guérison la plus parfaite & la plus heureuse vient de l'eau.

TABLEAU

TABLEAU DES ACHETEURS

DES NOUVELLES FONTAINES FILTRANTES, DOMESTIQUES, MILITAIRES, ET MARINES,

Nouvellement perfectionnées,

Avec plusieurs avis utiles aux Acheteurs, tant de Paris que des Provinces.

PREMIERE PARTIE.

PLusieurs Acheteurs n'ont pas eu besoin de dire leurs noms qui ne sont ignorés de personne. Plusieurs autres sont venus au magasin, & ont fait enlever leurs Fontaines, sans se nommer. Quelques-uns ont dit leurs noms, sans dire leurs qualités. On ne pourra donc employer ici que les personnes publiquement connues, ou qui ont voulu se faire connoître : peut-être que dans ces noms qui sont arbitraires pour l'ortographe, quand on ne les a pas vus par écrit, on manquera ou l'on ajoutera des lettres, le son de la prononciation qu'on a entendu ne suffisant pas toujours pour les écrire correctement.

Du reste, comme plusieurs de ces personnes ont acheté, toutes les années, pour elles-mêmes, ou ensuite pour leurs parens & amis dans les Provinces, on ne répétera leurs noms, selon l'ordre des tems, qu'une seule fois dans chacune des années suivantes, pour ne pas affecter la multiplication des objets.

I. ACHETEURS

Avant l'Arrêt d'enregistrement donné le 20 Avril 1750.

MM.

Le Maréchal Comte de Saxe. *

* M. le Maréchal Comte de Saxe a été, après l'Académie, le premier approbateur des nouvelles Fontaines. Il fit l'honneur à M. Amy de lui écrire la lettre suivante, le 29 Mars 1746.

» Si vous voulez, Monsieur, prendre la » peine de passer à l'Hôtel Jeudi ou Vendre-

De Reaumur, *de l'Académie des Sciences.*

Le Marquis de Rieux.

Le Cardinal de Tencin.

Le Cardinal de Rohan.

» di, avec la machine que vous avez inven» tée pour purifier l'eau, je la verrai avec » plaisir, & je serai charmé d'en prendre oc» casion de vous être bon à quelque chose. » Je suis, Monsieur, votre très-humble & » très affectionné serviteur. *Signé* le M. de » Saxe.

Ensuite de cette lettre, M. Amy fit porter à l'Hôtel trois machines différentes, quoique toutes suivant le même principe, & dont une étoit formée de fer blanc. M. le Maréchal de Saxe approuva beaucoup la simplicité & l'étendue de l'invention.

Dans une seconde entrevue que M. Amy eut l'honneur d'avoir avec lui, M. le Maréchal voulut voir le certificat de l'Académie, qui avoit jugé la proposition susceptible d'utilité en plusieurs rencontres. En ayant fait la lecture lui-même, il pensa quelque tems; il dit ensuite, & répéta plusieurs fois: *Elle a bien jugé. Elle a très-bien jugé.* Et comme ses vues tournoient toujours du côté du service du roi pour l'utilité & la commodité des militaires, il exhorta M. Amy à perfectionner cette machine, & de s'attacher surtout à la rendre portative & légere: c'est dans cet objet qu'il imagina sur le champ, & suggéra à M. Amy le méchanisme particulier des Fontaines à trois vaisseaux l'un dans l'autre, formés de fer blanc seulement, pour la commodité du transport dans les armées.

Le Marquis de Bauffremont, le pere.

Le Marquis de Bauffremont, le fils.

Le Comte de Feautrieres.

Le Comte de Gassiot,

L'Abbé de Pontbriant.

Le Marquis de Barbançon.

Le Président Vigneron.

Le Duc de la Force.

Le Comte de Bearn.

Le Marquis de Brassac.

De Charmois.

L'Abbé de Fleury, *Chanoine en l'église de Notre-Dame, pour l'usage des enfans de chœur de la même Eglise.*

Thivous d'Epersenne, *Me. des Requêtes.*

L'Abbé de Chancey, *Chanoine de S. Etienne de Grez.*

MESDAMES.

La Maréchale de Broglie.

La Comtesse de Matignon.

De Sabran.

Madelle. Minié.

II. ACHETEURS.

Après l'Arrêt d'enregistrement, depuis l'ouverture du magasin, qui est du 23 Janvier 1751.

MM.

Le Marquis de Bauffremont, le pere.

Le Marquis de Bauffremont, le fils.

Le Marquis de Barbançon.

De Reaumur.

De Tilloir.

Herrens Chuand, *Médecin Allemand, Disciple de M. Boerhaave.*

Boucher, *Secrétaire du Roi.*

Le Comte de Gassiot.

De Villeneuve, *Abbé de S. Maur.*

L'Abbé de Fleury.

L'Ambassadeur de Vienne.

Le Jean, *Fermier des salpêtres du Roi.*

De Senac, *Médecin de S. A. S. M. le Duc de Chartres.*

L'Ambassadeur du Roi de Sardaigne.

Ducros, *Trésorier des poudres de l'Arsenal.*

De Maisonnade, *directeur des Bureaux de la Guerre.*

Le Comte de la Marck.

L'Ambassadeur d'Angleterre.

De la Porte.

Un Gentilhomme de la part de S. A. S. M. le Comte de Charolois.

De Juliac.

Le Berger.

De Roquemont, *Commandant du Gué.*

Duval, *Beau-pere de ce dernier.*

Le Président de Neuvron.

S. A. S. M. le Comte de Charolois.

Rondé, *Commissaire de MM. les Mousquetaires.*

De Fribois, *Fermier-Général.*

De Corberon, *Conseiller au Parlement.*

S. A. S. M. le Prince de Conti.

Du Perier.

De la Case, *Médecin de Paris.*

Faget, *Me Chirurgien.*

Prévôt.

De Janel, *Intéressé dans les Postes.*

Ollivier, pour lors *Garde-meuble de la Couronne.*

De Rippert.

De Fouchi, *Secrétaire perpétuel de l'Académie Royale des Sciences.*

De Perrin, *Chevalier de l'Ordre millitaire de S. Louis.*

Le Prince de Nassau.

De Valville, *Receveur des Gabelles à Nogent sur Seine.*

D'Orvilliers, *In-*

téressé dans les affaires du Roi.

Rousseau, *Payeur des rentes.*

Daran, *Chirurgien du Roi.*

Dupin, *Fermier-Général.*

L'Abbé le Sure, *Avocat.*

Le Gras, *Greffier.*

Dudoyer, *Secretaire de M. Dupin.*

L'Abbé de Baudri, à Tours.

De la Boissiere, *Trésorier général des Etats de Bretagne.*

Le Marquis de Rieux.

L'Abbé Sarraire, *Aumônier des Dames de Bellechasse.*

Le Maréchal de Lovendal.

Le Prince de Virtemberg.

Gilles Dhericourt.

Coquille.

De Brochand, *Conseiller au Parlement.*

Le Comte de Saint Martin.

De Moncel.

De Montaud.

Le Marquis de Lyon.

Le Baron, *Notaire.*

Thomas de Panges, *Trésorier extraordinaire des guerres.*

Le Franc.

Cendrier, *Directeur de la Verrerie de Seve.*

De Lauremberg, *Médecin de Paris.*

De Gagnat, *Receveur général des Consignations.*

Marquet de Bourgades, *Intéressé dans les affaires du Roi.*

De Bourgogne.

Le Marquis de St Germain.

Maréchal, *Secrétaire de M. l'Ambassadeur de Vienne.*

De la Serre.

Le Marquis d'Entrecasteaux.

Thierri, *Médecin de Paris.*

Desjobert, *Procureur au Parlement.*

L'Abbé Masselin.

Sonin.

De Vordack, *Seigneur étranger.*

Le Prince de Bauveau.

De Sarrepigny.

De Mauvernay, *Re-*

ceveur des Consignations à Lyon.

De Saint-Julien, *Trésorier du Clergé.*

De Hainaut

De Chavannes, *Conseiller au Parlement.*

L'Abbé de Nigon, *Conseiller au Parlement.*

Chevalier, *Médecin du Roi.*

De Chenonceaux.

De la Planche, *Me Apoticaire, Démonstrateur en chymie.*

MESDAMES.

Dupin.

La Comtesse d'Oissy.

La Comtesse de S. Pierre.

De Bourgeac.

La Comtesse de Polastron.

La marquise de S. Remy.

L'Abbesse de Chaillot.

La Marquise de Prouhainq.

La Marquise de Rupelmonde.

La Marquise de Crequi.

La Marquise de Chamarante.

La Marquise de Chabanois.

De Saint-Pere.

De Milon.

III. ACHETEURS en 1752.

MM.

De Lacoré, *Me des Requêtes.*

Chevalier, *Médecin du Roi.*

L'Abbé de Fleury.

Le Marquis de S. Germain.

Le Marquis de Bryon.

De Saint-Philippe.

Boudet, *Marchand Libraire.*

De Bourgogne.

De Pierre Vert, *Gentilhomme de S. A. S.M. le Duc d'Orléans.*

De Vernages, *Médecin de Paris.*

De Perrin, *Chevalier de S. Louis.*

De Saint-Julien, *Trésorier du Clergé.*

Pichard, *Médecin à Tours.*

De Fresnel.

De Pincot.

De la Boissiere, *Trésorier général des Etats de Bretagne.*

De Sonin.

De Noret.

Milord Het.

De Viches.

Le Duc de Randan.

De Senac, *premier Médecin du Roi.*

Magny, *Bourgeois.*

De Sermet, *Directeur dans les Fermes du Roi.*

Mercier, *Marchand Libraire.*

Le Thuillier, *Médecin de M. le Prince de Soubise.*

Lieutaud, *Médecin des enfans de France.*

L'Archevêque de Vienne en Autriche.

Gaudant, *Bourgeois.*

L'Empereur, *Marchand jouaillier.*

De la Borde, *Fermier-Général.*

Bouvard, *Médecin de Paris.*

De Piolenc, *Commandeur de l'Ordre de Malthe.*

Doyen, *Chef d'un Bureau de voitures publiques.*

De Moreau, *frere de Madame de Gournay.*

Cotin, *Bourgeois.*

Le Franc, *Bourgeois.*

De la Marre.

Le Maréchal de Mirepoix.

Le Président Meslay.

Thomas de Panges.

De Fargesse, chez M. l'Evêque de Meaux.

De Villars, *Médecin.*

De Prangin, *Ecuyer.*

MESDAMES.

S. A. S. Mademoiselle de Charolois.

Dupin.

La Marquise de Chabanois.

De Gournay.

De Martinot.

De Neuchel, *sœur de M. le Marquis de Saint-Germain.*

Rondé, *aux galleries du Louvre.*

La Comtesse de Morville.

De Rotier.

La Présidente de Bandol.

Miladi Staford.

De la Vallette.

La Duchesse de Duras.

La Comtesse de Vogué.

La Comtesse de Pourpri.

La Comtesse de Matignon.

De Rolland.

De Merveille.

De Duranti.

IV. ACHETEURS en 1753.

MM.

Le Marquis de Bauffremont, le pere.

De Bellune.

Coignard, *Marchand Libraire.*

L'Abbé d'Olivet *de l'Académie Françoise.*

De Tilloir.

L'Ambassadeur de Hollande.

De Presles.

Morot, *Bourgeois.*

De Titon, *Conseiller au Parlement.*

De Moran, *Chevalier de l'Ordre de S. Michel, Chirurgien du Roi.*

De la Martiniere, *premier Chirurgien du Roi.*

Fontaine, *Fermier-Général.*

Andriette, *Négociant.*

L'Evêque de Cahors.

Rousseau, *Payeur des rentes.*

L'Empereur, *marchand Jouaillier.*

Le Vicomte de Narbonne.

De Palmeux, *Ingénieur.*

Richard, *Bourgeois.*

De Case, *Fermier-Général.*

Le Prince d'Aragon.

Pincot, *Bourgeois.*

Olivier, *Secrétaire du Roi.*

De Francœuil.

De Mondonville.

Lattré, *Graveur.*

Le Chevalier de Vattan.

Durset, *Bourgeois.*

Le Beau, *Ingénieur.*

Rippert, *Bourgeois.*

L'Abbé de Villeneuve.

Gouttard, *Médecin de Province.*

L'Envoyé de Wirtemberg.

De Saint-Julien.

De Monneville.

De la Reyniere, *Fermier-Général.*

Pigache, *Marchand de modes.*

Le Marquis de Brancas.

Ninon, *Marchand.*

Thomas de Panges.

De Savigni.

Gourdon, *Bourgeois.*

l'Evêque de Condom.

Cot, *Directeur, Agent de l'Ecole Royale Militaire, pour 45 Fontaines à l'usage de Messieurs les Elèves, de deux à deux dans leurs chambres, lorsqu'ils étoient à Vincennes.*

Soufflot.

De Rippert.

Le Clerc, *Bourgeois.*

De Lacoré, *Maître des Requêtes.*

De Volaire.

Charlier, *Bourgeois.*

Lutton, *Greffier au Parlement.*

De Combe.

Prévôt, *Bourgeois.*

Kenapp, *Négociant Allemand.*

De Maisonnade.

De Logny, *Maître des Requêtes.*

Le Chevalier de la Houssaye.

Bachelier, *Bourgeois.*

Foltié, *Chef du Bureau du sceau des permissions & privilége d'impression.*

MESDAMES.

La Présidente de Portail.

De Rolin.

De Martinot.

La Présidente de Lonac.

La Marquise de Listhenai.

La Présidente de Montreuil.

La Comtesse de Lorgeval

De Mauplat

La Comtesse de Matignon.

La Marquise de Sernet.

Dupin.

La Marquise de Pompadour.

La Présidente de Meslay.

De Lany.

Du Fort.

V. ACHETEURS en 1754.

MM.

Le Baron de Thiers.*

L'Intendant de M. le Baron de Thiers.

L'Ambassadeur du Roi de Sardaigne.

De Savalay.

De Mondonville.

Le Marquis de Doissy.

Le Comte de Gassiot.

Moriot, *Architecte.*

Le Marquis de Polignac.

Blondet, *Bourgeois.*

Le Secrétaire de M. l'Ambassadeur de Vienne.

De Montmorenci.

Le Tellier, *Bourgeois.*

Lavoyer, *Procureur.*

De Villair.

Lavocat, *Bourgeois.*

L'Abbé de Romihny.

L'Evêque de Beauvais.

De Sermet.

Le Vaillant *à Caën.*

L'Intendant de Dunkerque.

L'Abbé Danty, *Pré-*

* M. le Baron de Thiers, parmi plusieurs Fontaines de cuisine & d'office qu'il a achetées pour Paris & pour ses terres, a fait établir une Fontaine militaire, suivant le méchanisme inspiré à M. Amy par M. le Maréchal de Saxe, c'est-à-dire, formée de 2 vaisseaux d'argent, l'un dans l'autre, dont il se sert dans ses voyages.

tre desservant la Paroisse S. Eustache.

De France.

Pageot, *Bourgeois.*

Fontaine, *Fermier-Général.*

De Cancel.

L'Abbé Cochet.

Chrétiennot, *ancien Echevin, Payeur des rentes.*

Ferrand, *Fermier-Général.*

Le Marquis de Lyon.

D'Acote.

Le Marquis d'Aché.

Gougeon, *Marchand épicier.*

De Saint-Martin, *Ecuyer.*

De Lunezy.

De Boulainvilliers.

Du Tartre, *Notaire.*

Taxil, *maître Apoticaire.*

De Courpan.

L'Ambassadeur d'Angleterre.

De Tolosan, *Avocat général à Lyon.*

Coquille, *Bourgeois.*

Le Comte de Bethune.

De Floriand.

De Dangirard.

De Maisoncelle.

Le Marquis de Malherbe.

Un Prêtre, pour le séminaire des missions étrangeres.

Moncal, *Avocat au Parlement.*

Le Prince d'Elbeuf.

Le Maréchal de Lovendal. *

M. le Maréchal de Lovendal, parmi plusieurs Fontaines qu'il a achetées, a fait former une Fontaine du même méchanisme suggéré à M. Amy par M. le Maréchal de Saxe. Il la destinoit pour sa salle à manger; mais elle est jusqu'à présent l'unique de ce genre. Elle consistoit en deux grands vaisseaux de porcelaine du Japon, dont le plus grand contenoit 40 pintes. C'étoit là le récipient de l'eau filtrée, garni de deux Robinets de vermeil & surmonté d'un autre vaisseau de por-

Le Marquis de Payre.

Vanne, *Bourgeois.*

Brissart, *Fermier-Général.*

L'Abbe Massillon.

Dupont, *Bourgeois.*

De Milly, *Officier au régiment de Condé.*

Le Chevalier de Joyeuse.

Baudechon, *Marchand.*

Delisle, *Bourgeois.*

De Seive, *Chevalier de Malte.*

De Francœuil.

Denis, *Trésorier des bâtimens du Roi.*

Langlet, *Avocat.*

De Laurembeig, *Médecin.*

Le Marquis de Bandol.

Le Marquis de S. Felix.

Le Baillif de Versailles.

De Saint-Prest.

De Sinnelin.

L'Abbé Pommier, *Conseiller au Parlement.*

Mercier, *Bourgeois.*

Malo, *Bourgeois.*

Le Blanc, *Bourgeois.*

Bertrand, *Architecte.*

De Bassinié.

celaine moindre & percé dans le fond, pour y appliquer des éponges. Dans ce dernier vaisseau se trouvoit encore un autre vaisseau d'étaim, contenant trois autres filtres d'éponges couverts de sable. Ces vaisseaux qui étoient en grand ce que M. le Maréchal de Saxe avoit imaginé en petit, comme on a dit plus haut, étoient posés sur une charpente richement ornée en sculpture & en dorure, portant une coquille de marbre sous les robinets du grand vaisseau M. le Maréchal de Lovendal demanda en même tems une grande Fontaine pour sa cuisine, avec cinq filtres, dont les deux premiers de sable, & les trois autres d'éponges. Mais à peine la premiere fut-elle achevée, que la mort nous l'enleva,

Rocan, *Bourgeois.*
L'Abbé Lautier.
Pagnon de Fontaine.
Burger, *Bourgeois.*
L'Abbé Liottier.
De Villemorien, *Fermier-Général.*

MESDAMES.

D'Epinay.
De Tallanges.
D'Altis
La Comtesse de Monastrol.
De Cheneville.
De Payne.
De Marchaye.
D'Alcaume.
La Comtesse de Grancy.
Du May.
La Duchesse de Lauraguay.
D'Offlanagan, *Dame étrange.*
La Marquise de Lede.
De Mailly.
De Riberolles.
S. A. S. la Princesse de Charolois.
La Marquise d'Aulede.
De Beroïlle

VI. ACHETEURS. en 1755.

MM.

Le Maréchal Duc de Richelieu.
Le Comte d'Allion.
L'Abbé Gouffier.
Malard, *Bourgeois.*
L'Olivier, *Bourgeois.*
De Crusel, *Maître des Requêtes.*
De Savalay.
L'Abbé de Fleury.
Le Prince de Beauveau.
Le Président Hainaut.
Le Comte de Jumillhac.
Lutton, *Greffier au Parlement.*
L'Evêque d'Avranches.
Le Chevalier de Sourdival.
De Villemorien, *Fermier-Général.*
D'Engrand.

Le Maréchal Duc de Lautrec.

Girard, *Receveur des Domaines du Roi.*

Dodart, *Bourgeois.*

De l'Escarmoutier, *Secrétaire du Roi.*

De Saint Priest.

De la Motte.

Le Comte de Sade.

Le Marquet de Paire.

Bimon, *Bourgeois.*

Plagnol, *Bourgeois.*

D'Epinault.

Le Roy, *Secrétaire du Roi.*

De Saint-Contest, *Intendant de Champagne.*

De Marchaye.

S. A. S. le Comte de Clermont.

Retard, *Bourgeois.*

Lottin, *Marchand.*

Lavossier, *Procureur au Parlement.*

Le Duc de Lursier, *Grand d'Espagne.*

Villetard, *Commissionaire pour les vins de Bourgogne à Auxerre.*

Chenevier, *Bourgeois.*

Deux Prêtres, pour le Séminaire des missions étrangeres.

De Baliguier.

D'Olback, *Gentilhomme etranger.*

De Combres.

Le Prince de Salles.

Le Baron de Thiers.

De Revol, *Conseiller au Parlement.*

De Marcenay.

Le Franc, *Bourgeois*

Daran, *Chirurgien du Roi.*

Haudry, *Fermier-Général.*

De Murier, *Commissaire de Guerre.*

Thomas Depanges, *Trésorier extraordinaire de guerre.*

Le Curé de Montfort.

Le Sécrétaire de Madame la Douairiere d'Espagne.

Floncel, *Bourgeois.*

Le Comte de Saint-Germain.

L'Abbé de Boulainvilliers.

De Mondorge.

Le Normand, *Fermier-Général.*

De Reymond.

MESDAMES.

De Chambon.
D'Estroumel.
De Montigni.
De Saint-Julien.
De Saint Piere.
La Marquise de Flavacourt.
De la Peruse.
De Vattan.
De Montalban.
La Comtesse de Forcalquier.

VII. ACHETEURS en 1756.

MM.

Marie, *Chevalier de S. Louis, Chef du Bureau de la Guerre.*

Un Officier de chez S. A. S. M. le Duc d'Orléans.

Le Marquet de Paire.

Le Gendre, *Receveur des Finances.*

De Saint-Julien, *Trésorier du Clergé.*

Le Comte de Chabot.

L'Abbé de Forge, *Porte-Dieu de la Paroisse de S. Sauveur.*

Faure, *Médecin.*

Perigon, *Bourgeois.*

De Lony.

Mariot; *Bourgeois.*

De Vaudesir.

Colin, *Intendant de Madame la Marquise de Pompadour, Officier de l'Ordre Royal & militaire de Saint Louis.*

Laurent, *Bourgeois.*

De Bourdon, *Ecuyer.*

De France.

Nesme, *Bourgeois.*

Le Marquis de la Cotte, *Lieutenant-Général des armées du Roi.*

Langevin, *Bourgeois.*

Fournier, *Bourgeois.*

De Perseval.

Le Procureur-Général au grand Conseil.

Henri, *Marchand de vin.*

De l'Aiguille, *maître Apoticaire.*

L'Evêque de Rennes.

Folquier, *Bourgeois.*

De Clignac.

S. A. S. M. le Comte de Charolois.

Langlois, *Marchand.*

De Constable, *Seigneur étranger.*

Bouscaren, *Banquier.*

Pioche, dans la cour des salpêtres de l'Arsenal.

Un Gentilhomme de la part de S. A. S. Mademoiselle la Princesse de Charolois.

Le Prince, *Bourgeois.*

Boudet, *Marchand Libraire.*

De Noblet.

De Courbot.

Le Chevalier de Lieutard.

MESDAMES.

La Comtesse de Valentinois.

La Présidente de Portail.

La Marquise de S. Pierre.

De Beaujeu.

Les Filles du bon Pasteur.

De Roullié.

De Lassone.

De la Villeneuve.

De Breuilles.

La Maréchale de Biron.

Mademoiselle Labbati, *premiere Femme de chambre de Madame la Marquise de Pompadour.*

VIII. ACHETEURS en 1757.

MM.

Le Duc de Broglie, *Lieutenant Général des armées du Roi.*

De Kalt, *Major au régiment de Lovendal.*

Labbat, *Bourgeois.*

De Tigni, *Intendant d'Ausch.*

Le Marquis de la Cotte.

Lambert, *Marchand Libraire.*

Le Comte de Lauraguay.

L'Envoyé de Suéde.

Le Comte de Bearn.

Le Chevalier de Paire.

L'Abbé de Nigon, *Conseiller au Parlement.*

Le Maréchal Duc de Richelieu,

De Fribois, *Fermier-Général.*

De Corbon.

De Villette.

De Tattonne.

Du Quesnay, *Bourgeois.*

Boyer, *Marchand.*

Lavoyer, *Procureur au Parlement.*

De Blondet, *Conseiller d'Etat.*

Boulenois, *Substitut de M. le Procureur-Général.*

De Sainte-Marite.

L'abbé Jaquin.

De Longuemare *Greffier en chef au bailliage de Versailles.*

Le Fort, *Commissionnaire pour Dunkerque.*

De Château-neuf.

Coitel, *Avocat au Conseil.*

Hardy, *Marchand Libraire.*

L'Envoyé de Pologne.

Durand, *Commissionnaire pour Valenciennes.*

Le Roy, *Secrétaire du Roi.*

Gentil, *Garde-meuble de la Couronne.*

Le Comte de la Noue.

Rousseau, *Commissionnaire pour Lille en Flandre.*

De la Chevardiere, *Marchand de musique.*

Le Secrétaire de M. de Paulmy.

Boulanger, *au château des Tuilleries.*

Millin, *Secrétaire du Roi.*

Roussel, *Avocat au Conseil.*

Le Gros, *Commissionnaire pour Metz.*

Le Comte de Bury.

Magny, *Bourgeois.*

Le Président d'Arconville.

De Paney.

De Condé, *Capitaine de la Chesne.*

Duplessis, *Commissionnaire pour Caën.*

Le Marquis de Vaudulen,

Le Président de Beaudouin.

Reynaud, *Commissionnaire pour Bruxelles.*

Bellet, *Médecin.*

Le Comte de Boisgelin.

Masse, *Trésorier du Marc d'or.* *

Verron, *Secrétaire du Roi.*

Le Duc d'Aiguillon.

De Brissac.

Le Chevalier de Mortieres.

Clairault, *de l'Académie des Sciences.*

De Puysegur.

De Saint-Paul.

D'Allegre, *Conseiller au grand Conseil.*

De Cointrieux.

Le Baron de Saint-Sulpice.

MESDAMES.

De Micault.

De Fondpertuis.

De Valcroissant.

De Geoffroy, *veuve.*

De Lauzilieres.

De Saint-George.

De Saint-Hypolite.

Desmarais.

De Maurel.

Boisselin

Du Lac.

Du Perier.

La Marquise de Coulanges.

De Mouries.

De Pignol.

De Fontvive.

De Saint-Jean.

On donnera 1758 dans la liste qui paroîtra dans la suite de 5 ans en 5 ans.

* M. Masse a demandé entr'autres une Fontaine de 30 voyes d'eau, qu'on lui a fait porter à son château des Termes, vis-à-vis la porte Maillot. C'est, avec celle des Dames de Bellechasse, les deux uniques encore de cette contenance.

IX. Jugement du Public conforme à ceux de l'Académie, & premier piége où sont tombés les Critiques.

Voilà le jugement d'un Public très-respectable, contre ces Critiques indiscrets qui ne trouvant rien de bon que leurs propres inventions, ont condamné témérairement, les uns le plomb, les autres les éponges ; deux matieres cependant qui seules sont les plus en usage pour conduire & conserver l'eau, & pour la purifier comme les liqueurs chez toutes les Nations. On va voir bientôt qu'en ceci les Critiques sont tombés dans un premier piége qui prouve leur ignorance ou leur malice.

X. Conseil prudent de quelques Académiciens.

Quelques-uns d'entre Messieurs de l'Académie Royale des Sciences, voyant le rebut que quelques personnes avoient pour le filtre de l'éponge, ont conseillé l'essai de doubler les Fontaines de cuivre de plomb laminé. Leur vue, en cela, a été d'accoutumer peu à peu le Public, c'est-à-dire, une certaine classe de ce Public esclave du préjugé & de l'usage immémorial, au nouvel usage du plomb, en lui laissant cependant la jouissance du cuivre & du filtre ordinaire du sable.

XI. Motif de ce conseil dévéloppé.

Ces Messieurs ont bien prévu les difficultés dont il sera parlé dans la suite; mais suivant leurs premiers jugemens, ils ont pensé qu'en faisant craindre ainsi un usage très-pernicieux, ils l'aboliroient enfin, du moins pour ce qui concerne les Fontaines de cuivre, beaucoup plus dangereuses que les autres ustencilles formés de même métal, pour la préparation des alimens. * Ils ont pensé aussi que les mêmes difficultés qui pourroient se rencontrer dans l'essai qu'on feroit pour donner

* On voit une Marmitte & une Casserolle de par-tout, en-dedans & en-dehors : il est facile de juger si elle est propre & bien étamée; mais on ne voit pas l'intérieur d'une Fontaine de cuivre, où il y a toujours plus ou moins de verd-de-gris. C'est cette ignorance qui cause tant de funestes accidens.

de la solidité à ces sortes de Fontaines du méchanisme ancien, leur feroit adopter les nouvelles.

XII. Second piége où sont tombés les Critiques.

De-là ces indiscrets ont cru pouvoir en induire le dédit de l'Académie à l'égard du méchanisme des nouvelles Fontaines; mais leurs yeux ne portent pas bien loin, puisqu'ils n'ont pas vu le monstre qui naît de leur croyance. C'est ainsi qu'ils ont publié ce conseil eux-mêmes, sans connoître l'objet solide de ces Messieurs. S'ils ont paru venir à résipiscence & condamner le cuivre, en conseillant de ne s'en servir que comme d'un surtout, pour envélopper le plomb laminé, ce n'a été d'abord que pour ne pas heurter de front les premieres notions & l'autorité de l'Académie sur ce point principal; mais ce n'a été là qu'une résipiscence momentanée, *dilucidum intervallum.*

Ce qui résulte de tout ceci est donc, que nos Critiques ont voulu prouver que l'Académie a bien jugé, en préférant le plomb au cuivre; mais qu'elle s'est trompée, en préférant le nouveau méchanisme à l'ancien.

XIII. Troisieme piege.

On voit ici comme un second changement de décoration sur un théâtre, où les Acteurs se sont joués eux-mêmes en public, en voulant jouer la vérité. Ils ont donc convenu que le plomb ne peut rien produire de mal-sain que par sa combinaison avec le vinaigre & autres acides. Mais ne se voyant pas encore assez forts après ce conseil qui ne leur a pas trop réussi, malgré leurs suggestions contre le filtre de l'éponge, leur premier & leur dernier retranchement, (nouvelle & troisiéme décoration,) ils sont revenus à l'usage du cuivre, qu'ils ont soutenu contre leur premiere opinion, sensée dans le tems, contre les jugemens de l'Académie & contre l'évidence & les expériences journalieres, incapable de nuire à la santé du corps humain.

XIV. Ruse des Critiques repréhensible.

Pour soutenir un paradoxe de cette

espece, il leur falloit une autorité imposante. Ils l'ont trouvée cette autorité; mais où sont les portes qu'on n'ouvre pas avec la clef d'or? Le cuivre alloit donc passer pour un métal sans danger dans les cuisines. Ce point de physique, disoient nos Critiques, est démontré dans la lettre publiée sous le nom de M. Eller, premier Médecin du roi de Prusse, (il en a été parlé dans le précis historique des nouvelles Fontaines;) mais on a démontré aussi que cette lettre est un tissu de faux principes & de sophismes, prouvés tels par M. Jean Pott de Berlin, & par la Faculté de médecine de Paris. Que font les sophismes contre l'évidence? M. Eller a-t-il dit ce que les indiscrets mal-intentionnés lui ont fait dire? Qu'il l'aie dit. Combien de savans ne sont pas tombés dans l'erreur? *Aliquando bonus dormitat Homerus.* Le bon Homere radottoit quelquefois dans sa vieillesse; mais nos Critiques ne radottoient pas. Sont-ils vieux? sont-ils bons? ils sont dans la fleur de leur âge; on peut juger du reste; ainsi on ne prendra plus la peine de leur répondre sur cet article, ils sont d'ailleurs assez confus

des

des efforts indécens qu'ils ont fait pour calomnier & détruire la vérité : du moins il y a beaucoup d'imprudence de leur part, pour ne rien dire de plus, de ne pas s'appercevoir qu'ils se déclarent publiquement les ennemis de la société.

En effet, plusieurs membres de cette société, trop crédules & détournés ainsi du droit chemin, à leur persuasion, n'ont été déja que trop souvent les victimes du cuivre si hazardeusement préconisé.

XV. Prix actuel des Fontaines simples.

Comme on a parlé dans le précis historique des Fontaines simples & de leur prix, deux personnes en place à la Cour ont conseillé à M. Amy de présenter au Public le Tableau des Acheteurs ci-dessus, & en même-tems les prix des Fontaines doubles enfermées dans des caisses de chêne, qui se démontent de toutes piéces en-dehors, pour pouvoir y remédier en cas d'accident ou de fuite d'eau : mais afin que le Public puisse faire une juste comparaison, sans avoir besoin de recourir à ce précis, on va rappeller les prix des Fontaines simples.

Fontaine de six pintes sur sable & sur éponges, liv. 24

Fontaine de dix pintes, 30

Fontaine de demi-voye, 36

Fontaine d'une voye, 54

Fontaine de deux voyes, 72

Fontaine de trois voyes, 102

Fontaine de quatre voyes, 134

Les prix de ces Fontaines simples augmentent à proportion des matieres différentes, des façons & des commodités extérieures & intérieures; mais le Public économe trouvera toujours à se satisfaire, au moyen du tarif ci-dessus. Du reste, les prix de tous les ouvrages peuvent augmenter & diminuer, suivant la douceur ou la dureté des tems.

XVI. Prix actuel des Fontaines doubles.

Une fontaine de demi-voye en tout avec deux filtres, l'un de sable, & l'autre d'éponge, & un seul robinet, liv. 55

Une Fontaine d'une voye en tout à deux filtres, comme la précédente, & avec deux robinets, 108

Une Fontaine d'une voye & demie en tout à trois filtres, un de ſable, & deux d'éponges, avec trois robinets, comme ſont toutes les Fontaines ſuivantes, 126

Une de 3 voyes,	176
Une de 4 voyes,	208
Une de 5 voyes,	240
Une de 6 voyes,	268
Une de 7 voyes,	280
Une de 10 voyes,	312
Une de 12 voyes,	360
Une de 15 voyes,	428
Une de 18 voyes,	468
Une de 24 voyes,	600
Une de 28 voyes,	648
Une de 32 voyes,	704
Une de 36 voyes,	734
Une de 40 voyes,	764

Au-delà de 40 voyes les ouvriers ne pourroient plus renverſer & tourner à tout moment des Fontaines énormes, pour en perfectionner les ſoudures.

A l'égard des Fontaines, depuis 15 voyes de contenance juſqu'à 40 voyes, annoncées dans le précis hiſtorique, & dont les filtres ne conſiſtent qu'en pluſieurs bancs de ſable, qu'on lavera ſans y toucher, comme elles ne feront connues qu'après le nombre des souscripteurs rempli, ou dans le cas d'une nouvelle Compagnie en état de faire les établissemens nécessaires, à Paris, à Lyon & en Flandre; elles ne pourront s'établir que dans l'un de ces deux cas.

XVII. *Prix actuel des Fontaines d'étaim du même méchanisme.*

Une Fontaine de 3 voyes,	liv. 350
Une de 7 voyes,	650
Une de 12 voyes,	850

Les Fontaines d'étaim sablées de l'ancien méchanisme, n'ont guères pu aller jusqu'à présent qu'à cette contenance, bornées comme elles sont par les moules de cuivre, dans lesquels on en jette les cilindres en fonte. Elles sont fort propres & brillantes dans les cuisines des Maîtres qui ont soin de les faire écurer. Elles ne sont pas même si cheres que les nouvelles; mais dans la manufacture de ces dernieres, leur prix devient nécessairement plus haut, attendu la plus forte épaisseur, & la pureté de l'étaim battu au marteau: il faut y ajouter la coupe des pièces, dont l'assemblage ne peut se jetter dans un moule, ni permettre la dépouille. Il n'y a que les piéces en détail qui puissent se jetter en fonte : il reste donc l'assemblage de ces piéces en détail, qui devient trop vétilleux ; & c'est ce qui en augmente le prix.

Une autre cause de la cherté vient des caisses de chêne, qui se démontent pour pouvoir y remédier en cas d'accident, & qui, au moyen de deux fortes mains de fer, deviennent portatives par-tout, sans crainte de les bossuer : c'est ce qui arrive le plus souvent aux Fontaines d'étaim anciennes dans les cas des lavages, des demenagemens ou des transports en campagne.

C'est par toutes ces raisons que peu de personnes ont demandé des fontaines d'étaim, attendu leur cherté de quelque méchanisme qu'elles soient. Les personnes qui en ont, peuvent voir que le sable fin s'y incruste fortement, les corrode intérieurement, & les perce à la longue. * On parlera dans la suite de cette expérience qui se fera dans le magasin, en présence des per-

* Cette corrosion communique à l'eau une couleur noire. C'est un fait connu des personnes qui se servent de fontaines d'étaim.

sonnes qui voudront s'éclaircir sur ce point. La même chose arrive dans les Fontaines de cuivre ; l'étamure, quoique très-mince, a de l'amour pour le sable fin, dont plusieurs grains sont vitrioliques.

XVIII. *Incrustation du sable fin dans les Fontaines de cuivre.*

Bien des personnes croient que cette incrustation dans les Fontaines de cuivre les garantit du verd-de-gris : mais elles se trompent : car les grains du sable fin qui se rencontrent d'une nature vitriolique, quoiqu'ils ne puissent pas nuire, comme fait le cuivre, cependant par leur analogie, ils s'attachent à l'étamure qui contient toujours un peu de cuivre, & celui-ci, qui, de tous les métaux, est celui qui contient le plus de vitriol, s'unit encore mieux avec les grains de ce sable fin, qui contiennent quelque peu de ce mineral, ou qui, par leur petitesse, étant plus ouverts & plus penétrables par l'eau, sont plus disposés à s'unir à l'étaim & au cuivre qui leur sont analogues. Or, c'est cette union qui ronge l'étamure, avec l'aide de l'eau & de l'air, & découvre le cuivre. Celui-ci est toujours plus couvert de verd-de-gris dans les planchers que le sable touche.

XIX. Plomb exempt de cette incrustation.

L'incrustation dont on vient de parler, ne se voit jamais au plomb. Il y a assez de nouvelles Fontaines repandues dans Paris & dans les Provinces. Les personnes qui en ont, peuvent vérifier les expériences dont il s'agit : elles trouveront que les soudures d'étaim dans les bancs de sable sont incrustées de ce sable fin ; mais comme elles ont deux grosses lignes d'épaisseur à peu près dans les angles où elles se trouvent, il faudroit un siécle pour les corroder ; & cette corrosion, d'ailleurs indifférente pour la santé, est bien différente de celle du cuivre : au surplus, elle est réparable dans l'instant. Ainsi, à l'égard des Fontaines d'étaim, comme elles n'ont pour l'ordinaire qu'une petite épaisseur, il ne faut pas s'étonner qu'à la longue le sable fin les corrode au point de les percer, & quiconque comptera bien pour l'économie, trouvera que les Fontaines de plomb sont beaucoup plus solides dans leurs caisses, beaucoup moins cheres, comme on voit par la comparaison des prix mentionnés ci-dessus, & beaucoup plus commodes, parce qu'on les lave sans les tirer de place.

XX. Fontaines de cuivre doublées de Plomb laminé.

Quelques particuliers économes, mal instruits de l'usage & des propriétés du filtre de l'éponge, ayant plus de confiance aux conseils des Critiques, qu'à ceux de l'Académie, ont cru bien faire pour éviter les retamages & les accidens du verd-de-gris, en faisant doubler intérieurement leurs Fontaines de cuivre de plomb laminé de demi-ligne d'épaisseur, d'autant mieux qu'à cet égard les Critiques faisoient parade du conseil dont on a fait mention ci-dessus, sans en connoître le sage motif; mais ils n'ont pas fait attention aux inconvéniens qui pouvoient en résulter.

XXI. *Premier inconvénient.*

Si on recouvre de ce plomb les dessus & les dessous des planchers de cuivre, pour soutenir longuement le poids du sable & de l'eau, comme on l'a d'abord essayé, en supposant même que toute la circonférence intérieure du plomb de la Fontaine soit bien soudée; cependant les grains de sable qui peuvent avoir passé avec le plomb sous le laminoir, les pailles & les feuillures qui peuvent en résulter, comme tout le monde sait, les moindres felures ou dechirures des soudures dans les circonférences de ces planchers, vont laisser fuir l'eau * sur les surfaces du cuivre intérieur, & faire un amas de verd-de-gris d'autant plus dangereux qu'on ne peut plus nettoyer le cuivre de ces planchers, ni le retamer.

* Les grains de sable, pailles ou feuillures ont plus ou moins de profondeur. Ces défauts laissent fuir l'eau dès le premier jour, ou dans la suite en plus ou moins de tems. Tout ne consiste ici qu'au moyen de pouvoir les réparer facilement lorsqu'ils s'annoncent; ce qui est très-difficile, & souvent impossible dans les Fontaines de cuivre doublées de plomb laminé.

Du reſte, les défauts dans le cas des planchers ſeulement, ne s'annonceront jamais par une fuite d'eau. Tout ſe réduit à un plancher de cuivre, ou pluſieurs revêtus de plomb & noyés dans l'eau, ſans qu'on ſache ces défauts, même ſans qu'on puiſſe les ſavoir.

Le danger ſera encore plus grand ſi le plomb qui enveloppe les planchers, ſoit en-deſſus, ſoit en-deſſous, laiſſe fuir l'eau; car alors le cuivre de ces planchers ſe trouve comme dans une boëte percée, d'où il diſtribue ſon venin avec plus d'abondance, & ſans qu'on puiſſe le ſavoir que par ſes méchans effets à la premiere diſpoſition des viſceres. Le plus ſouvent on ne penſe pas au cuivre : le mal alors manquant de remédes convenables, devient quelquefois incurable, ou dégénere en maladie chronique.

XXII. *Second inconvénient.*

Si on ſupprime les planchers de cuivre pour ſubſtituer des planchers de plomb d'une ligne d'épaiſſeur, de deux & de trois, ſi l'on veut, le poids du ſable, de l'eau & de ce plomb ſoudé ſur un plomb de demi-ligne, dechirera dans la ſuite quelque ſoudure de ce plomb trop mince pour ſupporter le poids; & la Fontaine venant dès-lors à laiſſer fuir l'eau, ou dans le réſervoir de l'eau filtrée au travers des ſoudures des planchers, ou en-dehors du plomb, entre celui-ci & le cuivre par le trou qu'on a imaginé de faire ſous le fond de ce dernier, (ſoit expérience ou prévoyance de la part des Fabricateurs,) on tombera dans ces deux inconveniens, ou dans l'un des deux. Le premier, que la vaſe ira ſe mêler avec l'eau filtrée, & le ſecond, qu'on ne trouvera que très-rarement les felures des ſoudures, & jamais les défauts du plomb, qui viennent quelquefois du laminoir. La raiſon en eſt que le cuivre qui enveloppe ce plomb, ne peut ſe démonter, comme on démonte les caiſſes des nouvelles Fontaines; & cette raiſon ſeule ſera toujours un obſtacle inſurmontable à la moindre réparation à faire intérieurement.

XXIII. Robinet mal imaginé pour soutirer l'eau fuyante entre le plomb & le cuivre.

Plusieurs particuliers se sont avisés de faire boucher le trou dont on vient de parler, pour éviter la fuite d'eau qui salissoit le sol de leurs cuisines, ou le plancher de leurs chambres. Le moyen dont ils se servent, consiste en un robinet mis au fond pour retenir cette eau fuyante entre le plomb & le cuivre; mais ils n'ont pas fait attention que cette eau enfermée dans une grande circonférence & de bas en haut, s'y trouve cependant en fort petite quantité, & qu'elle produit ainsi beaucoup plus de verd-de-gris, que ne fait une grande Fontaine de cuivre remplie d'eau. Cette derniere peut, au moins, être lavée & frottée avec un linge ou un décrotoir, comme on le pratique dans plusieurs maisons, pour emporter le verd-de-gris, & supprimer un retamage. On peut encore le retamer; mais le cuivre d'une Fontaine doublée de plomb n'est susceptible d'aucune de ces réparations.

Si on oublie de soutirer cette eau prisonniere entre deux vaisseaux l'un dans l'autre, & que le défaut de la soudure ou la feuillure soit, par exemple, au bas du vaisseau de plomb intérieur, cette eau reflue avec ce verd-de-gris au travers de la felure, feuillure ou paille, dans le réservoir de l'eau filtrée, & rend toujours la précaution inutile, même plus dangereuse.

Au surplus, le cuivre tantôt couvert d'eau, au moyen de ce robinet qui le retient, tantôt, si on la soutire, laissé simplement humide, se convertira toujours en verd-de-gris, & se criblera de par-tout à la longue.

XXIV. Moyen moins mauvais que le précédent.

Le moins mal est donc de laisser subsister le trou du fond, pour éviter le reflux d'une eau fortement impregnée de verd-de-gris dans le reservoir de plomb; mais le cuivre des cilindres, sans cesse humide par la vapeur de l'eau qui s'éleve du fond formé du même métal, & toujours arrosé de l'eau fuyante au travers des défauts du plomb, sera toujours la destruction de ces sortes de Fontaines, qui ne sont, après plusieurs essais, qu'un assemblage inutile & très-dangereux de deux Fontaines dans une seule.

De ces observations, il ne suit pas cependant que toutes les Fontaines de plomb laissent fuir l'eau; mais comme ce défaut est commun à tous les vaisseaux, de quelque matieres qu'ils soient formés, le point est ici d'enfermer le plomb dans le cuivre, de façon qu'en cas de fuite, on puisse y remédier; ce qui n'est pas possible, comme on le fera voir bientôt.

XXV. Second robinet des Fontaines de cuivre doublées de plomb, qui prouve l'imperfection de l'ancien méchanisme.

Le même robinet chez d'autres traversant le cuivre & le plomb, est soudé directement sur le vaisseau de plomb intérieur & à niveau du plomb, pour soutirer l'eau qui s'amasse entre ce fond & le robinet ordinaire des Fontaines de cuivre, qui traverse également ces deux métaux dans le cas présent; mais cette précaution prouve que la vase s'échappe aſſez ſouvent des interſtices du ſable, & tombe avec l'eau dans le réſervoir, pour peu que les Fontaines viennent à ſe détraquer ; ce qui eſt aſſez ordinaire lorſque la riviere eſt trouble. Cet inconvénient ne peut arriver avec une digue, comme celle des éponges, précédées d'un banc de ſable dans les nouvelles Fontaines. Revenons au plomb.

XXVI. *Troiſieme inconvénient.*

Si on recouvre l'intérieur d'une Fontaine de cuivre, de plomb d'une ligne d'épaiſſeur, à la vérité elle ſera moins ſujette à laiſſer fuir l'eau, les ſoudures étant plus fortes, & le plomb moins ſujet aux défauts reſultans du laminoir; mais le poids ſera bien lourd dans les cas des lavages, ou des tranſports d'un lieu à l'autre.

Du reſte, la dépenſe ira au double, & le même danger de la fuite de l'eau, quoique moindre, ſubſiſtera toujours au travers des ſoudures, toujours ſuſpectes de fuite, quelque épaiſſeur qu'ait le plomb, ou au travers des grains de ſable, des pailles ou feuillures, qui, malgré cette double épaisseur, peuvent encore résulter du laminoir, & faire leur effet tôt ou tard.

La même impossibilité de remédier aux défauts, même plus grande, attendu la plus grande lourdeur, subsistera encore, à moins qu'on n'imagine un moyen pour rendre le cuivre amovible dans ce cas; mais c'est ce qu'on ne trouvera jamais dans ce méchanisme, ou du moins, ce sera très-imparfaitement.

La raison en est que le plomb mis à nud, n'aura plus de solidité dans l'intérieur. Il s'affaisseroit si on emplissoit d'eau un pareil vaisseau, pour voir l'endroit de la fuite. On ne pourroit, l'ayant vuidé, ni le manier, ni le renverser, ni le coucher, pour y faire les réparations nécessaires, sans le bossuer, & souvent sans y faire de nouvelles déchirures; & le tout, (supposé que cela fût possible) pour avoir, par intervalle, de l'eau louche & savonneuse, principalement en hyver, attendu l'insuffisance du filtre du sable, qui ne peut retenir entierement le limon fin, encore moins la vase des eaux souvent troubles dans cette saison.

XXVII. *Expédient sans danger dans l'ancien méchanisme.*

Il paroît donc, sauf meilleur avis, que les personnes qui préferent l'ancien méchanisme des Fontaines sablées, & qui cependant craignent les dangers du verd-de-gris, sans se soucier beaucoup de la limpidité de l'eau, feroient beaucoup mieux de vendre leurs Fontaines de cuivre, elles pourroient en appliquer le prix, en y ajoutant le surplus, à faire former des Fontaines de plomb épais de deux lignes, suivant ce même méchanisme, pourvu néanmoins qu'elles ne passent pas la contenance de quatre voyes d'eau; car au-delà leur lourdeur les rendroit impraticables.

XXVIII. *Nouvelles Fontaines formées de plomb, avec des filtres en sable seulement par descension & ascension.*

Sur le grand nombre des Acheteurs, il s'en est trouvé très-peu au commencement qui n'aient voulu que le filtre ordinaire, suivant l'ancien usage; mais ceux-ci voyant dans la suite l'eau resultante du filtre de l'éponge chez leurs amis, se sont dépouillés du préjugé. Ils ont voulu avoir des Fontaines avec les deux filtres, pour se donner une eau limpide en tout tems.

Cependant, comme il peut y avoir quelques personnes qui après les bruits répandus par des esprits mal intentionnés, peuvent avoir encore du rebut pour l'éponge, malgré les expériences qui ont été faites pendant plusieurs années, tant de la part de plusieurs membres de l'Académie Royale des Sciences, que du Public le plus connoisseur, on leur répéte ici qu'elles trouveront dans le magasin, des Fontaines avec deux ou plusieurs filtres de sable & un d'éponges, avec cette remarque, qu'elles pourront supprimer les éponges, & ne mettre que du sable; sauf à elles de mettre ou ne pas mettre ces éponges dans les alvéoles qu'on y a pratiqués: surement après l'essai du sable, elles employeront d'abord les éponges dans les tems où la riviere est trouble, & ensuite dans tous les tems.

On croit, après cela, qu'il n'y aura

plus d'autre prétexte que celui de la dépense, la critique ne pouvant plus attaquer le filtre du sable que les sources présentent à nos yeux depuis la création du monde.

La nature seule répond aux Critiques touchant le gout de l'eau. Les eaux dormantes des marres ou de certains puits ne sont pas saines : elles ont même quelquefois du gout, à raison de leur inaction. L'eau des sources qui lave sans cesse les terres, les sables, les végétaux & autres matieres par où elle passe, n'a jamais du gout, à raison de son mouvement & de sa filtration continuelle. Il en est de même des Fontaines domestiques, anciennes ou nouvelles. Le gout n'est point dans l'eau; il est dans les matieres, dans la terre & dans la vase qui fermentent avec elle, dès que celle-ci est sans mouvement : voilà pourquoi l'eau dormante des cyternes sent souvent la grenouille. Il en est de même des eaux de puits qui se trouvent sans mouvement, & qui s'empuantissent par cela seul.

XXIX. *Fontaines fragiles anciennes & nouvelles.*

On trouve dans le magasin de la manufacture, des Fontaines de terre, de fayance & de verre; mais elles n'ont pas eu le milliéme du débit des Fontaines de plomb, seules susceptibles de toutes les grandeurs dont on a parlé plus haut. Quelques personnes cependant en achetent pour leur boisson seulement; car elles ne peuvent suffire pour les besoins d'une cuisine.

D'autres ont fait venir des jars de Provence; mais il n'y a qu'à s'en servir pour s'en désabuser: car indépendamment des accidens, des chocs, des chutes & de la glace en hyver, qui les fait péter, ils ne peuvent s'en servir que pour y laisser déposer l'eau, qui se purifie ainsi lentement en six mois ou un an, du limon fin qu'elle contient.

Il faut être bien spéculatif, bien crédule & grand menager de l'eau, pour régler ainsi sa boisson, au moyen de deux jars alternatifs, l'un dans lequel on laisse déposer l'eau, & l'autre qu'on fait soutirer avec économie pour boire.

Mais dans ce cas la dépense d'eau journaliere pour la préparation des alimens, ne peut se trouver dans ces jars; à moins, comme l'ont fait quelques-uns, d'en avoir un grand nombre dans une cave destinée à cet effet, pour la dépense d'eau annuelle. Cet usage singulier devient donc alors fort couteux & sujet à bien des inconvéniens, comme on a dit plus haut, notamment au défaut des robinets toujours foiblement attachés à ces jars.

XXX. *Usages des jars de Provence fondé sur des raisons apparentes.*

L'objet des personnes qui font ainsi leur provision d'eau pour toute l'année, paroît cependant raisonnable dans leur prévention contre les métaux en général; car les vaisseaux d'argent ou d'or leur font également peur, attendu l'alliage du cuivre; mais cet objet cependant n'est sage qu'à raison de ce seul métal, & abstraction faite de la fragilité & de tous les autres inconvéniens dont elles veulent bien courir le risque; sans compter, du reste, la peine des cuisiniers, dans ce cas, à faire venir l'eau de la cave à tout moment.

XXXI. *Frais frustrés pour avoir des jars de Provence.*

Mais pourquoi envoyer chercher des jars en Provence, même outre les mers, lorsqu'il y a des Fontaines de grai à Paris? car la terre de celle-ci est beaucoup meilleure que celle de ces jars. La raison en est que la terre de grai cuite est simple & homogéne de sa nature, nullement pénétrable & dissoluble par le menstrue de l'eau. Elle n'a donc pas besoin d'un émail intérieur, parce qu'elle l'apporte naturellement en sortant du four; & quoiqu'il ne paroisse point reluisant aux yeux sur toute sa surface également, on en voit cependant par flocons, sur plusieurs parties de cette surface extérieure; mais il s'y trouve intrinsequement dans toutes les parties de cette terre, qui est comme durcie & vitrifiée par le feu, à raison peut-être de quelque principe métallique qu'elle contient, & qui se met en fusion. Quoi qu'il en soit, elle jette du feu en la frappant avec un fusil, ce que ne font pas, ou beaucoup moins souvent, les morceaux de verre : voilà pourquoi le peuple se sert utilement, ne pouvant mieux, de pots à beurre, & de fontaines de grai sans filtres. La même terre sert encore à faire de grandes bouteilles, où le vin & l'huile se conservent parfaitement.

XXXII. *Auteur anonime de l'introduction des jars de Provence.*

De tous les tems il s'est trouvé à Paris des personnes prudentes, qui ont fui le pernicieux usage des Fontaines de cuivre. Les pierres poreuses n'étant pas encore connues, elles jetterent les yeux sur les jars de Provence, pour y laisser l'eau déposer son limon : d'où il s'ensuit que cette maniere de purifier l'eau, sujette d'ailleurs à beaucoup d'inconveniens, & insuffisante, n'étoit pas nouvelle lorsque les nouvelles Fontaines ont paru.

On ne peut donc attribuer l'introduction des jars de Provence, ou pour mieux dire, la volonté de les introduire plus que jamais, qu'à un ennemi de la manufacture, qui tachant, quoiqu'inutilement, d'en arrêter le succès, s'est joué lui-même, en voulant jouer l'inventeur. C'est celui-là même qui a conseillé comme une nouveauté utile d'aller chercher à deux cens lieues loin, même dans les Indes, ce qui se trouve à Paris à moins de frais, & beaucoup meilleur. *

* Le Philosophe veut souvent corriger la nature absolument incorrigible dans plusieurs cas, la forcer même a lui donner de l'or : il veut ici faire éviter tous les méta x, sans le pouvoir lui-même. Il veut qu'on boive de l'eau qui ait déposé son limon dans un vaisseau de terre; mais il ne peut éviter le vernis du cuivre, ou de tout autre métal, qui se dissout toujours un peu par les parties salines de l'air & de l'eau, ni faire manger, si ce n'est les pauvres & les bergers réduits aux marmites de terre, que dans quelques vaisseaux fermés d'un métal quelconque, dont il se sert pour lui même. Tout ce qu'il peut faire pour les riches, c'est de leur conseiller les vaisseaux formés d'or ou d'argent, ou de fer; mais il ne peut ôter ni l'alliage du cuivre dans les premiers, ni l'étaim dans les derniers, plus dissoluble sur le feu, dans l'eau mêlée sur-tout avec le sel & les acides des alimens. Il parle de l'infiniment petit des molécules imperceptibles du plomb innocent dans l'eau, & ne dit pas un mot de celles

En

En effet, les jars de Provence & des pays lointains sont formés d'une terre molle & friable, que l'eau pénetreroit d'abord ; ce qui la feroit puer, s'ils n'étoient pas vernissés dans l'intérieur.

XXXIII. Raison des vernis de cuivre, de plomb, & d'étaim, pour conserver l'eau.

Voilà pourquoi les potiers à Paris comme en Provence & ailleurs donnent ce vernis composé de cuivre ou de plomb à la terre, & celui d'étaim

du cuivre & de l'étaim, beaucoup plus dissolubles sur le feu par eux-mêmes, & par la cessation de l'ébullition des liqueurs. Il a donc des remédes pour un cas, & n'en a point pour l'autre. Il n'en a même aucun, puisque les vernis, quoique vitrifiés, sont eux-mêmes à la longue un peu sujets à la dissolution : c'est à quoi se réduisent les efforts d'un Philosophe trop échauffé : il cherche toujours sans rien trouver, du moins de raisonnable, dans les difficultés insurmontables. L'amour-propre le fait tenter d'en être le premier vainqueur ; mais ses recherches dans ces cas où l'auteur de la nature lui résiste, sont toujours sans gloire & sans profit : il ne lui reste même que le regret & la honte, s'il a eu l'imprudence de découvrir sa pensée.

à la fayance, pour garantir les terres, autres que celles de grai, de la pénétration de l'eau.

XXXIV, Raison du vernis des jars de Provence.

Il y a une autre raison en Provence à l'égard des jars, c'est que le pays produisant la meilleure huile du Royaume, les particuliers qui recueillent de cette denrée, ont voulu avoir des vaisseaux propres à la contenir & l'y conserver. Si ces jars n'étoient pas vernissés, l'huile pénétreroit & couleroit en-dehors goute à goute : cependant malgré ce vernis, il y a toujours plusieurs endroits dans l'intérieur, où il se trouve couperosé & felé; d'autres où le moindre grain de sable fait péter dans le four ce vernis qui s'écaille, en un ou plusieurs endroits, d'un demi pouce de rondeur plus ou moins : en sorte que la terre friable de ces jars demeure à découvert, & se pénétre de l'eau ou de l'huile; c'est ce qui ne peut arriver à la terre de grai, qui compose elle-même un vernis * dans toutes ses parties.

*On ne craint pas que ce soit ici un avis hazardé, on voit ce vernis sur plusieurs

XXXV. Jugement sur les jars de Provence.

Qu'on juge maintenant de ces jars pour l'eau : ils sont couteux, embarrassans, fragiles, pénétrables, nullement solides dans la partie des robinets, insuffisans pour tous les besoins d'un menage, sans filtres, & très-lents à purifier l'eau par le seul dépôt, principalement du fin limon qui s'y trouve suspendu, & qui est toujours très-long-tems à descendre.

XXXVI. Usage singulier & sans discernement.

Mais ce qu'il y a de plus singulier dans l'usage de ces jars qui ne sont pourtant encore que clair-semés, & qui s'aboliront d'eux-mêmes, c'est que

cruches, bouteilles & autres vaisseaux de grai, mais il s'en vend plusieurs formés d'une mauvaise terre de grai, auxquels la matiere métallique manque ou se trouve en trop petite quantité, & qui font puer l'eau ; c'est ce qu'on voit dans les Fontaines que le vulgaire appelle *Fontaines resonnantes.*

bien des personnes, sans faire attention aux conseils de l'Académie & de la Faculté de Médecine, laissent leurs Fontaines de cuivre dans leurs cuisines, pour la préparation des alimens, & ne destinent ces jars que pour l'eau de leur table. Ne vaudroit-il pas mieux faire filtrer l'eau de la boisson dans des pierres poreuses, & employer ces jars pour l'eau destinée à la préparation des alimens, telle qu'elle vient de la riviere, sans attendre avec tant de gêne le dépôt du limon que le feu purifie?

Si ces personnes méprisent les dangers du verd-de-gris, & les maladies inconnues qui en résultent dans la préparation des alimens avec une eau qui a séjourné dans le cuivre, elles peuvent en faire autant & plus sensément à l'égard de l'eau de leur boisson, en ce qui concerne le principe pétrifiant, résultant de ces sortes de pierres tendres & dissolubles; car elles ne filtrent l'eau qu'à raison de ces deux qualités. Sans contredit ce principe, quoique mauvais, est beaucoup moins nuisible que la dissolution du cuivre,

XXXVII. *Définition du Public.*

Le Public, du moins une certaine classe, est comme un papier blanc qui se plie comme l'on veut ; il se charge innocemment de l'encre la plus noire des Critiques comme des bonnes impressions de ceux-ci, lorsque, par hazard, leur caprice ou leur intérêt leur font embrasser la vérité; mais c'est une faute inexcusable de préférer leurs conseils à ceux de l'Académie & de la Faculté de Médecine : ce sont là les seuls oracles que l'homme sage doit écouter dans les cas de santé : ainsi celui qui les néglige & qui s'y trouve pris, ne peut pas se plaindre.

XXXVIII. *Expériences publiques propres à démontrer la puissance, l'utilité & la commodité du filtre de l'éponge, pour filtrer l'eau, le vin & les liqueurs.*

Ces expériences ont trois objets essentiels. Le premier est de faire voir la différence de l'eau résultante du sable le mieux lavé & le plus foulé.

L'eau filtrée au travers du sable sera louche & comme savoneuse, ce qui est ordinaire pendant plusieurs jours dans les Fontaines sablées après le lavage de ce sable. Si la riviere vase, elle sera toujours plus louche. L'eau filtrée au travers des éponges sera belle sur le champ, tout au plus en un demi-quart d'heure, en quelque état que soit la riviere.

Le second objet est de faire gouter l'eau de l'un & de l'autre filtre, pour convaincre les critiques de l'illusion de leurs calomnies, à l'égard du prétendu gout résultant du filtre de l'éponge. Avant toutes choses, ces esprits mal-intentionnés auroient dû faire la même expérience qu'on fera en leur présence, s'ils veulent y venir, & de quiconque voudra s'y trouver : ils auroient su ce qu'ils ont affecté d'ignorer, ou ce qu'ils ne savoient point, & ce que le moindre Physicien doit savoir, qui est que l'éponge bien préparée & qui filtre sans cesse, ne peut communiquer aucun gout. Il faudroit un miracle, dans ce cas, que l'Auteur de la nature ne fera point, pour réaliser leurs fausses décisions. On manque toujours de jugement, lorsqu'on a la témérité de combattre celui de l'Académie, sur-tout après plusieurs années d'expérience.

Le troisiéme objet est de faire la même expérience sur le vin d'Orléans & tous autres les plus couverts, ordinairement durs en cet état, & qui deviendront fort clairs, veloutés & plus agréables à boire. Il en sera de même des liqueurs qui fourniront une expérience particuliere.

XXXIX. *Fontaines militaires & marines perfectionnées.*

C'est en voyant ces expériences qui seront annoncées lorsque l'eau de la riviere sera la plus trouble dans les tems des grandes pluyes ou des fontes de neige, que les militaires de mer & de terre, principalement les marins, qui n'ont pas encore eu de connoissance de ces Fontaines, concevront encore mieux l'utilité, la commodité * & la nécessité de s'en munir.

M. Amy les a nouvellement per-

* Le volume & la légereté sont les deux principales commodités, sur-tout dans les armées de terre. Le volume du sable nécessaire

fectionnées pour leur commodité. Elles sont très-légeres, d'un volume arbitraire, & donnent beaucoup plus d'eau que les pierres poreuses, aussi limpide & plus saine.

Tout est grand à Paris, pour peu d'utilité qu'il y ait; à plus forte raison l'invention des nouvelles Fontaines, que l'Académie a déclarées susceptibles d'utilité en plusieurs rencontres, & tendre sur-tout à éloigner les sujets du Roi des accidens funestes du verd-de-gris & des maladies inconnues qui en résultent.

On va donc mettre ici sous les yeux du Lecteur toutes les instructions que l'expérience, depuis l'établissement de la manufacture jusqu'à présent, a fait connoître nécessaires, principalement pour les particuliers des Provinces qui ont acheté de nouvelles Fontaines, & qui sont privés des ouvriers de la manufacture pour les lavages & les réparations en cas d'accident. Cette priva-

pour purifier l'eau assez imparfaitement, est à l'égard des éponges, comme 400 à 1. Le poids est comme 600 à 1. Les militaires peuvent porter 1, mais ils ne peuvent pas porter 400 en volume, ni encore moins 600 en poids.

tion vient des bornes de la Compagnie du premier privilége qui doit expirer en 1766. Ne pouvant mieux aujourd'hui par des motifs de délicatesse, elle est en état de recevoir son remboursement, pour ne pas gêner plus longtems l'étendue d'une invention aussi utile. Telle est même l'intention du Roi dans les nouvelles lettres qui se trouvent à la suite de l'avertissement.

XL. *Instruction sur la préparation des éponges.*

Achetez un chapelet d'éponges de 12 ou 15 francs la livre, vous trouverez dans une livre votre provision pour 4 ans, à les changer de six mois en six mois, supposé que vous ayez acheté une Fontaine de trois voyes, & ainsi à proportion des plus petites ou plus plus grandes qui ont plus ou moins d'alvéoles ou tuyaux coniques, qui demandent plus ou moins d'éponges.

Tirez la ficelle; jettez vos éponges dans un vaisseau plein d'eau propre; pressez-les bien l'une après l'autre, ou toutes à la fois, dans la même eau.

Jettez cette premiere eau & en mettez une nouvelle, où les éponges resteront toute la nuit.

Le lendemain prenez-les en détail; purgez celles que vous trouverez contenir des coquillages, du gravier & autres corps étrangers. Cela fait, pressez-les encore à plusieurs reprises dans la même eau.

Jettez cette eau, & mettez-en une autre pour y faire tremper vos éponges. Répétez cette opération trois fois par jour, dans les deux jours suivans. Prenez ensuite ces éponges, pressez-les bien l'une après l'autre dans vos mains, & mettez-les sécher au soleil; flairez-les ensuite, elles n'auront plus ni odeur ni gout.

XLI. Usage inutile de plusieurs Dames de Paris dans la préparation des éponges.

Plusieurs Dames sont dans l'usage à Paris, de faire laver les éponges dans l'eau-de-vie, après leur préparation par les lavages d'eau. Elles les font tremper en dernier lieu dans de l'eau de fleur d'orange, & s'en servent ainsi pour leurs Fontaines ; mais cette dépense est inutile. L'eau seule suffit pour édulcorer l'éponge : il ne faut même qu'une heure, si on veut en prendre la peine, comme on dira dans la seconde partie sous le nombre XXVII.

XLII. Choix des éponges.

Les vertes, c'est-à-dire, celles dont la chair est la plus dure, la plus unie, la plus fine * & la plus serrée, sans trou, & de couleur plus ou moins grise ou jaune, sont les meilleures pour la filtration, & durent davantage dans l'eau.

XLIII. Maniere de faire les bouchons d'éponges.

Prenez une éponge préparée, comme on a dit, par plusieurs lavages, trempez-la dans de l'eau pour la ramolir seulement ; rendoublez & re-

* La dureté & la finesse peuvent se trouver en y mettant le prix ; mais en général toutes les éponges bien lavées sont bonnes pour la filtration continuelle, sauf de les renouveller plutôt ou plus tard.

pliez-la pour en faire comme une paume; présentez-la bien serrée dans vos doigts à une alvéole de votre Fontaine: si elle y entre forcément, n'en ôtez que très-peu avec des ciseaux, & pour l'approprier seulement, s'il se trouve quelque inégalité sur sa surface.

Composez ainsi vos grands & petits bouchons à proportion, pour les Fontaines doubles qui ont deux ou trois filtres d'éponge, c'est-à-dire, des alvéoles de différentes grandeurs.

N. B. On trouve dans le magasin de la manufacture des bouchons formés dans des alvéoles grands & petits, qu'on y laisse dessecher, pour qu'ils retiennent leur forme, capable toute seule d'instruire, à cet égard, les particuliers des Provinces. Les prix de ces bouchons sont de *vingt*, *quinze* & *cinq* sols.

XLIV. Maniere de garnir une Fontaine de ses éponges & de son sable.

Lavez d'abord votre Fontaine avec de l'eau propre, frottant légerement toutes les parois intérieures avec une éponge également bien propre; lâchez ensuite votre eau par les robinets, la recevant dans quelque vaisseau ou dans un seau que vous mettrez au-dessous ; fermez-les ; jettez-y un seau d'eau pour la rincer légerement avec la même éponge ; lâchez encore tous les robinets successivement ; épongez. Cela fait :

Prenez une des petites éponges ; cherchez le côté le plus uni, que vous laisserez en-dehors, rendoublant de l'autre côté en-dedans les bords de la même éponge, que vous arrondirez avec force, de façon qu'elle puisse entrer par la face unie dans le large côté de l'alvéole, & venir sortir une ligne ou deux, tout au plus, de l'autre côté plus étroit, présentant un bouton rond, net & assez dur. La force du doigt, appellé l'*index*, suffit pour pousser l'éponge.

Il faut observer cependant que si les bouchons sont trop gros, le degré de pression étant trop fort, dans ce cas, l'eau ne passeroit plus, ou fort peu.

Regle. Plus les éponges sont serrées, moins elles donnent d'eau & plus belle. Plus elles sont laches, moins l'eau est belle, & plus elle est abondante.

Appliquez ainsi successivement (ce que l'expérience vous apprendra bientôt) toutes vos éponges, tant grandes que petites; prenez ensuite avec une palette de bois ou avec la main, votre sable bien lavé, que vous jetterez à plusieurs reprises dans la boëte vis-à-vis des grosses éponges, jusqu'à ce qu'elle soit pleine. Comprimez ce sable avec la main, laissant toujours les bords de cette boëte libre, pour y trouver la place de la plaque de plomb, & mettez le couvercle dessus. Cela fait:

Frottez légerement avec votre éponge propre les parois de la loge de l'eau sale, & ramassez les grains de sable qui pourront y être tombés en la garnissant; amenez-les dans le coin de la droite, & avec la même éponge, tirez-les hors doucement de bas en haut. Faites la même opération dans les loges des eaux filtrées, supposé qu'il s'y trouve quelques grains de sable qui y seront tombés en la garnissant. Cela fait:

Ouvrez les robinets de ces loges; Jettez-y quelques potées d'eau propre qui sortiront sur le champ; épongez; fermez tous les robinets: faites ensuite remplir la grande loge de votre Fontaine, pour filtrer l'eau à l'ordinaire.

Si les premieres eaux ont quelque gout venant de la resine ou des saletés du plomb, qui se lave dans le cas d'une Fontaine neuve, ou autrement des éponges, supposé qu'on ne les eût pas assez laissées s'adoucir, soutirez toujours le premier jour, garnissant votre Fontaine d'eau pour entretenir la filtration, & vous appercevrez, en goutant l'eau d'un quart d'heure à l'autre, la diminution du gout par degré, jusqu'à ce qu'enfin il se soit effacé entierement.

XLV. Conduite d'une Fontaine garnie de sable & d'éponges.

Renouvellez l'eau au moins de deux jours l'un en hyver, & tous les jours dans les autres saisons, principalement en été, où les variations du tems & les chaleurs occasionnent une fermentation de l'eau & de la vase dans toutes sortes de Fontaines, quelles qu'elles soient, anciennes ou nouvelles.

En ôtant le sable d'une Fontaine de cuivre ou d'étaim sablée, pour le laver, on s'apperçoit souvent d'une puanteur qui donne du gout à l'eau, celle-ci étant le premier principe de la corruption.

XLVI. Renouvellement journalier de l'eau, comment doit s'entendre.

Du reste, par le renouvellement journalier de l'eau, il ne faut pas entendre que le porteur d'eau venant le matin, ou plusieurs fois dans le jour, avec ses séaux, doive jetter cinq ou six pouces d'eau plus ou moins, qui se trouveront dans la Fontaine; il suffit que celle-ci soit à peu près proportionnée aux besoins journaliers, & qu'elle soit servie journellement d'une nouvelle eau, ou une seule fois, si elle n'est, par exemple que d'une voye, supposé qu'on n'en consomme que cette quantité, ou plusieurs fois dans le jour, si la Fontaine est plus grande, & qu'on en consomme davantage.

XLVII. Conduite des Fontaines délaissées en campagne ou en ville, dans le cas d'un voyage ou du retour.

Les personnes qui ont des nouvelles

Fontaines dans leurs maiſons de campagne & de ville, peuvent charger un concierge du ſoin de la filtration continuelle. En défaut d'un concierge ou tout autre, elles doivent avant leur départ faire ôter le ſable pris à poignée & jetté dans un vaiſſeau propre de terre ou de bois, ou dans un ſeau; enſuite repouſſer les éponges avec le bout du doigt, du côté gauche des alvéoles; laver en eau propre & ſéparément ce ſable & ces éponges, & les mettre dans quelque vaiſſeau deſtiné à cet uſage, pour pouvoir les employer & les avoir tout prêts au retour. Tout de ſuite elles doivent faire laver & rincer la Fontaine, comme on a dit ci-deſſus, & la bien eſſuyer par-tout avec un linge blanc de leſſive, ou la remplir d'eau-propre.

Si on doit revenir dans peu de jours, on peut, ſans toucher aux filtres, ſuppoſé qu'ils donnent encore aſſez d'eau, laver la Fontaine dans la partie de l'eau ſale ſeulement, pour en faire ſortir la vaſe par le robinet de décharge, & remplir enſuite toutes les loges, d'eau de ſource, de puits ou de riviere, pourvu qu'elle ſoit claire, ayant ſoin de bien fermer tous les robinets, & de laisser les couvercles un peu entr'ouverts.

XLVIII. Premier cas. Si on a fait ôter le sable & les éponges.

En arrivant, les précurseurs ou les maîtres feront soutirer toute l'eau qui aura croupi : on fera jetter ensuite dans toutes les loges, en tenant les robinets fermés, quelques potées ou seaux d'eau, limpide, comme celle de puits, en défaut d'autre.

Cela fait, & après avoir rincé avec une éponge propre toutes les parois interieures de la Fontaine pour emporter le gout de l'eau qui aura croupi, on ouvrira les robinets successivement, en tenant au-dessous un seau ou tout autre vaisseau ; & après avoir épongé toute l'eau de puits, on garnira la Fontaine de sable & d'éponges, comme il a été dit sous le nombre XLIV. On remplira ensuite la loge où se trouve le banc de sable, pour faire filtrer à l'ordinaire. On peut également jetter les premieres eaux filtrées, jusqu'à ce qu'on s'apperçoive que le gout est effacé. Le gout, quel qu'il soit, est indifférent ici pour la santé. On peut donc le premier jour boire l'eau qui n'a plus qu'un gout imperceptible, & qu'on peut d'ailleurs éviter par un lavage des éponges bien exact.

XLIX. Second cas. Si on a laissé la Fontaine avec ses filtres de sable & d'éponges.

On vuidera toutes les loges. Cela fait, on fermera les robinets, & l'on remplira les mêmes loges en entier d'eau de puits, en observant toujours qu'elle soit limpide * & qu'elle ne pue pas. Un quart d'heure après on les vuidera, & on ramassera avec une éponge propre, le peu d'eau qui n'aura pu sortir par les robinets. On fermera ensuite les robinets, & l'on remplira d'eau de riviere, ou telle autre qu'on

* Une autre eau bonne de sa nature & bien limpide, vaudroit mieux; mais on suppose ici que cette eau, quoique bonne, comme celle de la riviere, ou toute autre, comme celle des sources, ne sont pas toujours limpides; ce qui depend de plusieurs causes, comme les pluyes & les fontes de neige. Dans ces cas, l'eau de puits en campagne, ou celle d'Arcueil à Paris, sont à préférer pour entretenir nettes les loges des eaux filtrées.

voudra faire filtrer, la grande loge de l'eau sale. On jettera également les premieres eaux filtrées, jusqu'à ce qu'elles soient passablement belles & sans gout.

L. Dans quel tems faut-il laver les Fontaines?

Une Fontaine de cuisine doit être nécessairement lavée dès qu'elle ne donne plus assez d'eau, c'est-à-dire, assez promptement pour la préparation des alimens & autres besoins. Il en est de même de celle de l'office.

Les autres Fontaines pour raffiner l'eau de la table, ne doivent être lavées que quand elles ne fournissent plus du tout. Elles iront plus d'un an, si on a soin de remplir plusieurs caraffes de l'eau filtrée pendant la nuit, le matin en se levant: depuis le matin jusqu'au dîné, elle filtrera encore beaucoup, jusqu'à ce que l'on voie arriver l'entiere obstruction des éponges.

Conduite & usage facile des Fontaines militaires & marines, & l'utilité de leur usage démontré.

MESSIEURS les Officiers, principalement les Seigneurs qui commandent dans les armées de terre, sont exposés souvent comme les soldats, à boire les eaux bourbeuses des rivieres troubles, des marres & des puits trop fréquentés, & en cet état toujours désagréables & mal saines. L'usage des soldats est, dans ces cas, de les faire filtrer au travers d'un mouchoir ou d'une cravate.

Si c'est un Officier ou un Seigneur, on se sert pour eux de cruches, ou autres vaisseaux, pour y laisser déposer le limon au fond : (Voilà le cas où les Jars de Provence seroient bien utiles, s'ils étoient portatifs & prompts à faire belle eau) ou bien l'on se sert d'un papier gris composé de mauvais linges, dont l'idée est des plus dégoutantes. Ce sont des reliques des Hôpitaux, des sueurs, des vermines, des ordures, des excrémens, du sang, des pus des plaies & autres choses, dont la pensée seule engloutit le cœur. Ces linges, réduits en un papier employé à filtrer l'eau, ne peuvent plus, à la vérité, se dire mal propres; mais il est des personnes auxquelles l'idée de leur premier emploi, fait toujours impression : d'ailleurs le papier se perce par le poids de l'eau. Il ne peut même y avoir aucun vaisseau déterminé pour s'en servir; un plat, une assiette, un pot à l'eau, une cruche, un cuvette, sont employés indifféremment, suivant les occasions; & la quantité d'eau qu'on met sur ce papier, ne peut jamais être bien considérable. Il faut toujours fournir un petit volume d'eau; ce qui est gênant & demande toujours de l'attention, crainte que ce papier ne se fende par le poids, auquel cas, il faut recommencer.

Les Fontaines militaires & marines, ne sont sujettes à aucun de ces inconvéniens. Les vaisseaux, dont elles sont formées, sont solides, & le filtre de l'éponge beaucoup plus commode, plus puissant & plus fort, pour soutenir quel poids d'eau que ce soit.

Dans le quartier général où sont les bonnes tables, faites filtrer l'eau, qui vous est nécessaire suivant le nombre des personnes, & pour le jour. Versez-la dans une cruche, dans des flacons, dans des caraffes, dans des bouteilles, suivant les différentes commodités. Vous aurez une plus belle eau & beaucoup plus de facilité, qu'avec le papier gris. * Si la cessation de la filtration pendant la nuit, vous donne le lendemain un petit gout, vous pouvez l'éviter par l'un ou l'autre des trois moyens suivans.

1°. Repoussez vos éponges, lavez-les bien, remettez-les en place, & faites filtrer: c'est l'opération d'un demi-quart d'heure.

2°. Remplissez votre petite Fontaine d'eau, & jettez la premiere qui aura filtré. Il ne faut qu'un quart d'heure pour effacer le gout de la nuit, si vos éponges sont bonnes & bien préparées.

3°. Mettez vos deux vaisseaux l'un dans l'autre, & remplissez-les d'eau, celle-ci sera dormante à la vérité; mais

* On trouve dans le magasin, des Fontaines militaires (pour Messieurs les Officiers de toute classe) qui fournissent à volonté toute l'eau nécessaire, & qui sont à un, deux ou trois filtres, & de différens prix, suivant les matieres qui sont le fer blanc, l'étaim, le plomb, la fayence & le verre.

la fermentation naturelle à tous les filtres simplement humides, n'arrivera point dans un volume d'eau. Le lendemain jettez cette eau dormante de la nuit, remettez vos vaisseaux l'un sur l'autre, & faites filtrer à l'ordinaire.

Dans les chambrées des soldats, celui qui reste toujours nécessairement pour faire la soupe, peut sans aucune peine, préparer toute l'eau nécessaire à ses camarades. Le soldat ne peut guères boire du vin, il lui faudroit au moins une eau bien épurée, sur-tout aux malades, qui bien souvent meurent à l'Hôpital faute d'une eau pure. Ce seroit l'avantage des Officiers & des soldats.*

* Les marmites de cuivre dans lesquelles les Soldats ignorans conservent quelquefois leur potage du dîné au soupé, & du soir au lendemain, sont la source de bien des maladies épidémiques. Elles pourroient être remplacées par d'autres, formées de fer blanc seulement. Un Capitaine, fut-il chargé de cette dépense & de l'entretien, y gagneroit beaucoup. Cette dépense n'est pas comparable aux frais des recrues.

Une marmite de fer blanc durera au moins une campagne, sauf les réparations faciles en pareil cas. Le fer ou sa rouille sont amis de la santé, *& in illius laudandis virtutibus vox plane deficeret.* Le soin, pour la pro-

Les

Les mêmes avantages sont faits pour les troupes de mer, même plus grands, attendu la corruption de l'eau dans les

preté, n'est pas plus difficile que celui d'un fusil, d'une épée ou d'une bayonnete. Un Capitaine n'a qu'à donner des ordres à son Sergent, chargé de la visite de ces ustenciles, tant Marmites que Fontaines militaires, il sera sûr d'être obéi, d'épargner sa bourse, & de faire le bien du service du Roi. Les Soldats n'ont-ils pas des bidons de fer blanc, pour aller puiser leur eau? Voilà comme l'étui de leur petite Fontaine est très-peu de surcharge, même moins, parce que la Marmite de fer blanc & la Fontaine militaire pesent moins qu'une Marmite de cuivre.

Entrons mieux dans le détail économique. Une Marmite de cuivre coute à un Capitaine dix livres. Elle dure trois campagnes, & il faut la faire rétamer tous les ans.

Une Marmite de fer blanc faite par un ferblantier, (on ne parle pas ici de celles de fer battu à froid & blanchi; elles seroient trop lourdes, & ne peuvent servir que dans les maisons des particuliers) coutera 4 liv.

Mettons 5 marmites par chaque compagnie: en cuivre pour trois ans c'est 50 liv.

Un seul étamage pour une campagne, à 30 sols par Marmite, pour les trois ans 22 liv. 10 s.

Total pour l'achapt & entretien pendant trois campagnes 72 liv. 10 s.

barriques : du reste le lavage des éponges peut se faire des eaux de la mer, sauf de les rincer ensuite dans un gobelet d'eau douce.

Faites cette expérience qui vous dessillera les yeux : mettez du sel marin dans de l'eau douce, qui en fondant ce sel, imitera l'eau de la mer. Lavez vos éponges dans cette eau salée, pressez-les bien fort, appliquez-les

En fer blanc, pour une campagne, cinq Marmites couteront 20 liv.

En trois campagnes 60 liv. c'est-à dire, 72 liv. 10 s. de moins ; point d'assujettissement aux retamages, sureté parfaite contre le poison du verd-de-gris, & moindre dépense.

Mais si la Marmite de fer blanc dure deux ans, comme cela se peut très-bien, en faisant mettre des fonds, comme on fait aux bidons, il y à toujours, dans ce dernier cas, double à gagner pour le bien de la bourse, moindre fardeau dans les marches, & le centuple pour la santé du Soldat.

On a cité plusieurs exemples funestes dans le livre intitulé : *Suite des nouvelles Fontaines filtrantes.* Qu'on se rappelle ici seulement celui de la compagnie en garnison à Avesnes, qui périt, il y a 10 ou 12 ans, toute entiere, par le verd-de-gris d'une Marmite de cuivre. M. de Volback étoit alors Commandant de la Place.

ensuite & faites filtrer de l'eau douce, sale ou propre. Le premier gobelet que vous en soutirerez sera détestable, elle aura le même gout du sel que celle de la mer. Le second gobelet n'aura presque plus de gout, & le troisiéme n'en aura point du tout.*

Les Officiers sur mer trouveront ici de grands avantages, de grandes commodités, & le bien de leur santé.

* La quantité d'eau salée est petite dans les éponges ainsi lavées. Elle doit donc céder la place au poids de l'eau douce qui la chasse; faites la même expérience avec le vin, l'eau-de-vie, le vinaigre, le sucre, ou toute autre liqueur, si désagréable qu'elle soit, l'eau douce chassera toujours le bon ou le mauvais goût de ces liqueurs. Tout dépend des premiers gobelets, ou de quelques pots à l'eau qui sortiront les premiers. Il en sera de même des Fontaines garnies d'éponges seulement pour filtrer l'eau d'Arcueil, ou autres, qui sont simplement louches; on entend que cette Fontaine aura été longtems dans l'inaction; dans ce cas faites filtrer: le goût de puanteur, survenu par la cession de la filtration, s'effacera si vous laissez couler par les robinets les premieres eaux filtrées. S'il y a du sable, dans lequel la grosse vase aura pu s'empuantir par la même inaction, il faudra plus de tems; mais vous en viendrez à bout.

Les personnes qui ont de nouvelles Fontaines dans leurs maisons de campagne à Paris le long des bords de la Seine, ou ailleurs le long d'autres rivieres, ou près certains puits trop fréquentés, & qui y vont l'hyver pour affaires & pour quelques jours seulement, pourront avoir une de ces Fontaines militaires, pour s'en servir, sans faire mettre leurs autres Fontaines en état.

Fin de la premiere Partie.

ADDITIONS.

Poids hidrostatiques de toutes les différentes eaux.

M. Boerhaave a recueilli les expériences d'Hoffman, qu'il ne peut trop recommander & louer pour le bien de la santé. *Numquam satis*, dit-il à la page 326, *de aquâ*. L'on y voit que l'eau du ciel reçue dans un vaisseau de verre & pesée sur le champ avec un pese-liqueur, est la plus légere de toutes. Si on pouvoit tous les jours la recevoir directement dans des vaisseaux de verre *sincero vasi vitreo*, comme il dit dans un autre endroit, & en faire usage, ce seroit un grand bien pour cette santé; mais les pluies ne sont pas continuelles : d'ailleurs elles feroient plus de mal à l'homme, à l'air & aux fruits, que l'eau du ciel continuelle ne leur feroit du bien.

Il faut donc nécessairement faire usage d'autres eaux, comme de celles des rivieres, des sources, des puits ou des marres quand on ne peut faire autrement.

Suivant les expériences d'Hoffman, elles différent en poids depuis une ligne jusqu'à sept, en comptant à l'indice du pese-liqueur depuis l'eau du ciel, sçavoir, l'eau de la Sala en Allemagne plus pesante d'une ligne; celle de Halle de deux; celle des Fontaines publiques dans la même ville de quatre; celle des réservoirs, la même, de six; celle qui avoit séjourné long-tems dans des réservoirs souterreins de six & demi; & celle des puits dormants & des marres, de sept.

Toutes ces expériences cependant peuvent varier dans les différens pays, suivant les terreins que l'eau parcourt & autres impuretés qu'elle reçoit d'ailleurs, en observant le tems du repos de l'inaction & du séjour.

Ceci peut servir pour connoître la pesanteur de celle du puits de l'Hôtel Royal de l'Ecole Militaire, dont il sera parlé dans la seconde partie de ce livre. Le volume d'eau est immense dans ce puits. Si on en tire tous les jours, par exemple un cinquantiéme, il s'ensuit que le cinquantiéme jour MM. les Eleves y boivent une eau qui est montée à la surface & qui a séjourné ce tems, indépendamment du terrein de la nappe, qui n'est pas peut-être bon, & qui communique à l'eau ses mauvaises dissolutions. Il faut bien qu'il y ait quelque chose, puisque ces Messieurs ont repris l'usage de 45 Fontaines, que la Compagnie leur avoit fait porter à Vincennes, & dont ils se servent maintenant pour y faire filtrer l'eau puisée dans la riviere même.

Il reste à examiner deux sentimens qui paroissent opposés dans M. Boerhaave, page 325, sur les expériences d'Hoffman, au sujet des eaux plus pésantes dans l'indice du pese-liqueur jusqu'à sept lignes de différence. Ce savant dit * que les eaux de pluies, de neige, de source & de riviere différent à peine entre elles d'un milliéme dans leur poids, *Vix unâ millesimâ ponderis differunt inter se* : mais on concilie facilement ces deux endroits. Dans le premier il s'agit seulement de ces premieres eaux qui sont les plus légeres. Supposez par exemple une pinte d'eau de pluie & une pinte d'eau de riviere, le pese-liqueur

* Vid. Boil. med. Hydrost. pag. 104.

vous indiquera une ligne de plus dans la derniere que dans la premiere, & ce sera le même millieme de différence. Dans le second endroit, il s'agit de l'examen de ces premieres eaux & de celles des puits dormans & des marres qui sont plus lourdes, & celles-ci vous donneront leur poids à l'indice du même pese-liqueur qui sera toujours en proportion avec l'eau de la pluie.

Du reste il faut distinguer le poids de balance & le poids de qualité ; par exemple tous les alimens comme bœuf, cochon, mouton, volaille, blé, seigle, vin, &c. quoique pris égaux en poids dans une balance, sont cependant plus faciles à digérer & pesent ainsi moins sur l'estomac les uns que les autres.

D'où il suit que l'eau trouble chargée de parties hétérogènes & des immondices de Paris, sera toujours moins légere & moins saine pour la boisson & la préparation des alimens, qu'une eau exactement filtrée, plus légere ainsi sur l'estomac, comme à l'indice du pese-liqueur.

Ceci répond en même tems à l'erreur de ceux qui pensent que l'eau de la Seine, filtrée ou non, est toujours excellente ; mais M. Boerhaave n'est point de leur sentiment, comme on peut l'induire de l'endroit cité ci-dessus, sous le titre *Du choix des eaux de pluie*, &c.

Possibilité de la putrefaction de l'eau dans les vaisseaux de terre, de fayance, de porcelaine & autres de cette nature.

M. Boerhaave, page 227, 325 & 332, observe que les vaisseaux de terre, de fayance, de porcelaine, & autres vitrifiés, ne vallent pas les vaisseaux de verre pour conserver l'eau. *Vitrum verò*, dit-il, *nec mutatum ab aquâ, neque illam mutans, optima illi servanda vase prabet* : c'est-à-dire, Le verre, qui ne souffre point de changement, & n'en communique point à l'eau, fournit les meilleurs vaisseaux pour l'y conserver.

D'où il faut conclure que les premiers sont dissolubles à la longue, quoique très-imperceptiblement, & les derniers exempts de toutes dissolutions de la part de l'eau, pourvû qu'ils ſoient formés d'un verre bien pur & bien compoſé : car il y a des verres groſſiers, comme ceux des cloches des jardins, qui ſe corrode à la longue par l'action des parties ſalines de l'air & de l'eau ou de la roſée. *Aqua puriſſima*, continue le même, *ſincero vaſi vitreo inſuſa, tum in illo vaſe hermeticè obſignata, ut nullum omnino commercium haberet cum aere externo, per integrum ſæculum perduravit ſine ullâ omnino permutatione ſenſibili obſervatâ : ſic quidem, ut tanto ſpatio temporis, non concreverit neque terram, nec aliud quid genuerit intra ſe* : c'eſt-à-dire, Une eau très-pure verſée dans un vaſe de verre formé de bonnes matieres, ſcellée enſuite hermétiquement, pour qu'elle n'eut aucun commerce avec l'air extérieur, s'eſt conſervée pendant un ſiécle entier, ſans qu'on y ait pu appercevoir aucun changement ſenſible, enſorte qu'après un ſi long eſpace de tems, il ne s'y eſt déposé aucun veſtige de terre au fond, ni quoi que ce ſoit au dedans d'elle-même.*

* Vid. Boyl. tom. 1. pag. 62 du Hamelium, tom. 4. pag. 109.

De cette expérience sur laquelle bien des personnes prennent le change, comme on dira bien-tôt, on peut conclure que le verre fournit les seuls vaisseaux indissolubles, si on fait attention à l'autorité de ce savant Médecin, & que n'y ayant que les vaisseaux formés d'or ou d'argent, il y a toujours en ceux-ci un alliage dissoluble. Il n'y a donc qu'un chicaneur caustique qui puisse faire célébrer par ses émissaires des dissertations fausses, impuissantes, inutiles, d'ailleurs très-indifférentes pour un séjour aussi court que celui de l'eau dans le cas présent.

Eau de puits.

S'il y a de mauvais puits, comme ceux de Paris & tant d'autres dans différens pays, il y en a aussi dont les eaux sont excellentes. C'est ce que l'expérience apprend, & ce qu'observe le même M. Boerhaave au même endroit : *Aliæ autem puteales aquæ leviores inventæ sunt quam statuta modo proportio; illæ autem semper tanto sunt habitæ adhuc puriores, quin & magis salubres* : c'eſt-à-dire, On a trouvé d'autres eaux de puits plus légeres que celles dont on vient de parler, & d'autant plus eſtimées, qu'elles ſont plus pures & plus ſalutaires. Mais comment faire dans les pays où l'air & les eaux des puits ou des marres ſont nuiſibles ? les uns font bouillir l'eau ſur le feu ; on peut la faire filtrer enſuite au travers de pluſieurs filtres choiſis. D'autres la font diſtiller doucement dans un alambic qui n'eſt pas formé de cuivre, ceux-ci s'arrangent de façon dans leurs maiſons qu'ils puiſſent recevoir l'eau du ciel dans des vaiſſeaux homogenes, comme de grai ou de verre, ce qui vaux mieux, & l'y ſcellent hermétiquement pour la défendre du commerce du mauvais air, en attendant de s'en ſervir. Ceux-là ſortent dès qu'ils le peuvent d'un pays où la corruption de ces deux élemens ne permet guères d'y conſerver la ſanté & de pouſſer ainſi la vie bien loin.

Illusion que se font les personnes qui se servent de jars ou de Fontaines de grai.

Quelques personnes sur les bruits répandus par les critiques, croyent qu'il n'y a que les seuls vaisseaux de terre ou de verre propres pour conserver l'eau, sans en sçavoir la raison. Les critiques peuvent la sçavoir, mais ils ne la disent pas ici pour entretenir l'erreur.

L'eau très-pure ou par un long dépôt ou par une puissante filtration, scellée hermétiquement dans des vaisseaux de verre, se conserve pendant un siécle, comme on vient de le dire ; mais cette expérience qui regarde l'air, les parties hétérogenes, la matiere des boisseaux & le tems qui peut en operer la dissolution, ne fait pas la regle pour les usages domestiques. Les personnes qui n'en connoissent pas le motif le confondent avec leurs préjugés, & conservent ainsi leur eau long-tems dans des jars sans la sceller hermétiquement, sans pouvoir même la sceller, parce qu'il faut la soutirer tous les jours pour leur table, & ouvrir des robinets de bois qui se pourrissent.

Voilà donc l'air qui s'y glisse, & les parties hétérogenes qui sont toujours dans cette eau, puisqu'on les y laisse déposer au fonds, avec la corruption du bois des robinets toujours présens.

Le concours des parties salines de l'air & de l'eau produit donc nécessairement une dissolution du vernis de la terre, du bois & du mastic, par le long séjour pendant six mois ou un an de dissolution infiniment petite si l'on veut, mais elle existe.

L'erreur consiste donc dans le fait & dans l'exécution. Le fait dans l'usage des nouvelles Fontaines de plomb, où l'eau ne séjourne qu'un jour pour l'ordinaire, n'est pas celui de l'expérience physique de la conservation de l'eau dans le verre pendant un siécle; & l'exécution ne peut pas être la même.

Cette conservation regarde donc un très-long-tems pour une expérience scrupuleuse dans le verre; mais elle ne peut s'appliquer à une eau qui se conſume tous les jours dans les nouvelles Fontaines de plomb, dont la diſſolution, conſiderée infiniment petite ſur-tout du côté du tems, n'eſt jamais à craindre.

Uſage du plomb & de l'étaim pour conſerver l'eau, confirmé par des exemples les mieux à l'abri des critiques.

En parlant des vaiſſeaux pour l'uſage de l'eau, M. Boerhaave n'a pas entendu approuver le cuivre, il étoit trop grand Phyſicien pour ignorer le danger. Il ne peut donc avoir entendu que le plomb, l'étaim, le fer, l'or & l'argent.

Videte, dit ce ſçavant, *laminas metallorum expolitiſſimas, omni artificio certè aqua nullo modo iis adhæret, imo inde refugit; ubi eædem ruditer ſcabræ, aquam facile retinent:* c'eſt-à-dire, Voyez les lames de ces métaux exactement polies. Aſſurément malgré tout le ſoin que vous pourrez prendre l'eau ne s'y attachera point; au contraire vous la verrez fuir, au lieu que l'eau s'attachera aux lames rudes au toucher, & qui ne ſeront pas polies. On peut conclurre de cette remarque, que le plomb poli par le laminoir, vaut mieux que le plomb des plombiers jetté ſur ſable.

Pour vous raſſurer mieux, conſidérez l'uſage qu'on fait du plomb, même mêlé avec de l'étaim, pour le tranſport de l'eau de Ville-d'Avray deſtinée pour la bouche du Roi, de la Famille Royale, des Princes du Sang & des Seigneurs de la Cour, qui ſont dans le même uſage ; vous concevrez alors que les critiques vous ont abuſé, ou que vous êtes plus ſavans, plus prudens ou plus délicats que tous ces grands modéles. C'eſt le tems du ſéjour qui les raſſure. Raſſurez-vous donc en ſi bonne compagnie.

Nouvelle maniere de filtrer les eaux de la Seine, & toutes autres qui ſouffrent des mêlanges.

M. Boerhaave dit à la page 292, que l'eau des ſources, comme celle des puits voiſines d'autres eaux impures & mal-ſaines, dont elles ſouffrent le mélange, ne peuvent ſe purifier en filtrant au travers des sables souterreins, au point d'être exempts des vices & de la lourdeur de ces dernieres. *Quin ut alia*, dit-il, *ita & suum quoque pondus aquæ huic communicent.*

D'où il suit qu'il n'est point à Paris de Fontaine de cuivre, de plomb, d'étaim ou de terre, qui puisse retenir les immondices de l'Hôtel-Dieu, des bateaux de blanchisseuses, des égouts, &c. lorsque la dissolution en a été faite, au point de les réduire en nature d'eau. Voilà pourquoi les bateaux des porteurs d'eau avancent au-delà des bateaux de blanchisseuses, pour éviter, autant qu'il se peut, ce nombre infini d'immondices qui suivent les bords de la Seine ; mais le sable des Fontaines de cuivre, & autres ne peut pas retenir les fines immondices qui s'échappent dans le milieu de cette riviere, & qui n'empêchent pas l'eau de paroître, si non très-limpide, du moins assez belle pour contenter les yeux à table. Il n'y a que les éponges bien appliquées dans les nouvelles Fontaines, qui puissent retenir ces corps imperceptibles. *Subtilia hæc nupta aquæ*, comme dit M. Boerhaave au même endroit.

Le plus sûr est donc pour les personnes délicates & pour les gourmets d'eau, de la faire puiser au-dessus de la Rappée, & de la faire filtrer au travers des sables & autres filtres nouveaux & les plus indissolubles, suivant le plan qu'on en verra dans la seconde partie de ce livre. Ce sont les seuls moyens d'imiter la nature, pour conserver la santé de l'homme intelligent, & pour l'aider à la recouvrer; du moins c'est avec tous les Médecins, le même M. Boerhaave, qui porte la parole pour eux & qui en est le garant, suivant ce qu'il dit & qui est rappellé à la tête de ce livre. Croyez-le ou ne le croyez pas, ce sera toujours une sentence qui devroit être gravée dans tous les esprits.

Putrefaction des eaux de riviere dans les vaisseaux de bois, & les inductions qu'on peut en tirer.

Facillime patere arbitror, ajoûte M. Boerhaave, page 325. *quod omnia illa genera tot diversorum corporum, quorum colluvies habetur in hâc aquâ fluviatili, materiam prabeant, qua in magno æstu intra dolia lignea pati queat & subire mutationes illas fermentationis & putrefactionis. . . . . hinc igitur longe potius tribuendas esse contentis illis harum aquarum, quam quidem aquis ipsis:* c'est-à-dire, La très-grande évidence est, que l'assemblage de tant de corps différens dans l'eau de riviere, produit dans les grandes chaleurs ces mutations de fermentation & de putrefaction, qui se font dans les vaisseaux de bois; d'où il suit que ces effets doivent s'attribuer bien mieux au mélange des parties hétérogenes, qu'à l'eau de riviere. [Par exemple celle de la Seine dont l'eau séparée de ses hétérogénéités est des plus salubres.]

Boerhaave dit ceci après avoir considéré l'eau du ciel & celle du Rhône. La premiere, comme on a dit, qui bien scellée dans le verre, se conserve cent ans; & la seconde, qui purifiée après un long dépôt, & scellée également dans des vaisseaux de terre, se conserve malgré le transport sur mer & sur terre, dans les grandes chaleurs, quoiqu'elle se corrompe dans les vaisseaux de bois: *Verum*, dit-il, *in doliis ligneis omnino putredine afficitur.*

De ces observations on peut conclure 1°. que même l'eau du ciel ne peut se conserver dans des vaisseaux de bois : 2°. que les eaux des rivieres pures, si elles n'ont pas le même degré de bonté que celle de l'eau du ciel, du moins elles en approchent, & encore mieux après une puissante filtration : 3°. que le verre vaut mieux que les jars, le grai, la fayance, la porcelaine, &c. 4°. que ces derniers vaisseaux vallent mieux que ceux de bois, pour conserver l'eau quelques mois ; & enfin que les métaux [le cuivre excepté] sont aussi bons que tous les autres vaisseaux ci-dessus, pour y conserver un ou deux jours l'eau destinée pour la boisson & pour les autres usages domestiques.

La différence de la filtration journaliere dans les uns ou dans les autres, ne peut donc être que de la belle spéculation sans aucun fondement plausible, ni aucune utilité réelle de la part des critiques aveuglés. Ceux-ci ont déclamé long-tems contre des inventions jugées très-utiles, ſans pouvoir rien produire de ſupérieur ou de nouveau. Toute leur reſſource a été de faire enfin préconiſer le cuivre comme on a dit, & de donner ainſi pour reméde le mal même. Quelle rage contre la ſociété! quel aveuglement! mais quel eſt leur ſuccès ſi ce n'eſt les accidens qui arrivent de tems à autre, chez les perſonnes qui ont le malheur de les écouter?

En faut-il un exemple parmi pluſieurs? En voici un tout récent, chez un Seigneur de la Cour qu'on ne peut nommer, ne lui en ayant pas demandé la permiſſion.

Neuf perſonnes ſe ſont trouvées empoiſonnées pour avoir mangé une partie d'un ſan préparé dans du cuivre. Il y a eu inattention, dira-t-on, mais pourquoi ſe ſert-on de vaiſſeaux qui demandent attention, lorſqu'on en manque dans les grandes maiſons? rarement ſi l'on veut, mais combien infiniment plus ſouvent dans le peuple? Revenons au fait: heureuſement M. *** médecin du Roi a été appellé aſſez à tems, pour y apporter du reméde.

On commence peut-être à s'appercevoir, & l'on verra toujours mieux dans la suite, qu'il s'agit ici d'une affaire indivisible & très-importante, elle auroit donc exigé des esprits sages, du moins judicieux, & des moyens suffisans pour satisfaire leur intérêt & celui du public, en donnant d'abord à celui ci toutes les utilités prévues par l'Académie en plusieurs rencontres, sans le renvoyer aux moyens ideaux de ces esprits anonymes.* Il

* L'objet & le succès, dans les vûes de ceux-ci, avoient été de 30 Fontaines qui font le premier levain à peu près, d'en faire 60, de 60 120, de 120 240, de 240 480, de 480 960, de 960 1910, de 1910 3820, de 3820 7640, de 7640 15280. Voilà le succès rapide, mais dans l'imagination seulement, qui indépendamment du gain de la vente devoit faire suivant les anonymes, & pour le seul soin à l'année, au de-là de 100000 liv. de bénéfice par an, tous frais des lavages faits : mais ils faisoient une autre petite faute dans le succès réel, ne comptant pas les autres dépenses qui sont très-considérables, ni les non-valeurs, les faux frais, les cassures, l'éloignement du magasin, ni les autres obstacles, dont ils ont été les auteurs secrets, & toujours par avarice, voulant qu'un boisseau de bled suffise pour ensemencer cent arpens. Voilà d'où vient leur erreur de calcul; mais si le succès idéal n'a pas réussi,

falloit des fonds pour se défendre par cette belle contenance & par ce succès sans ruiner la santé de M. Amy par des travaux sans aides, & au-de-

il y en a eu cependant un & le plus possible : comment faire pour y trouver à redire ? le voici.

Les Anonymes faisant agir la personne de confiance, qu'ils avoient établi caissier & le seul associé visible, lui avoient donné ordre de retenir à la premiere occasion les quittances & les états de dépenses, sans en donner aucuns recépissés. Un jour M. Amy qui n'étoit tenu de rien [ainsi convenu par l'acte de société] dit au commis de porter au caissier ces quittances & états, qui se montoient à la somme d'environ 27000 liv. depuis le dernier compte rendu. Celui-ci obéit & revint sans récépissés, couchés [comme l'avoit pratiqué le caissier précédemment dans le livre de recette] en marge de tous les articles.

Comme le commis étoit seul chargé au vû & sçu du caissier, M. Amy se contenta de lui dire de faire écrire par ce dernier, les récépissés en marge dans son livre de recette. Le commis répondit que le caissier lui avoit dit, qu'il vouloit examiner ces quittances & états avant que d'écrire. *C'est votre affaire*, lui dit M. Amy, qui n'entendoit pas du mal à cela, convaincu d'ailleurs de la probité de ce caissier par une infinité de lettres, que les anonymes lui avoient fait écrire à ce sujet.

là des forces humaines ; mais cette santé n'est pas la leur. Les sacrifices d'ailleurs sans effusion de sang sont

C'est en cet état que les choses resterent jusqu'aux contestations arrivées en 1756. Le caissier qui n'avoit point donné ses récépissés des quittances & états, dont on a parlé, dit à Madame Amy que son mari se trouveroit reliquataire de 33000 liv. savoir [suivant les vûes cachées des anonymes] les 27000 liv. ou environ, contenues sous les mêmes quittances & états supprimés, & environ 6000 liv. que ce dernier avoit diverti suivant l'inique projet d'accusation.

Ce fut avec ces armes que les Anonymes commencerent à faire tirer à boulets rouges sur M. Amy, pour parvenir à obliger celui-ci d'abandonner la place. Il étoit donc question de perdre le bien & l'honneur ; mais qu'est-il arrivé ?

Le caissier indigné du rolle que les Anonymes vouloient lui faire jouer, voyant qu'il devenoit sérieux, a rompu lui-même toutes leurs mesures, & les a tellement déconcertés, qu'ils ont resté sous le masque sans aucun profit de leur tentative. La preuve du passé se trouvant dans le présent, M. Amy protegé dans la vérité a eu toute la satisfaction qu'il méritoit, à cela près qu'il a été joué, & que l'entreprise, qui lui coute si cher, n'a eu d'autre succès que celui d'un essai clandestin accompagné de mauvais procedés. Du reste les auteurs seront toujours inconnus, sans qu'il puisse s'en prendre à l'associé visible, dont la probité &

quelquefois du goût des avares qui veulent dominer seuls.

Ce n'est donc point une finesse louable de se glisser subtilement dans une entreprise qui promet, comme ont fait les anonymes, pour en faire l'essai, n'ayant ni assez de fond, ni assez de discernement, ni même de bonne volonté pour l'utilité publique, quoique assez à la verité pour faire cet essai flateur, à la faveur d'une fiction.

En effet pourquoi ont-ils consenti dans l'acte de société de se rendre

les promesses l'obligent à garder le silence.

Voilà celui qui peut mieux que tout autre rendre témoignage de la probité scrupuleuse de M. Amy, & démentir les impostures des Anonymes, indépendamment des témoignages d'un de MM. les arbitres, aussi ardent que son second pour la justice & la vérité : saint homme très-éclairé, très-estimé, très-juste & qui se trouvant presque au point de la mort a voulu laisser de sa main plusieurs circonstances qui détruisent les calomnies que les Anonymes lui avoient fait débiter, pour surprendre sa religion. Cette énumération est faite avec toute la prudence digne de lui, & ne doit paroître que suivant l'exigence du cas, c'est-à-dire, supposé que les Anonymes veuillent se montrer, pour élever de nouvelles questions, maîtres de deux priviléges, * pour n'en essayer qu'un dans la seule rencontre des usages domestiques, & laisser l'autre au hasard, comme l'appas d'un crime pour M. Amy qui n'en a fait faire qu'un simple modéle. **

Pourquoi faire un article exprès pour les inventaires à faire de trois mois en trois mois, & pour les délibérations à prendre, si ce n'est pour affecter la sincérité de la promesse verbale des 30000 liv. en question, & l'emploi qui en seroit fait, pour étendre & perfectionner des ouvrages utiles, qui devoient faire pour la sûreté

* Les nouvelles Fontaines, & une machine à élever les eaux.

** Plusieurs personnes auroient acheté, mais elles n'avoient pas besoin d'un modéle. On voit avec plaisir l'habit d'une poupée, mais la façon ne fait pas la taille, nécessaire aux acheteurs.

Les Anonymes suppléoient à l'étoffe par un conseil : c'étoit d'en faire consigner le prix d'avance, & de trouver ainsi dans la bourse du public les 30000 liv. promises par eux-mêmes. Le même conseil s'étendoit sur l'autre privilége dans le cas du besoin; mais si on peut faire un mariage dans le goût des promesses verbales, ce n'est pas ainsi qu'on peut doter une manufacture.

des Anonymes la matiere de ces inventaires?

Pourquoi ont-ils fait ſtipuler dans un autre article, que le regiſtre des délibérations ſeroit ſoigneuſement gardé & paraphé par leur caiſſier qui en donneroit des extraits, quand il en ſeroit requis?

Pourquoi dans un autre ſe ſont-ils reſervé le privilége dans toutes les villes du royaume, à l'exception des provinces du Languedoc & de la Provence, cedées par M. Amy à des perſonnes qui attendent des fonds de l'exécution & du gain, ſi ce n'eſt pour faire penſer celui-ci que la promeſſe étoit ſérieuſe & néceſſaire pour y faire des établiſſemens dans les villes principales, & s'y étendre à la faveur de l'argent promis qui devoit être le moteur univerſel?

Mais où ſont les délibérations priſes? où ſont même les regiſtres? où eſt le moteur? où ſont les inventaires, croyent-ils de tirer droit de leur défaut? où ſont les établiſſemens faits hors de Paris?

Le défaut de ces établiſſemens eſt-il excuſable? Le public & M. Amy doivent-ils en être privés à la faveur d'une promesse captieuse ? Si l'avarice mal entendue ou l'impuissance empêche les anonymes inconnus de jouir, ont-ils pu en connoissant leur projet, leur passion dominante ou leurs forces, s'approprier un droit commun pour le rendre par leur faute, inutile & infructueux ? Peuvent-ils jouer ainsi un inventeur utile qui a fourni vingt fois plus que la valeur des fonds qu'ils ont destiné pour son contingent, d'ailleurs fort équivoques, & tronqués? Bornés à Paris dans leur projet caché, peuvent-ils attendre, comme ils le font dire honteusement, que *la chose fasse la chose*, pour en sortir & aller plus loin ? sont-ce là les intentions des parties dans un acte de société, qui prouve tout le contraire, malgré la précation de leur contre-lettre ?

Voilà bien le leurre de la part de tous les acteurs de cette longue comédie, ils ont acquis deux terres pour les voir fructifier d'elles-mêmes.

Un cocher disoit à son maître, que ses chevaux n'avoient que de la paille, & qu'ils ne pouvoient être que maigres

maigres & efflanqués. *Faites-les boire*, dit ce dernier, *cela les remplira.* Remarquez cependant qu'il vouloit être voituré. N'est-ce pas vouloir s'habiller de l'habit de la poupée?

Quelle fatalité pour les affaires utiles! Les hommes avides s'y présentent sous une infinité de figures: l'un en habit magnifique, qui souvent nè lui appartient pas, étale des bijoux, qui devroient le faire rougir: l'autre parle de sa chaise de poste; celui-ci parle de son crédit: celui-là de son chapelet: l'un entendant la cloche se presse & se donne des contorsions pour empoigner ses heures & aller à la priere: l'autre parle de sa haire & de sa discipline: ceux-ci, sans égard pour leurs états, ne connoissent que le dieu des richesses: ceux-là font en secret, ce qu'ils condamnent publiquement de la voix & du geste. C'est ainsi que les tartufs, après avoir examiné leurs forces en Province, viennent tenter fortune à Paris.

Dans ce grand nombre de sociétés contractées par M. Amy, il ne s'en est trouvé aucune où les associés ne fussent masqués & toujours avides du gain, sans moyens & sans franchises; mais du moins ils paroissoient en personne avec leurs noms, leurs qualités & leurs domiciles; ils se sont enfin désistés.

Dans cette derniere, le masque étoit sur toutes ces choses, qui doivent cependant faire l'essence de la société. N'est-il pas étonnant en cet état, que les derniers inconnus, qui ont compté sur des profits rapides, sans s'appercevoir des obstacles qu'ils y ont mis & qui sont cependant tenaces de leurs droits, fondés sur l'espérance d'un tems plus favorable, ayent voulu par grimace, 1°. abandonner l'entreprise en recevant cependant tous leurs fonds, fournis ou non fournis. *

* Ceux-ci ont tâché de réaliser ces fonds *non fournis* par une feinte méditée de loin, mais détruite dans son principe par une juste méfiance de M. Amy. Ces inconnus avoient délibéré, en secret, de lui faire signer adroitement une reconnoissance composée & écrite par eux-mêmes, mais il s'en méfia; il la garda donc sous prétexte de la copier de sa main, & donna seulement l'équivalent en apparence. Ce fut dans une lettre écrite de Versailles, où il fit un voyage exprès, muni de cette piece, pour éluder ainsi leurs instances & les payer de la même monnoye: en effet

2o. Annoncer la vente du privilége dans les feuilles publiques, comme ils l'ont fait ; ce qui étoit une oppression marquée, mais hors de leur pouvoir, & nullement à craindre après les précautions prises dans la vérité par M. Amy.

3o. Y supposer la fourniture réelle des 30000 liv. ideales & le prétendu remboursement qui en a été fait, pour inviter le public à leur payer le restant, moyennant le transport de leurs droits,* Du reste ce remboursement n'étoit-il pas contraire non-seulement à la vérité & aux régles du droit ca-

ils crurent avoir dans cette lette, la preuve qu'ils demandoient, sans s'inquiéter de la preuve résultante de leur écriture.

* Cette tentative se faisoit à la faveur du mensonge qu'ils avoient fait dans l'acte de société, & répeté ensuite dans les mêmes feuilles publiques ; mais *leur délicatesse*, faisoient-ils dire, *les empêchoit de faire le même mensonge en secret*, vis-à-vis de deux autres acheteurs instruits, que M. Amy leur avoit présentés, comme si deux tromperies faites hardiment en public n'en valoient pas une particuliere en secret. Les Anonymes ne vouloient donc traiter qu'avec les acheteurs qu'ils choisiroient eux-mêmes, pour s'entendre avec eux, comme on va le dire dans le moment.

non, mais encore à celles du droit civil? car ce n'est pas dans le fonds avoir voulu risquer, que de chercher à se rembourser en entier, après la tentative d'un essai fait dans un commerce, où le gain & la perte sont indivisibles.

4°. Renvoyer les acheteurs à des personnes affidées, pour innover ou dénaturer seulement le privilége & s'en rendre mieux les maîtres sous d'autres noms, à la faveur de nouvelles promesses & de nouvelles conventions, plus captieuses encore que les premieres.

Ce sont là les services prétendus que les Anoymes vouloient rendre à M. Amy & au public; mais ce sont bien mieux les entraves avec losquelles pourtant ce premier a réussi & triomphé du mensonge, ou pour mieux dire, qui n'empêcheront jamais la plus grande réussite dans l'avenir. Que M. Amy meure de chagrin d'avoir été joué, qu'il vive comme un homme ressuscité, le privilége dont il s'agit finira, mais les ouvrages n'en finiront jamais. Ils peuvent languir ou s'anéantir par l'avarice ou le défaut d'intelligence des Anonymes ; mais ils renaîtront toujours dans leur tems, de l'intelligence & des réflexions du public judicieux. Ce seront des phénix qui renaîtront de leurs cendres.

Choix des eaux de pluie, de riviere, de source, & de puits.

Les eaux de pluie sont les meilleures, les plus légeres, les plus limpides & les plus convenables aux personnes en santé, aux malades & aux convalescens, *optima quidem sunt in medelam*. Les autres eaux reconnues bonnes par expérience & par leur promptitude dans la coction des alimens, donnent à peu près les mêmes avantages. *

Rien ne surnage sur l'eau que les Ethiopiens ont dans leur pays: le bois & tout ce qui est plus léger que le bois descend au fond. C'est cette eau qui leur fait pousser la vie si loin, même au de-là de 120 ans : *Annos quidem viginti & centum & per hanc*

* *Hypocrates de aere, aquis & locis* §. XXI. & XVII. *Boerhaave*, *pag.* 292. & 293.

*aquam longævi sunt.** Cette eau paroît un peu incroyable, l'eau du ciel ne produisant pas cet effet.

Quoi qu'il en soit, l'eau est l'aliment qui de tous passe le plus facilement dans le sang avec ses vertus ou ses vices, suivant la nature de l'air & des terreins qu'elle parcourt. Les eaux font le beau sang, la belle conformation des membres, la force, la santé & la durée de la vie; ou tout le contraire : de-là vient qu'en France même, il est des pays où les hommes & les femmes sont fort bien constitués & vivent long-tems; d'autres, où ils sont valétudinaires & vieux dès l'âge de 40 ans.

Les meilleures eaux de riviere acquierent donc des qualités très-mauvaises des immondices qu'elles reçoivent; ces qualités & la plus dangereuse, s'augmentent dans les Fontaines de cuivre; la preuve en est de notoriété publique.

L'eau de la Seine bien filtrée est ex-

* Herodote & Boerhaave *ibidem.* Cette eau filtre au travers des sables de ce pays, apparemment durs & homogenes, & qui ne peuvent ainsi communiquer à l'eau aucune mauvaise dissolution.

cellerte, elle cesse donc de l'être, lorsqu'elle a touché le cuivre. Dès-lors elle est plus ou moins suspecte du contact de ce métal dangereux : c'est ce que disent tous les Physiciens, & ce qu'a si bien rendu M. Thierry dans sa fameuse These: *Aqua, si in talibus asservetur vasis, aqua omnis nostri alimenti vehiculum; quis neget unde quaque nobis imminere periculum?* c'est-à-dire, L'eau est le vehicule de tous nos alimens. Si elle souffre le contact du cuivre, que n'avons-nous pas à craindre? M. Thierry a bien raison sans doute après M. Boerhaave, au même endroit cité, dont voici les termes : *Hinc Medici tales aquas damnant ut noxias sanitati ob heterogenea permixta, & sæpe quidem quam maxime damnosa :* c'est-à-dire, De-là les Médecins prennent occasion de condamner de pareilles eaux, comme nuisibles à la santé, attendu les mauvais mélanges qu'elles ont soufferts, & qui les rendent souvent très-pernicieuses.

Surement ces eaux impregnées tout à la fois de verd-de-gris, & des immondices de Paris, ne sont pas celles dont parle M. Boerhaave à la page 328. En voici les termes qu'on ne peut trop répéter, sur-tout sans frais & *gratis* en faveur des associés anonymes. *Ipsa sanitas, quæ summa vitæ perfectio, omnesque ad hanc desiderata actionum exercitationes, aqua iterum magis quam aliis rebus debentur & perficiuntur. Incrementum corporis aquâ imprimis absolvitur. Morborum plurimi aquâ fiunt; plurimi tolluntur aquâ ..... sanatio autem felicissima perficitur aquâ*: c'est-à-dire, Cette santé, qui est le plus grand bien de la vie, doit encore mieux son être & sa perfection à l'eau, qu'à toute autre chose. Il en est de même de la force & de l'agilité des membres si désirées pour l'exercice de toutes les actions. L'eau retient ou avance l'accroissement du corps. C'est elle qui fait ou guerit plusieurs maladies ... en un mot la guérison la plus parfaite & la plus heureuse vient de l'eau.

Un Médecin * a dit autrefois qu'il falloit recourir à l'autorité des Magistrats, pour faire cesser un si grand mal. *Boni viri officium fuerit ad ma-*

* *Evenism. de rebus medicis, &c.* p. 86.

gistratum hæc referre, ... ut aquas hujusmodi . . . . . amplius parare . . . . . non liceat. Si ce Médecin avoit été écouté nous ne verrions plus de nos jours tant d'accidens funestes. Nous serions en sûreté chez nous & chez nos amis, mais nous ne saurions le dire affirmativement.

Manuscrits Hébraïques, traduits en grec & en latin, où quatre Juifs grands physiciens, travaillans & voyageans ensemble, parlent du choix des eaux potables, des vaisseaux propres à les conserver; des filtres & des méchanismes de la filtration.

M. Amy interpelle ici les critiques qui se sont évertués à combattre l'utilité des nouvelles Fontaines, de trouver les noms & d'indiquer la partie du monde, où les ouvrages de ces anciens Physiciens sont le plus vénérés.

Après la doctrine qu'ils ont fait publier de la part de M. Eller & de M. Formey en faveur du cuivre, ils doivent sçavoir où se trouvent leurs auteurs favoris, ou avouer que leur doctrine est plutôt de leur invention, que de celle de ces deux savans ; car ceux-ci ne peuvent pas avoir dit sérieusement ce que les mêmes critiques leur ont fait dire dans la lettre imprimée qu'ils ont fait répandre dans Paris & dans plusieurs villes du Royaume.

Maintenant que ceux-ci ont jetté tout leur fiel & dit tout ce qu'ils sçavent, M. Amy usant de représailles, suivant le droit de la guerre, supprime les noms de ces quatre Juifs, qui bien que cachés dans les voiles épais de l'antiquité, n'en étoient pas moins grands Physiciens. Il faut cela pour punir & rendre plus sages nos écrivains nouveaux, fleuris, éloquens si l'on veut, pour soutenir des sophismes jusqu'à ce qu'ils nomment leurs auteurs avec franchise, ou qu'ils avouent d'avoir écrit ou fait écrire des rapsodies, pour contenter leur esprit de contradiction.

C'est alors que M. Amy fera sortir de leurs embuscades les Physiciens dont il s'agit. Il indiquera même la partie du monde où ils sont nés, celle où ils ont vécu pendant leur adolescence, & celle où ils ont composé leurs ouvrages ; & comme il s'agit ici d'une guerre injuste & d'une affaire publique, il déposera en lieu public leurs ouvrages, afin de convaincre toute la terre, que c'est à bon droit qu'il a vaincu des légions, & terrassé tous ses ennemis.

Pour aider dans leur recherche nos écrivains fleuris, on veut bien leur dire ici que ces auteurs Juifs ont voyagé d'un hemisphere à l'autre; qu'ils se sont rendus célébres dans l'Asie; qu'on trouve dans leurs ouvrages les dessins ci-après bien gravés; que sur cette gravure se trouvent les termes suivans en italique, & les mêmes qui sont gravés sur le cuivre, dans la cour d'un palais d'Ispaham. Enfin que l'impression, bien que des premieres, après l'invention de l'Imprimerie, se trouve assez lisible & sans abbréviation.

Il ne restera aux critiques d'autre ressource que celle de dire, que M. Amy a fait imprimer ces livres à sa fantaisie, pour en faire une autorité; mais il n'en a pas besoin: d'ailleurs il en couteroit trop. Il faudroit des caractères anciens, & il n'y en a plus, ils sont tous fondus; supposé qu'ils fussent imités, le neuf n'imite jamais bien le vieux. Le papier, la reliure portent leur millésime, indépendamment de l'impression : ainsi point d'autre ressource que celle de la vérité.

Du reste ce sont ces mêmes ouvrages, tombés par l'effet du hazard, entre les mains de M. Amy, fouillant dans la bibliothéque d'un matin grand curieux, à Marseille, qui ont fait penser & travailler ce premier, pour la perfection des nouvelles Fontaines d'aujourd'hui, & de plusieurs autres ouvrages du même genre, que l'avarice, l'impuissance ou le défaut d'intelligence des associés anonymes, ne permettent pas encore de rendre publics. Voici maintenant les termes de nos Juifs, contemporains de Juvenal, suivant la traduction latine.

Ex illis omnibus experimentis, patent quæ sequuntur.

Aqua cælestis, pluviatilis scilicet, in laminas auro vel argento purissimo confectas, immediate cadens, sic in vasis aureis vel argenteis purissimis recepta, curiosè deinde obsignata, prima optima in medelam, nec non ad usus quotidianos, si fieri posset, per sæculum & ultra perdurabit purissima, levissima, saluberrima.

Aqua Jordanis, &c. Ici nos Juifs font mention des eaux dont ils ont fait l'analyse dans leur route, & continuent ainsi :

Aqua fluviatilis per urbes iter habens, sumpta in loco sordibus urbanis libero, experimentis ab alienâ indole immunis prius confirmata, sic depurata per quietem, melius subito per sabuleta indissoluta quantum inveniri possunt, iterum & iterum repetita ad instar scaturiginum, in vasis figlino opere formatis pariter obsignata, secunda optima diu perdurabit; ast multo minus quam prima, in eosdem usus, cæterum vasarum figurâ & fragili materiâ, curis obnoxios.

Istæ aquæ . . . . . arte exquisitâ quam maximè fieri potest, facilius depuratæ in capsis aut capsulis stanneis, melius plumbeis secundùm prædicta . . . . . per sabuleta indissoluta, ad limi primam retentionem adhibitis in capite, si libeat, herbis & corporibus aquaticis sensim amicè liquescentibus, scaturiginum itidem ad instar & veluti saltuatim, ... tertia optima commodior & salubrior in eosdem usus, quam cœlestis sub dio conservata diu, in vasis aureis vel argenteis . . . . . brevissimo spatio quotidia-

no & sæpissimè ultra, minime mutatur aqua libera, nisi quiescat in otio, in aere calido vel depravato, in vasis denique nimium præcoci & prærapidæ dissolutioni objectis. Ab hoc opere....., ad sanitatem in pluribus orbis terrarum locis verè necessario, longe recedant igitur vasa cuprea, grata, formosa; ast semper insalubria, latente tardo viro, plerumque fictè innocentia, quandoque accuminatis mucronibus dolorosis crudelissima, tandem lætifera: quapropter accuratè in templo defricantur..... balbutient in captionibus dialecticis vani sophistes contra: utinam apud fratres nostros oriatur ex mendacio utilissima ista veritas, pag. 45 & 52.

Le titre du livre est *Aquarum optio Physico-Medica.*

M. Amy laisse aux critiques le soin d'une traduction, qui venant de leur part ne pourra point leur être suspecte dans les dissertations contraires. Il se réserve seulement d'y répondre, après avoir déposé les livres en question, comme il l'a promis ci-dessus. Ces livres sont en trois colomnes, dont l'hebraïque se trouve au milieu des deux autres, grecque & latine.

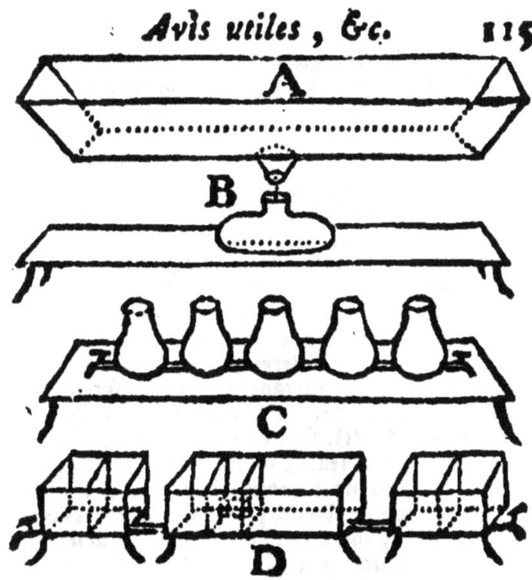

Parallele de cette doctrine avec les XV. propositions prétendues de MM. Eller & Formey.

I. Le cuivre étoit très-estimé chez les Anciens. II. Il fut la matiere des premieres monnoyes. III. L'aimable Venus fut sa déesse tutélaire dans l'isle de Chypre. IV. Il fut employé pour immortaliser les héros. V. Dieu fit ordonner aux plus grands artistes d'entre les Juifs, d'en former les ustenciles de son culte. VI. Les liquides de notre corps ne peuvent dissoudre ce métal. VII. Peut-être les métaux imparfaits, comme le fer & l'acier, peuvent le dissoudre. VIII. Les métaux réduits par la solution en sel ou en vitriol peuvent seuls se mêler avec le sang. IX. Le cuivre & tous métaux, dissous par d'autres dissolvans que ceux du régne mineral, ne peuvent contracter aucune qualité vénimeuse. X. M. Eller a fait bouillir de l'eau pure pendant deux heures; l'ayant versée dans un vaisseau de verre, il n'y a trouvé aucune empreinte de verd-de-gris: donc l'eau d'une Fontaine de cuivre n'en sera pas plus impregnée après une nuit. XI. Quatre onces de sel bouillies avec cinq livres d'eau ont produit, après l'évaporation, vingt grains de verd-de-gris, & le vin vingt & un. XII. Aucun alimens excepté le vin, le vinaigre, le jus de citron, ne peut détacher le verd-de-gris; le séjour trop long & l'humidité de l'air le peuvent. XIII. De tels mets ainsi préparés ou gardés peuvent causer des angoisses, des vomissemens, &c. mais le verd-de-gris n'est point un poison, c'est seulement un émétique plus ou moins violent. XIV. M. Eller le premier a fait toutes ces expériences solides. Elles doivent servir de modéles aux Physiciens. XV. Les hommes sont singuliers. Ils craignent le cuivre quoique sans danger, & négligent l'inoculation de la petite vérole, qui est un moyen assuré pour s'opposer aux ravages de cette maladie. REPONSE. Les IV. premieres propositions sont puériles. La V. est fausse suivant nos Juifs, fondés sur le verset 28 du ch. VI. du Levitique & sur l'expérience. Les VI. & VII. sont contraires aux expériences, témoin celle-ci seule, d'une épingle qui devient verte par la sueur de l'homme dans une chemise, dans une coeffure de femme, &c. Du reste le cuivre est un métal plus imparfait que le fer & l'acier. Il tue, & ceux-ci protegent la santé. La VIII. est détruite par la XII. La IX. ne vaut pas mieux que les VI. & VII. Les X. & XI. sont folles, attendu l'inconsidération des tems, du sel marin & du nitre qui sont dans l'eau commune, & de l'état des vaisseaux. Une Fontaine lavée de loin en loin, toujours incrustée de verd-de gris, peu ou beaucoup, n'est pas un chaudron écuré, lavé, essuyé & frotté avant qu'on s'en serve sur le feu. Une nuit, mais de plus en plus un jour, une semaine, un mois, un an, font sur l'eau froide & dormante & sur le cuivre à l'aide des parties salines de l'air, ce que deux heures ne font pas sur l'eau poussée par le feu. N'est-ce pas ici une reticence criminelle, pour laisser le public dans une fausse sécurité, & pour continuër ainsi un odieux commerce de sacrifices & de victimes? La XII. & la XIII. s'entrechocquent avec la VIII. & la IX. Du reste poison ou émétique plus ou moins violent font le même effet. La XIV. est fausse, comme indigne de la modestie de M. Eller. La XV. est singuliere. Les critiques abusans de deux noms respectables, font un tableau ridicule du cuivre, & y mettent pour pendant celui de l'inoculation, mais sans s'appercevoir que l'habile peintre fait remarquer les barbouilleurs.

TABLEAU DES ACHETEURS DES NOUVELLES FONTAINES FILTRANTES, Domestiques, Militaires & Marines, nouvellement perfectionnées ;

Avec les preuves claires de leurs différentes utilités en plusieurs rencontres, & de leur succès continuel, malgré les critiques & autres obstacles les plus forts. On y a joint plusieurs avis nécessaires aux mêmes Acheteurs, sur-tout des Provinces, pour la facilité des lavages & des réparations ; sur les dangers des Fontaines de cuivre doublées de plomb ; sur les inconvéniens de celles formées d'étain ou de grai, & des Jars de Provence ; & principalement pour procurer plus promptement la santé aux malades, riches ou pauvres ; pour la conserver aux Troupes de mer & de terre, & à MM. les Eleves dans l'Hôtel Royal de l'Ecole Militaire ; avec toutes les différentes commodités, volumes & prix convenables pour MM. les Officiers les plus qualifiés, & pour les soldats dans leurs tentes, & sur leurs bords, ou dans leurs hôpitaux ambulans.

Le tout soutenu par des expériences publiques & particulieres, recueillies depuis l'etablissement de la Manufacture établie maintenant *dans l'hôtel d'Aligre, rue S. Honoré*, où étoit *le grand Conseil.*

SECONDE PARTIE.

A ROTERDAM,
Et se distribue à Paris.

M. DCC. LIX.

LUDOVICI XV, è Regiô ejus Sanguine principum, omnium que Sanitatis publicæ magistrorum, AMICÎS humani generis viribûs, cum Hydrâ pugnans, debellaturus camè longinquâ regione infimâ, rerum Suarum Summâ inconsultò derelictâ, parisios ascendit AMICUS, difficultatum inscius; attamen per plurimos annos ineffabilia passus, jam vincere cœpit utilitatis publicæ hostia, innumerîs que licet vulneribûs conffossus, omnino vincet ubique, vivens vel in posterum: cæterum minimè sui jactans, omnis namque homuncio talibûs viribûs ac veritate firmatus, vel regiorum tantummodò Sonorum echo, novus est hercules hercule fortior.

TABLEAU DES ACHETEURS

DES NOUVELLES FONTAINES FILTRANTES, DOMESTIQUES, MILITAIRES, ET MARINES,

Nouvellement perfectionnées;

Avec plusieurs avis utiles aux Acheteurs; tant de Paris que des Provinces.

SECONDE PARTIE.

Instruction pour les réparations des nouvelles Fontaines en cas d'accident. *

ON parle ici des accidens. Les Fontaines de terre se brisent; celles de cuivre étamé ou doublées de plomb, & celles d'étaim, peuvent laisser fuir l'eau en dehors, ce qui est facile à réparer. Si la fuite vient du dedans au travers des soudures des

* N. B. Pour la commodité des acheteurs on répetera quelques façons des réparations, dans les différens cas où elles sont communes sous les nombres indiqués dans la table,

planchers, principalement du plus bas, le défaut alors est introuvable, conséquemment sans remede à moins de démonter les cilindres.

Les chocs, les chutes, les coups, les mauvais traitemens, les grains de sable, les pailles & feuillures, & la mauvaise construction des ouvriers négligens, sont communs aux constructions de toutes les Fontaines anciennes ou nouvelles : les anciennes comme des labyrinthes où l'obscurité regne toujours, sont difficiles à réparer, & quelquefois irréparables. Les nouvelles que l'on voit clairement dans tous leurs recoins, sont faciles & toujours réparables en tout état.

Les réparations casuelles sont donc l'objet des instructions suivantes dans tous les cas, qui peuvent se présenter, quoique rares, & que voici en détail.

I.

Moyens pour réparer les défauts des Fontaines simples.

Les Fontaines simples à une seule séparation, enfermées dans des caisses de bois de ſapin ou de chêne, avec leurs pieds des mêmes bois, ont en deſſous du fond une planche amovible, appuyée ſur deux taceaux de bois.

Si une Fontaine de cette eſpéce vient à laiſſer fuir l'eau, on la dégarnira de ſes filtres de ſable & d'éponges, on la lavera intérieurement, & on l'eſſuyera avec un linge blanc de leſſive. Cela fait, on détachera facilement les deux taceaux, les clous qui les tiennent n'étant pas rivés, & l'on soutirera la planche. En cet état on remplira la Fontaine à demi, & l'ouvrier [un Ferblanquier eſt mieux en état de faire cette réparation qu'un plombier accoutumé aux groſſes ſoudures] frottera le fond de plomb ainſi découvert avec un linge, & regardera en deſſous avec une lumiere, qui fait appercevoir plus facilement le brillant d'une goutte d'eau qui groſſit peu à peu. Dès qu'on s'apperçoit qu'une Fontaine laiſſe fuir l'eau entre le plomb & le bois, il faut en ôter l'eau & ne plus s'en ſervir qu'on ne l'ait fait réparer, ſi l'on ne veut pas s'expoſer à y faire mettre un autre fond de bois, car celui-ci se pourrit, étant mouillé & gâte le plomb.

* 2. *Fuite du fond par les soudures des côtés droit & gauche.*

Si l'ouvrier voit la goutte aux soudures de l'un ou de l'autre côté, il vuidera la Fontaine, l'essuyera toujours avec un linge propre; & revenant en droite ligne dans l'intérieur, il grattera légerement la soudure & le plomb, pour en ôter les saletés qui pourroient empêcher l'effet de la soudure; après quoi il soudera l'endroit de la fuite avec un fer droit, c'est-à-dire parallele à son manche & qui ne soit pas trop chaud, en observant que sa soudure soit composée moitié d'étaim fin & moitié de plomb; il remettra l'eau tout de suite dans la Fontaine, pour s'assurer s'il a bien soudé. Quand cette eau aura resté le jour & la nuit sans fuir, ce sera signe que la réparation est faite. Dans ce cas l'ouvrier remettra la planche comme elle étoit auparavant, & le maître de la Fontaine la fera garnir pour s'en servir à l'ordinaire.

** 3. Fuite du même fond venant d'un grain de sable, paille ou feuillure.*

Ces défauts qui viennent du laminoir sont pourtant aussi rares que faciles à réparer. Dans tous ces cas l'ouvrier verra sortir la goutte, ou sur le champ ou au bout d'un certain tems, suivant le déchirement plus ou moins large du plomb, il marquera par une raie l'endroit de la fuite, & renversant la fontaine, de façon que le fond regarde le ciel, il grattera & soudera plus commodément en dessus, toujours sauf l'épreuve de l'eau, pour être sûr que la réparation est faite.

** 4. Fuite venant des parois du plomb, par l'une ou l'autre des mêmes causes.*

Dans ce cas, si après avoir mis seulement quatre ou cinq pouces d'eau dans la Fontaine, l'ouvrier ne voit aucune fuite venir du fond, c'est signe qu'elle vient de plus haut de quelque parois de la Fontaine. Il doit alors achever d'emplir la Fontaine jusqu'à ses bords, d'autant mieux, que si la fuite venoit du fond, comme cela peut arriver, sans qu'il y paroisse avec la charge de 4 ou 5 pouces d'eau seulement, la plus grande charge, la Fontaine étant pleine jusqu'à ses bords, la feroit paroître. Si avec cette charge, le fond ne donne aucune goutte, on la verra tomber alors entre le plomb & le bois, & l'ouvrier revenant toujours en droite ligne de l'endroit de la fuite dans la Fontaine, après l'avoir vuidée, trouvera le défaut : il renversera ensuite la Fontaine sur une table ou sur des treteaux, de façon toujours que la parois endommagée regarde le ciel : il pourra ainsi gratter le plomb aux endroits qu'il soupçonnera, & souder ; mais avant que de gratter, il doit se bien assurer de l'endroit de la fuite, pour ne pas amincir le plomb inutilement.

** 5. Moyen pour trouver les grains de sable, pailles & feuillures du plomb laminé.*

On sonde légerement les grains de sable, & feuillures avec la pointe d'une épingle ; les ayant trouvés on gratte le plomb plus surement, on soude & l'on fait toujours l'épreuve de l'eau.

* 6. *Fuite venant des tuyaux de plomb, auxquels sont soudés les boisseaux des robinets.*

Si ces tuyaux ont été corrompus par quelque coup, & qu'il paroisse quelques gouttes fuir entre le plomb & le bois, l'ouvrier après avoir soutiré l'eau, & essuyé toujours la fontaine avec un linge propre, la renversera sur deux treteaux, de façon que les robinets regardent la terre, prenant toujours garde en la mettant sur les treteaux, que ces robinets ne touchent à rien, & que les noix ne tombent point à terre : après cela il soudera en dedans, après avoir gratté légerement le plomb & les soudures dans la circonférence du tuyau intérieur qui laisse fuir l'eau.

* 7. *Fuite par les soudures extérieures des boisseaux.*

Si les soudures extérieures des

boiſſeaux ont ſouffert par la même cauſe, l'ouvrier verra l'endroit de la fuite ; il grattera avec un couteau ou avec une lime, pour éclaircir le plomb & la ſoudure ; il ſoudera & fera ſon épreuve.

* 8. *Fuite par le boiſſeau ou par la noix d'un robinet uſé, ou endommagé.*

Si un robinet fuit entre le boiſſeau & la noix, il faut, ſuppoſé que le cas arrive à un particulier de Province, appeller un fondeur de robinets, pour le rajuſter. Si le dommage eſt irréparable, il faut alors faire acheter un robinet, dont le boiſſeau ſoit de même calibre, le faire couper en avant & en arriere, & le faire ſouder dans ſes tuyaux de plomb, ou écrire aux intéreſſés à Paris pour avoir des robinets de la manufacture.

II. *Robinets & Vaiſſeaux imaginés par le vulgaire depuis l'introduction des nouvelles Fontaines.*

Les robinets depuis l'établiſſement des nouvelles Fontaines ont fait parler bien des perſonnes, qui penſent bien dans un ſens, & qui ſe trompent dans un autre. M. Amy, disent-elles, déclame avec une espece de charlatanisme * contre le cuivre, &

* Un Auteur qui a beaucoup d'esprit, [même un peu trop] s'est servi de cette expression, pour apprêter à rire à quelques railleurs ignorans; mais il auroit mieux fait de s'attacher à critiquer le stile, c'est là qu'il auroit trouvé à mordre sur la négligence du charlatan prétendu, sans pourtant y trouver le faux. Les vérités utiles n'ont pas besoin de phrases, mais seulement de clarté dans les choses. C'est à cela seul que M. Amy s'est attaché : du reste cet Auteur doit savoir que les Provinciaux ont toujours le goût de leur canton, & que s'ils n'ont pas le même talent que lui, pour parler au public distingué par la naissance, l'éducation, le gout & l'esprit, ils en ont peut-être plus que lui pour parler au peuple de Paris, & à beaucoup de Provinciaux ignorans : ceux-ci qui ne comprennent pas aussi bien que lui, que *le cuivre est un métal redoutable* [car voilà tout ce qu'il en a dit de bon dans sa satyre] n'entendent pas à demi mot, comme ce public distingué. Il leur faut donc des emblêmes, des paraboles, des comparaisons familieres, pour descendre à la portée de leurs esprits, & les aider à concevoir le danger.

C'est ce qu'ont fait Jesus-Christ & les Apôtres en parlant aux Juifs : c'est ce que font les Prédicateurs tous les jours en parlant aux peuples. S'il n'y avoit que des esprits fins & dociles dans tout le Royaume, la

il le fait employer pour les robinets des Fontaines de son invention. Ce métal, qui cependant leur fait peur

pointe de l'auteur satyrique seroit peut-être en place ; mais s'il avoit fait attention aux autres génies, & à l'imitation des grands modéles cités, surement il n'auroit pas pensé à faire parade de son esprit si mal à propos contre l'imitateur. Il ne lui reste donc, s'il veut se donner plus de brillant, qu'à critiquer les modéles, ou à prouver qu'une vérité soutenue & favorisée par le Roi, le Parlement, l'Académie & la Faculté de Médecine, est une espéce de charlatanisme, lorsqu'elle est présentée sous plusieurs faces nécessaires, pour la faire percer dans tous les esprits. De combien de figures différentes ne se servent pas les Prédicateurs & les Orateurs du premier ordre, pour persuader les vérités de la religion, ou le bon droit de leur cause ?

Ils le font avec esprit, dira peut-être l'auteur : reponse, c'est qu'ils parlent à un auditoire qui en est bien pourvu. Les mets des grands sont différens de ceux du peuple. M. Amy met volontiers pavillon bas devant cet auteur, dont il connoît les talens. Il n'a pas la témérité de chercher à briller. Il ne présente aux gens d'esprit que les jugemens du Roi & des premieres Compagnies du royaume, qui sont, que le *cuivre est toujours très-dangereux si l'on manque d'attention* ; mais avec le peuple qui en manque toujours, sur-tout par ignorance, il faut des instructions pathétiques &

avec beaucoup de raison, leur a fait imaginer des robinets de crystal, de bois, d'yvoire, d'or, d'argent & de composition.

Quelques-uns sont allés plus loin, car dès les premiers avis de la Faculté de Médecine & de l'Académie, d'un côté rejettant subitement leurs Fontaines de cuivre, qu'ils ont trouvées couvertes intérieurement de verd-de-gris, & de l'autre voulant œconomiser, ils ont imaginé différens vaisseaux singuliers ; les uns formés de bois seul ; les autres de grai, recouverts d'une chemise d'ozier, & tous avec des robinets de bois & des filtres en sable, mais voyant l'inutilité de ces dépenses, par l'insuffisance, le peu de solidité & la mauvaise construction de ces vaisseaux, qui ne leur donnoient que de l'eau trouble, dans les tems où celle de la riviere est vaseuse, ils se sont rangés à l'usage des nouvelles Fontaines.

de longs discours, au risque peu important, de passer par la coupelle d'un bon mot dans un extrait inutile, qui fait mieux sentir l'ennemi que l'ami du bien public.

III. *Robinets de cryſtal.*

Si on examine de près l'uſage de tous ces différens robinets, on trouvera que le cryſtal eſt très fragile, & nullement convenable pour une ſale à manger, où l'on ſoutire l'eau, non-ſeulement pour la table, mais encore à tout moment pour tous les petits beſoins du jour, encore moins dans les cuiſines & dans les Offices, où l'ouverture & fermeture des robinets eſt preſque continuelle, la dépenſe d'eau s'y trouvant beaucoup plus forte.

IV. *Robinets de bois & d'yvoire.*

Les robinets de bois & d'yvoire renflent. Ils donnent trop de peine pour les ouvrir, ſouvent la force que l'on fait dans ces momens les briſe, & c'eſt à recommencer. Au ſurplus, ils ſe pourriſſent, ils donnent du goût à l'eau. Quelquefois ils la laiſſent enfin fuir ou dans leur inſertion, malgré le maſtic, ou par le boiſſeau; du moins il y en a très-peu qui rendent un bon ſervice, à moins qu'un maître n'ait soin lui seul de sa Fontaine, pour sa boisson à table, en la tenant dans une chambre sous la clef. Dans ce cas on peut employer les robinets de crystal; mais cette Fontaine sous la clef non-seulement sera délaissée par lui-même sans la soutirer assez, mais elle ne lui suffira pas, & il lui faudra toujours celles de la cuisine & de l'office dont il ne pourra se rendre gardien, & qui ne permettent pas de pareils robinets de bois ou d'yvoire.

V. *Robinets d'or ou d'argent.*

Si un maitre magnifique faisoit mettre à ses Fontaines des robinets d'or ou d'argent, ce seroit alors comme un petit trésor, laissé dans un coffre fort sans serrure; mais le plus grand inconvénient est que l'or & l'argent sont trop mous pour pouvoir en former des robinets. On ne le pourroit que par l'alliage du cuivre; encore cet alliage ne leur donneroit pas la même dureté qu'a le cuivre seul: d'où il suit 1°. que les robinets d'or ou d'argent produisent du verd-de-gris, à raison de ce cuivre : qu'ils laissent fuir l'eau après quelque tems de service, parce qu'ils ne sont pas assez durs pour résister long-tems au frottement.

VI. *Robinets de composition.*

Il en est de même, & à plus forte raison, des robinets formés d'une composition, dont la base est de cuivre mêlé avec de l'étaim de cornouaille, du bismuth, du zinch, du régule d'antimoine, ou d'arsenic, qui en sont les parties les plus fixes & les plus dures par elles-mêmes & par leur mélange.

Ce sont ces marcassites que les nouveaux fabricateurs des Fontaines de cuivre doublées de plomb, employent pour donner de la dureté & pour masquer la couleur du cuivre, dont ils forment les robinets de ces sortes de Fontaines ; mais outre que cette composition est aigre & cassante, elle n'a pas la même dureté que celle des robinets des nouvelles Fontaines, formées seulement de potin & de mitraille.

VII. *Robinets anciens des nouvelles Fontaines.*

Ceux-ci ne consistent qu'aux boisseaux & aux noix ou clefs, pour la solidité de l'ajutage seulement; encore a-t-on la précaution maintenant dans la manufacture, pour la plus grande satisfaction du public, de souder ces boisseaux entre deux tuyaux de plomb. L'eau ne peut donc passer que par un demi-pouce de cuivre; ce qui est très-différent d'une Fontaine formée en entier de ce métal.

VIII. *Calcul des pouces de surfaces interieures de cuivre dans les Fontaines sablées, comparé à la surface intérieure de ces robinets anciens.*

Les Fontaines sablées de trois pieds de hauteur ont à peu près, suivant leur diametre, dix-neuf pieds de surface intérieure, y compris le fond, les planchers & les couvercles de ceux-ci, que le verd-de-gris attaque des deux côtés. Chaque pied quarré étant de 144 pouces, le produit est de

2736 pouces quarrés, qui donnent tous leur même verd-de-gris. Divisant le pouce quarré en deux parties, dont une seule est la surface que l'eau touche dans les robinets de la manufacture, on trouve que les Fontaines sablées de 3 pieds de hauteur, sont aux nouvelles Fontaines comme 5471 à 1 ou à 2 ou à 3. S'il y a 1 ou 2 robinets de plus.

Faisant le calcul à l'égard des Fontaines de 6 pieds de hauteur, & d'un diametre plus large à proportion, comme il y en a dans quelques grandes maisons, quoique rares à la vérité, on y trouvera 55 pieds de surface de cuivre intérieure, dont le produit est de 7920 pouces, c'est-à-dire, en faisant la même division, que celles-ci sont aux nouvelles Fontaines en ce qui concerne le poison du verd-de-gris, comme 15840 à 1 2 ou 3 suivant le nombre des robinets, & ainsi à proportion entre les deux Fontaines de cuivre, dont on vient de parler. La différence est donc très-grande. Le danger subsiste toujours dans les Fontaines de cuivre, attendu les grandes surfaces de ce métal, que l'eau touche; mais il eſt nul comme un infiniment petit dans les nouvelles Fontaines.

IX. *Robinets actuels des nouvelles Fontaines.*

Si avec cette différence qui ſe fait ſentir, il ſe trouve encore quelques perſonnes ſcrupuleuſes ſur la moindre partie de cuivre, on leur donne à choiſir des robinets, dont les clefs ou noix creuſes ſont miſes dans un moule, où elles ſe rempliſſent d'étaim fondu : en ſorte que l'eau ne paſſe plus que dans l'étaim.

X. *Variations du public ſur les robinets.*

Pluſieurs perſonnes après avoir eſſayé ſucceſſivement des robinets de cryſtal, d'yvoire & de compoſition ont enfin voulu des robinets de bois, malgré les inconvéniens que l'on a dit, & qu'on leur a fait obſerver; mais les ayant tous connus par l'uſage, elles ont fait porter leurs Fontaines à la manufacture, pour y faire mettre des robinets ordinaires.

Une Dame de condition * voulut des robinets formés d'argent, qui lui couterent 500 liv. mais elle a eu le désagrément de voir en peu de tems qu'ils laissoient fuir l'eau. Ce n'est pas qu'on ne puisse les faire rajuster par un fondeur; mais quand une noix est descendue à un certain point dans son boisseau, il faut la changer. Cette dépense n'est pas du goût de tout le monde, sur-tout avec le peu de verd-de-gris, qui naît de l'alliage du cuivre, mais dont la crainte dans ce cas n'est qu'un excès de sagesse inutile.

Plusieurs autres Dames ont cru de rafiner sur la dépense des robinets d'argent en entier, en faisant former du même métal les boisseaux & les noix, qu'elles ont envoyés aux ouvriers de la manufacture, pour les souder comme ceux de cuivre entre deux tuyaux de plomb ou d'étaim; mais y trouvant encore moins de solidité, elles ont envoyé leurs Fontaines à la manufacture pour y faire mettre les robinets ordinaires.

On assure ici, d'après le senti-

* Madame la Marquise de Chabanois.

ment & l'expérience des personnes les plus en état d'en juger, & du public le plus distingué, depuis l'établissement de la manufacture, 1°. que pour la solidité de l'ajutage il n'y a que le cuivre : 2°. que la quantité qui s'en trouve dans un boisseau & dans sa noix, sur-tout garnie d'étaim fondu dans la partie qui touche l'eau, n'est pas plus à craindre que celle qui se trouve dans un robinet formé d'argent * en entier, durci par l'alliage du cuivre, le plus de surface intérieure de celui-ci, s'y compensant à proportion avec la moindre surface intérieure du 1er : 3°. enfin, que ni l'un ni l'autre ne peuvent absolument produire aucun mauvais effet sur le corps humain.

* L'argent pur est trop mou pour en former des robinets. Ceux-ci ainsi formés laissent fuir l'eau en peu de tems : formés d'argent allié avec le cuivre, ils sont plus durs & durent un peu plus ; on en est quitte en les faisant rajuster ; les premiers plus souvent, les autres moins ; sauf quand ils n'ont plus d'ajutage de les faire refondre & former de nouveau.

* 9. *Réparations des Fontaines doubles qui viennent à ſuir par le fond.*

Les Fontaines doubles à 2 ou 3 ſéparations avec un tuyau de conduite, pour l'eau de la cuiſine, ont demandé plus de précaution, attendu les difficultés qu'il y auroit de les réparer en dedans.

Si une Fontaine de ce méchaniſme vient à ſuir, par quelque choc, chute ou coup qu'elle aura reçu par l'imprudence d'un porteur d'eau, ou de tout autre, l'ouvrier démontera les couvercles, en ôtant ſeulement les vis de la traverſe, à laquelle ils ſont attachés par des couplets de fer. Il aura ainſi beaucoup plus d'aiſance pour travailler. Cela fait :

Il la dégarnira de ſon ſable & de ſes éponges, la lavera & l'eſſuyera toujours avec un linge propre. Il l'enlevera enſuite de deſſus ſes pieds, avec l'aide de quelqu'un qui lui prêtera la main, au moyen des mains de fer qui ſe trouvent aux deux paneaux des côtés. Il la renverſera ſur de la paille ou ſur une mauvaiſe couverture de lit en plusieurs doubles, pour ménager mieux ainsi le plomb des bords, & il aura toujours attention aux robinets en la renversant, prenant bien garde de ne pas les endommager, afin de ne pas multiplier les réparations à faire. Cela fait :

L'ouvrier aura un fermoir de menuisier ou un tourne-vis [le fermoir est plus fort que le tourne-vis] & ôtera les vis du fond ; s'il en trouve quelqu'une qui soit rouillée ou corrompue & qu'il ne puisse ôter, il la réservera pour la derniere & ôtera les autres. Il tournera ensuite le fond de bois comme sur un pivot, qui sera cette vis adhérente, & essayera doucement par la force du levier de la détacher. S'il ne peut y parvenir, sans risquer de rompre le fond de bois, ou le paneau auquel celui-ci se trouvera encore attaché par la vis, dans ce cas il insinuera un fermoir entre le paneau & le fond de bois, essayant toujours doucement de détacher la vis par la force de ce second levier, qu'il fera agir à droite & à gauche, prenant bien garde de ne pas toucher le fond de plomb avec le fermoir : en y ajoutant quelques coups d'un maillet de bois, par dessous le fond près de la vis adhérente, il en viendra à bout facilement. Ayant ôté le fond de bois, il l'essuyera & le fond de plomb également.

Après cette premiere opération, il posera la Fontaine en travers sur ses pieds de biche *, se faisant toujours aider par quelqu'un à la faveur des mains de fer, & verra en dessous avec une lumiere, après avoir rempli la Fontaine à demi, d'où vient la fuite. S'il la trouve dans le fond il travaillera, comme il a été dit ci-devant, sous les nombres I. & * 2, * 3.

* 10. *Fuite par les parois de la grande loge.*

Si la fuite ne vient pas du fond, l'ouvrier achevera de remplir la Fontaine en entier, pour voir en même

* Le plomb du fond de la Fontaine, principalement celui de la grande loge, qui n'est pas lié par les soudures des séparations & du banc de sable, se trouve soutenu alors par une traverse du pied, & resiste ainsi au poids de l'eau qu'on y met, pour découvrir les endroits des fuites.

tems tous les défauts des parois, qui s'annonceront par des gouttes d'eau entre le plomb & le bois perpendiculairement.

Si elle ne vient que des parois du côté de la grande loge, il vuidera l'eau & pourra réparer en dedans, s'il veut, comme il est dit sous les mêmes nombres.

* 11. *Fuite des parois de quelque côté des filtres.*

Si la fuite vient de quelque côté des filtres, comme les loges en sont trop étroites & qu'on ne pourroit y travailler, ni voir précisément le défaut, l'ouvrier ôtera tout de suite les vis du paneau & des équerres de fer du même côté; il fendra le plomb des bords avec un couteau & quelques coups de maillet par dessus, sauf de le resouder après, il détachera ainsi le paneau même qui ne tiendra plus à rien; & remplissant la Fontaine d'eau jusqu'à ses bords, il trouvera l'endroit de la fuite, qu'il reparera avec un peu de soudure, en observant toujours le même traitement;

après avoir vuidé l'eau, essuyé & tourné en haut la face endommagée. Il en sera de même pour les fuites du devant ou du derriere, avec cette différence que si la fuite vient de la face du devant, l'opération sera un peu plus longue, attendu les plaques des robinets, comme on va l'observer sous le nombre suivant.

* 12. *Fuite pardevant venant des tuyaux de plomb, auxquels sont soudés les boissaux des robinets, ou du dessus des robinets, en face des filtres.*

Le panneau du devant est composé de deux pieces jointes ensemble à renure & languette, sans colle. Si la fuite vient des tuyaux des robinets seulement, il ne sera pas besoin d'ôter tout le panneau, comme on va le dire sous le même nombre; mais si elle vient de plus haut il faudra tout ôter, & voici le procédé de l'ouvrier dans ces cas. Il ôtera d'abord les vis qui tiennent la petite traverse du bas, derriere les plaques des robinets. Ayant ôté ces vis, il insinuera ra à petits coups de marteau un fermoir entre la traverſe & les plaques ou maſques de plomb pour arracher les clous d'épingle, qui les tiennent attachés au bois.

La traverſe à renure & languette, comme on a dit, doit être chaſſée avec un maillet de haut en bas; l'ayant ôtée l'ouvrier doit avoir ſoin de ramaſſer les morceaux de bois sciés & detachés de cette traverſe, qu'il trouvera ſous les plaques pour le ſoutien des robinets, afin de pouvoir les remettre après la réparation faite.

En cet état il mettra la Fontaine en travers ſur ſes pieds, & la remplira d'eau. Si ſa fuite vient des tuyaux de plomb, où ſont ſoudés les boiſſeaux des robinets, il vuidera l'eau, & obſervant toujours le même traitement, il ſoudera par dehors, en obſervant de ne pas faire des amas de ſoudures comme font les plombiers, dont les ſoudures ſont épaiſſes à raiſon de leurs ouvrages différens & de leur ſoudure, où il entre beaucoup de plomb, il faut, comme on a déja dit, que la ſoudure des Fontaines ſoit moitié d'étaim fin & moitié de plomb & aſſez mince, afin que la traverſe, qu'il faut remettre, trouve plus facilement ſa place. Si cependant un ouvrier mal adroit tomboit dans ce cas, il pourroit réparer ſa faute, en faiſant une chambre dans la traverſe de bois, pour recevoir & contenir l'épaiſſeur de ſa ſoudure.

Si la fuite vient de plus haut au-deſſus des robinets, ce qu'on verra par les gouttes d'eau entre le plomb & le bois, l'ouvrier ôtera les vis, qui tiennent le panneau du deſſus, & après avoir fendu le plomb des bords, comme on l'a dit, ſuppoſé qu'il trouve de la réſiſtance, il ôtera facilement le panneau & verra alors l'endroit d'où vient la fuite. Cela fait il la marquera par une raie ſur le plomb, & tout de ſuite il vuidera la Fontaine, qu'il eſſuyera toujours en dedans avec un linge propre à l'endroit ou aux endroits des fuites ; car ſuivant le dommage, il peut s'en trouver plus d'un : après quoi, couchant la Fontaine ſur ſes pieds, & tournant toujours vers le ciel la face endommagée, il grattera & ſoudera les endroits des fuites, répétant ensuite son épreuve avec de l'eau, avant que de remettre la Fontaine dans son premier état.

Quand celle-ci aura, pour le mieux, resté un jour à l'épreuve de l'eau, il la vuidera & remettra la traverse de la même façon qu'il l'aura ôtée, avec les morceaux de bois sciés, & le panneau du dessus. Cela fait il applatira doucement avec un maillet le plomb obéissant des plaques des robinets, & remettra des clous d'épingle, en observant qu'ils soient plus courts que l'épaisseur du bois de chêne, sans quoi ils iroient percer le plomb.

* 13. *Attention nécessaire lors de l'emballage des Fontaines pour les Provinces ou pour les pays étrangers, & suite des filtres l'un dans l'autre.*

Il peut arriver aux Fontaines emballées pour les Provinces ou pour les pays étrangers, que l'emballeur, par ordre d'un commissionnaire, se serve de l'intérieur d'une Fontaine, pour y mettre des marchandises, comme livres, ſouliers, porcelaines, tableaux avec leurs cadres & toutes autres marchandiſes peſantes, ou dures & déchirantes.

C'eſt à quoi les acheteurs doivent être attentifs, en écrivant à leurs commiſſionnaires. On ne doit rien mettre dans les Fontaines emballées dans leurs caiſſes, ſi ce n'eſt des feuilles de papier gris, fort, ſur toutes les faces intérieures, & enſuite du foin bien moulu & preſſé également dans toutes les loges, pour qu'aucun poids ne puiſſe s'appuyer en chemin ſur les ſéparations des filtres, ou qu'il appuye également avec le même degré de réſiſtance par-tout. C'eſt une précaution néceſſaire, afin que les ſoudures des ſéparations ne ſouffrent rien par les contre coups des cahotemens ſur les charrettes. On doit même ôter le couvercle & la plaque du banc de ſable, & le mettre hors de la Fontaine, dans la caiſſe d'emballage.

On peut cependant mettre du linge & toutes choſes molles, même des ſouliers & des livres dans le centre, pourvû que le degré de réſiſtance dans toutes les loges ſoit égale à peu près ; mais il faut prendre garde auſſi en emballant que le dégré de preſſion, plus fort dans une loge que dans l'autre, ne faſſe pas ſur le champ le même effet, que feroient les contre-coups du cahotement en chemin.

On peut commencer par garnir les loges des eaux filtrées & le banc de ſable, des effets les plus petits & les plus mous que l'on veut faire tranſporter, & enſuite la grande loge des autres effets de plus grand volume, qui trouveront mieux alors le degré de réſiſtance néceſſaire; mais le mieux eſt toujours de n'y mettre que du foin, en évitant le frottement de celui-ci au moyen du papier gris. *

Le cas eſt déja arrivé à quelques perſonnes ; entre autres, à M. l'Archevêque de Vienne en Autriche, qui à l'arrivée d'une Fontaine de 8 voyes d'eau, la trouva endommagée par les

* N. B. La Compagnie fait emballer les Fontaines comme les acheteurs le demandent, avec ou ſans autres marchandiſes, mais elle ne peut ſe rendre reſponſable de rien à ces égards, n'étant pas témoin de ce qui ſe paſſe en chemin, ou dans le lieu de leur deſtination.

marchandises qu'on y avoit enfermées.

Dans ce cas, & autres semblables, si la Fontaine, sans fuir en dehors, fuyoit en dedans d'une loge à l'autre, les eaux filtrées se mêleroient avec l'eau trouble. Pour y remédier, l'ouvrier mettra cette Fontaine sur ses pieds; il appliquera ensuite de bons bouchons de liége grands & petits, aux côtés étroits des alvéoles ou tuyaux coniques, qui étant bien arrondis, recevront ces bouchons plus exactement, pour retenir l'eau qu'il mettra ensuite dans la grande loge.

En cet état il démontera tous les couvercles, en ôtant seulement les vis de la traverse à laquelle ils sont attachés par des couplets de fer. Il aura ainsi plus d'aisance, comme on a dit, pour découvrir les fuites dans les loges des eaux fitrées.

Il portera ensuite une bougie allumée dans ces deux loges; s'il découvre la fuite dans l'une ou l'autre, il la marquera: cela fait, il vuidera toute l'eau par le robinet de décharge, & se faisant aider, il tournera la Fontaine de façon que l'angle de la ſoudure endommagée regarde le ciel ; il grattera & ſoudera. *

S'il ne paroît aucune fuite, ce ſera ſigne que la ſeconde ſéparation, qui forme les deux loges des eaux filtrées, eſt la ſeule endommagée. Il vuidera alors la grande loge, & laiſſant toujours les bouchons de liége dans les alvéoles grands & petits, il remplira la loge du premier filtre, dont la fuite paroîtra dans la loge du ſecond ; il obſervera le même traitement, & après la réparation faite, il ôtera les bouchons de liége, & le maître fera garnir la fontaine de ſes filtres, comme on a dit dans la premiere partie ſous le nombre XLIV.

* Si la fuite vient des ſoudures à niveau du fond, il faut ſe ſervir d'un fer, qui ſoit tout d'une venue avec ſon manche ; c'eſt-à-dire, que le fer & le manche ne faſſent qu'une ſeule continuité d'une même ligne. On conçoit aiſément qu'un fer à l'ordinaire, qui forme un angle avec ſon manche, ne pourroit point entrer de ſon long pour aller réparer les ſoudures à niveau du fond. L'ouvrier même ne pourroit pas l'y conduire, ni voir ce qu'il fait.

XII. *Lavages des Fontaines dans Paris & son territoire.*

Parmi le grand nombre des personnes qui ont adopté les nouvelles Fontaines dans Paris, à peine en est-il cent qui appellent les ouvriers de la manufacture pour les laver. Le plus grand nombre des acheteurs s'est mis au fait des lavages; suivant les personnes, elles le font elles-mêmes, ou les font faire par leurs domestiques.

On ne parle point ici de celles qui se sont mises à l'année, moyennant vingt-quatre livres par an, & dont le nombre diminue même tous les jours; car les domestiques qui voyent la façon du lavage, ne trouvant rien de si simple, le font ensuite eux-mêmes suivant le besoin. Dans quelques grandes maisons, un aide de cuisine, un froteur ou un porteur d'eau, bien instruit, propre & adroit, se charge de ce soin: & voici de quelle façon ils s'y prennent.

Pour abréger le tems du lavage, ils lavent d'avance une seconde garniture d'éponges préparées qu'ils ont de relais, en les pressant dans leurs mains & les laissant tremper demi-heure dans un vaisseau de terre, ou dans un sceau bien rincé, rempli d'une eau pure. Ils lavent ensuite une seconde garniture de sable, qu'ils ont également de relais, & au premier moment le plus commode du matin ou de l'après diné, ils soutirent toutes les eaux filtrées dans des cruches de grai, pour ne pas en manquer le soir au soupé. Cela fait, ils dégarnissent la Fontaine de ses filtres, & après l'avoir lavée, ils la garnissent des filtres déja tout prêts, de la façon qu'on a dit dans la premiere partie sous le même nombre XLIV. Ils lavent ensuite les éponges & le sable pour les laisser sécher, tandis que le porteur d'eau remplit la Fontaine.

Cette opération est fort courte. Par ce moyen une Fontaine va toujours, & l'on n'attend jamais après les ouvriers, qui n'ont pas des aîles pour contenter un public, comme celui de Paris.

Cette pratique, qui heureusement s'est étendue, est d'un grand soulagement pour les ouvriers & pour la Compagnie, qui assurément ne demande pas mieux, voyant avec regret courir ça & là des ouvriers, dans Paris & en campagne, & souvent inutilement.

En effet on les renvoye assez souvent à un autre jour, à l'occasion d'un diné ou d'un soupé imprévu, lorsqu'un maître doit avoir plusieurs convives, ou parce qu'une grande Fontaine viendra d'être remplie d'eau, qu'un maitre œconome ne voudra pas laisser employer au lavage, ou parce qu'un concierge en campagne, n'aura pas encore la clef de la cuisine, ou dira qu'il n'a point d'ordre, & autres raisons semblables; par exemple lorsqu'un maitre aura demandé un ouvrier, pour aller mettre une Fontaine en état dans une maison de campagne, un tel jour, & que des affaires nouvelles, ou une maladie, ou tous autres accidens, l'auront fait changer de dessein, & empêché de donner des ordres au concierge, ou d'envoyer quelqu'un avec la clef de la cuisine & de l'office, lorsqu'il y a deux Foutaines à mettre en état.

On ne parle donc ici que des personnes qui sans être à l'année , envoyent chercher un ouvrier pour les lavages , le renvoyant assez souvent , ou ne voulant pas le payer quand ces lavages sont faits , qu'à raison de vingt-quatre sols.

Il n'y a pas de justice dans ce procédé. Paris est grand : tous les quartiers sont plus ou moins éloignés de la Manufacture. Les courses sont encore plus longues en campagne. Ce sont donc autant de journées d'ouvriers perdues, non pour ceux-ci, qui sont toujours payés à raison de cinquante sols par jour , de quelque façon qu'ils remplissent leurs journées, mais pour la Compagnie , qui ajouteroit encore plus du sien , si elle les envoyoit à la quête de pareilles minuties : cependant celles-ci vont trop loin , pour ne pas s'y raviser.

On prie donc ces personnes d'envoyer tel domestiques qu'elles jugeront de meilleure volonté , & le plus propre , auquel un ouvrier montrera dans un quart-d'heure la façon du lavage , si non de lui remettre une carte contenant leurs noms & leurs demeures, en y ajoutant quarante-huit sols pour le lavage dans Paris, & quatre livres en campagne. Loin ou près c'est le même prix; on sentira d'abord la justice de la compensation : moyennant ces deux prix on en donnera la reconnoissance au porteur, avec mention du soir ou du matin, & du jour qu'un ouvrier ira laver la Fontaine.

Si en cet état on renvoye cet ouvrier à un autre jour, & qu'il soit obligé de s'en retourner, il ne marchera plus que moyennant l'un ou l'autre de ces prix. Il est aussi juste de servir le public en payant, que d'éviter les fraix frustrés. Il n'est point de personne raisonnable, qui n'approuve cette régle; elle est même nécessaire pour déterminer encore mieux un chacun à faire laver sa Fontaine par un domestique, ou instruit par ce qui a été dit dans la premiere partie de ce livre sous le même nombre XLIV, ou s'il l'aime mieux, par un ouvrier de la manufacture, qui fera cette opération en sa présence, chez lui en payant, & gratis dans le magasin : preuve bien convaincante que la Compagnie veut en éviter la dépense au public.

XIII. *Demi-lavage dans Paris.*

Ce public qui est toujours un grand juge avec le tems, a inventé à son tour pour abréger les lavages. Voici ce que pratiquent les personnes qui savent se passer des ouvriers de la manufacture.

Lorsque leurs fontaines ne donnent plus assez d'eau, elles font ôter le sable, qui étant comme mastiqué par la vase la plus grosse qu'il retient, ne communique plus assez d'eau aux éponges; mais elles n'ôtent pas celles-ci, qui se trouvant obstruées par une vase plus fine donnent une eau d'autant plus belle.

Le sable étant ôté, elles font jetter de l'eau d'Arcueil dans la grande loge de l'eau sale à un demi pied de hauteur, plus ou moins. Elles frottent ensuite doucement la surface des grosses éponges avec le bout du doigt, l'appuyant un peu par-tout; ensorte qu'au moyen de l'eau dont elles sont couvertes, elles se déchargent de cette vase dans la même eau.

Cela fait, ces personnes frottent sur le champ les parois de la grande loge avec une éponge propre & lâchent cette eau par le robinet de décharge. Elles y font jetter ensuite trois ou quatre sceaux de la même eau, pour emporter tout le restant de la vase, elles font éponger & mettre un nouveau sable lavé qu'elles ont tout prêt; c'est alors l'opération d'un quart-d'heure : tout de suite le porteur d'eau remplit la grande loge.

Par cette pratique aisée, elles évitent plusieurs lavages des éponges. Leurs Fontaines vont toujours sans interruption, & sans attendre après un ouvrier; & ce n'est que quand celles-ci ne filtrent plus assez, que pour prévenir le goût que la fermentation de l'eau & de la vase donne à tous les filtres dans l'inaction, elles font alors laver & renouveller les éponges, s'il en est besoin.

XIV. *Lavage des Fontaines employées pour filtrer l'eau d'Arcueil.*

Les personnes qui préferent l'eau

d'Arcueil à celle de la riviere, attendu ſa limpidité aſſez ordinaire; ou parce qu'elles ſont éloignées des autres Fontaines publiques, ou parce qu'elles la reçoivent dans leurs réſervoirs, de tuyaux de la ville, ne doivent faire laver le ſable & les éponges que lorſque celles-ci ne fourniſſent plus d'eau en quantité ſuffiſante par les robinets des filtres, ou qu'ayant fait leur ſervice pendant ſix mois ou un an, il faut les renouveller.

La raiſon en eſt, que le ſable & les éponges ne peuvent pas s'obſtruer de long-tems, en ne filtrant qu'une eau aſſez limpide, comme * celle d'Arcueil; d'où il ſuit, qu'on doit ſuivre la même régle lorſque l'eau de la riviere eſt belle.

* L'eau d'Arcueil n'exige que des filtres d'éponges. Le ſable n'eſt utile que pour la groſſe vaſe, qui devient enſuite filtre elle-même, pour arrêter le fin limon qui rend l'eau blanche & ſavoneuſe. Le fin limon d'Arcueil n'eſt pas ſenſible, comme celui de l'eau de la riviere Il n'y a que les éponges qui puiſſent retenir ce premier.

XV. *Fait remarquable dans la Fontaine d'un Notaire de Paris.*

A propos de cette eau d'Arcueil, voici un fait qui peut servir à la meilleure instruction du Public, & qui vient d'arriver à M. Baron Notaire, qui se sert des Fontaines de la manufacture depuis plusieurs années.

La Fontaine de cuisine de M. Baron est de huit voyes sur sable & sur éponges. Il étoit en coutume de la faire laver une ou deux fois par an, faisant toujours soutirer par les robinets des eaux filtrées. L'ouvrier qui étoit chargé du soin de ces lavages, ayant été congédié & ne se présentant plus, la Fontaine alloit toujours; mais elle vint au point de ne donner plus assez d'eau. La cuisiniere de M. Baron commença donc à soutirer toujours par le robinet de décharge, laissant ainsi vieillir les éponges & croupir avec celles-ci les eaux filtrées, dont elle ne faisoit plus aucun usage. Enfin ces eaux dormantes & les éponges dans l'inaction, commencerent à communiquer leur goût de fermentation à l'eau de la grande loge, après deux ans : ce qui est remarquable.

Madame Baron envoya sur le champ chercher un ouvrier, auquel elle demanda un second banc de sable sans éponges ; mais ayant jugé par les observations que lui fit celui-ci, que le goût ne pouvoit venir que de l'inaction des filtres & des eaux dormantes dans les loges des eaux filtrées qui fermentoient, elle n'insista à ce second banc de sable, qu'attendu qu'elle ne se servoit que de l'eau d'Arcueil, * & retint cependant les grands & petits alvéoles, pour y placer des éponges à volonté.

En attendant ce second banc de sable, l'ouvrier fit observer à cette Dame que les petites éponges qui reçoivent un plus grand dégré de pression dans les petits alvéoles, n'alloient plus du tout, quoique les grosses fournissoient encore, puisque la

* La demande d'un second banc de sable étoit précisément le contraire de ce qu'il falloit à la fontaine, dont il s'agit. Les éponges seules, avec un dégré de pression plus fort, suffisent pour l'eau d'Arcueil.

premiere loge de l'eau filtrée pour la cuisine étoit pleine. Il ôta ensuite le sable & les éponges. Celles-ci étoient couvertes d'un fin limon visqueux, l'eau d'Arcueil ne pouvant pas en fournir comme l'eau de la riviere. Il mit des éponges neuves & ensuite le sable bien lavé. La Fontaine remplie sur le champ fit son effet à l'ordinaire, & le petit goût que M. & Madame Baron avoient apperçu disparut totalement & sur le champ.*

* Il est surprenant que les particuliers des provinces & les Seigneurs étrangers du Royaume, qui ont acheté des nouvelles Fontaines, ayent plus d'intelligence que les acheteurs résidens à Paris. Le Roi de Suéde à l'exemple de Louis XV, a conseillé l'usage des ustenciles de fer, avec cette différence, que les Suédois sont aujourd'hui plus dociles & plus prudens que les François, tant pour les alimens que pour l'eau de leur boisson. Parmi plusieurs Seigneurs étrangers qui ont acheté des Fontaines, on ose citer ici un Prince souverain, grand amateur de la vérité & du bien public, & qui par cette seule raison ne le trouvera pas mauvais : c'est Son Altesse Sérénissime M. le Prince des deux Ponts, qui est venu lui-même depuis peu honorer le magasin de sa présence, & acheter des Fontaines domestiques, entr'autres deux militaires nouvel-

XVI. *Expériences résultantes de l'eau d'Arcueil.*

Du fait précédent on peut recueillir les expériences suivantes.

1°. Bien qu'on sache que toutes les eaux contiennent plus ou moins de parties visqueuses, ce qu'on peut remarquer dans les ruisseaux & le long des rivieres, où les herbes que l'eau

lement perfectionnées. Apparemment que S. A. S. en avoit vû l'annonce dans les petites affiches. Les gens de S. A. ont dit quelques jours après au menuisier de la manufacture, que ce Prince en étoit très-content, qu'il avoit emporté les Fontaines militaires à l'armée ; & qu'à son retour, son dessein étoit d'en acheter plusieurs autres, pour les faire porter dans ses Etats.

A Paris, plusieurs dans les commencemens ont péché par négligence, ou par défaut d'intelligence, ou par un abandon des meubles les plus utiles, comme sont les ustenciles de fer & notamment les nouvelles Fontaines. Chez le Prince des deux Ponts, on péchoit par trop de soin, en lavant le sable & les éponges toutes les semaines : c'est ce qui a donné lieu aux ouvriers, qui sont allés chez ce Prince, d'avertir ses gens & de leur indiquer dans ce livre les instructions nécessaires à cet égard, pour leur éviter des soins inutiles.

lave sur les bords, retiennent cette viscosité qui s'y attache; cependant l'eau d'Arcueil, comme celle de beaucoup de puits, en contient davantage: du moins c'est apparent, puisqu'une colomne d'eau d'un pied & demi de hauteur n'agissoit plus sur le limon visqueux, attaché & comme collé à la surface des petites éponges, dans la Fontaine de M. Baron.

2°. Que la même eau d'Arcueil contient un fin limon, invisible puisqu'en lavant les éponges, qui ont servi pour la filtrer, on l'y trouve, même si fin, qu'il reste suspendu très-long-tems sans pouvoir se précipiter au fond, faisant presque équilibre avec le poids spécifique de l'eau.

3°. Que ce fin limon joint aux parties visqueuses, forme comme une espéce de mastic impénétrable, puisqu'il parvient avec le tems à le former dans les tuyaux d'Arcueil, qui se revêtent intérieurement d'un tuf dur & jaunâtre, qui les bouche enfin totalement.

4°. Que de cette derniere expérience qui est de notoriété publique, on peut en conclurre le même effet à proportion ſur les éponges des nouvelles Fontaines, puiſqu'elles s'obſtruent ſi fort que cette eau ne filtre plus. L'eau de la riviere les obſtrue bien par la plus grande quantité de ſon limon qui eſt d'une autre nature, mais rarement au point de les obſtruer totalement.

XVII. *Maladies qui peuvent réſulter de l'uſage des eaux d'Arcueil, ſuivant les différentes diſpoſitions des tempérammens.*

D'un vice quelconque des eaux naiſſent à la longue différentes maladies inconnues. On voit des femmes & des filles ſujettes à des obſtructions, d'où a pu naître, comme de pluſieurs autres cauſes, la ſuppreſſion du flux périodique qui entraîne après elle pluſieurs incommodités, comme le dégoût, l'inſomnie, les maux d'eſtomach, les palpitations de cœur, la maigreur, la triſteſſe, les viciſſitudes d'un teint pâle & livide ou trop coloré avec un feu intérieur, qui procédent du trop ou trop peu de circulation du ſang.

On en voit qui dans leurs Provinces buvant de l'eau de certains puits, qui passe dans des tufs ou dans des carrieres de pierre, y étoient sujettes, & même à des convulsions [car le cuivre n'en est pas le seul auteur] procédant de passions histériques que la suppression leur causoit, & qui sont devenues bien reglées à Paris ou dans d'autres pays, en ne faisant usage que de l'eau de riviere ou autre de bonne nature. Peut-être le changement d'air a produit cet effet; mais peut-être aussi que c'est le changement d'eau.

Les hommes ne sont pas invulnérables de ce côté-là. De-là viennent tant de fluets, cacochimes & valétudinaires dans leurs pays, qui changent de tempérammeent dans un autre, où les eaux sont meilleures par la qualité des terreins qu'elles parcourent, ou par la bonté seule de l'air, qui s'insinue dans toutes les parties de celles-ci.

Quoi qu'il en soit de ces différentes causes occultes, qu'on ne décide guère mieux que par des conjectures, on peut cependant assurer probablement, que les personnes sujettes à Paris aux obstructions, à la pierre ou à la gravelle, doivent quitter l'eau d'Arcueil, & ne faire usage que de l'eau de riviere bien filtrée, ou qu'on ait du moins laissé déposer son limon très-long-tems, dans une Fontaine de grai ou dans un Jar. Les personnes, qui ont certaines dispositions dans le sang, ne doivent pas les augmenter par quelque chose d'analogue. Aussi voyons-nous en général que le public préfere l'eau de la riviere à celle d'Arcueil. *

XVIII. *Raisons des critiques sur la préférence des vaisseaux de grai, ou des Jars de Provence, pour y laisser déposer son limon.*

Pourquoi M. Amy semble-t-il convenir ici de la préférence des vaisseaux de grai, ou des jars ? c'est reconnoîtrn qu'ils sont plus sains que les vaisseaux de plomb. Voilà ce que di-

* Plusieurs préferent l'eau d'Arcueil, attendu sa limpidité, & la conservent dans leurs Fontaines de cuivre. Ils ont alors le principe pétrifiant & le verd-de-gris. Une

ſoient dans la naiſſance des nouvelles Fontaines, les chefs de la cabale, & ce que publioient leurs diſciples ou émiſſaires reſpectueux, en jurant ſur les dictons de leur maître; mais ont-ils réuſſi ?

Cependant pour ce qui concerne la préférence alléguée, on ne peut éviter de repéter ici ce qu'on a dit pluſieurs fois ſur le plomb, & voici la réponſe.

Quelques-uns clair-ſemés veulent des jars; mais font-ils mieux? c'eſt ce qu'il s'agit d'examiner, en comparant les nouvelles Fontaines où l'eau ne ſéjourne que très-peu de tems, à ces mêmes jars, où l'eau ſéjourne beaucoup plus, pour y dépoſer ſon limon.

L'eau ſéjourne dans tous les réſervoirs de plomb, publics & particuliers. Elle parcourt de longs eſpaces dans les tuyaux de conduite, formés du même métal. Si cette eau étoit ſuſ-

grande partie de ceux-ci réſiſtent par la force du tempéramment. Une autre partie tombe dans des maladies inconnues, ſouvent incurables. Quelques-uns périſſent dans les douleurs les plus aiguës, bien inſtruits par leurs médecins de la cauſe de leur mort.

pecte,

pecte, les Magiſtrats vigilans preſcriroient l'uſage du plomb, & par la même raiſon celui de l'étaim, qui ne vaut pas le plomb, en ce qui concerne l'uſage de l'eau, comme on le dira ſous les nombres ſuivans XXIII & XXIV.

Suppoſons maintenant, pour contenter les maîtres & les diſciples, qne le long ſéjour & tant d'eſpaces parcourus avec frottement dans les tuyaux, communiquent à l'eau des parties métalliques. Sont-elles nuiſibles par leur qualité ou par leur quantité? où ſont les exemples? *

Le plomb diſſout par les parties ſalines de l'air & de l'eau eſt l'ouvrage de pluſieurs ſiécles. La preuve en eſt ſur les domes des Egliſes, & ſur tous les faitages des maiſons Royales

* On s'en eſt plaint autrefois en Hollande. On prétendoit que les plombs des faitages, qui reçoivent l'eau qui va dans les citernes, cauſoient des coliques; mais outre que ce métal eſt ſans ceſſe à l'air, la nuit & le jour, à la chaleur du ſoleil, aux pluyes, au froid, aux brouillards, [ce qui peut occaſionner une trop grande diſſolution, *lanugo quæ efflorcſcit diutius aëri expoſitum*, comme dit M. Thierry, dans la fameuſe Theſe citée] pourquoi eſt-ce que les mêmes uſa-

anciennes, comme dans les tuyaux de conduite. Cette dissolution, par sa blancheur, imite la couleur du sel de Saturne qui contient même plus d'acide, & qui cependant se donne intérieurement dans plusieurs maladies.*

ges du plomb subsistent toujours dans les villes de cette république ? c'est que l'on a vû que le mal venoit des ustenciles de cuivre négligés, & qu'on n'a jamais fait cette remarque dans les maisons où l'on se sert de marmittes, casserolles, &c. d'argent, de fer ou de terre. Voyez les recueils d'observations périodiques de Médecine, Chirurgie & Pharmacie, des mois de Mars & Avril 1755, pag. 1 & 283. Dans le premier on y voit la These de M. Thierry sur le cuivre, le plomb & l'étaim : dans le second on y voit une dissertation sur ces trois métaux. L'étaim & le plomb ne sont considérés dans ces deux recueils que du côté des acides & non du côté de l'eau naturelle. Voyez encore le même recueil du mois de Novembre 1757, pag. 340, où se trouve une réfutation de la lettre de M. Formey, en forme d'extrait du mémoire de M. Eller. Il se vend à Paris chez la veuve Laguette, rue S. Jacques. Voyez aussi le Journal Etranger de Novembre 1756, pag. 10 & 11, le Mercure de France, Juillet 1753 pag. 5 ; & Mars 1754, pag. 51.

* Ce sucre est bon suivant quelques-uns, pour l'esquinancie, le flux immodéré des

On ne sauroit trop répeter, malgré la critique des œconomes, que le plomb est employé pour préserver de l'air les dents creuses, pour en former des boëtes où l'on conserve l'orviétan & les opiates, pour en former des sondes qui vont dans la vessie, où on les laisse même quelquefois pour le conduit des urines;

menstrues, les hémorroïdes & les dissenteries; cependant les Médecins éclairés & prudens ne font jamais prendre ce sucre intérieurement. Il ne differe de la céruse que parce qu'il contient plus d'acide. Voyez ce qu'en dit M. Lemery dans son Cours de Chymie, chap. du plomb. Pour dissoudre le plomb on se sert du vinaigre, ce qui en augmente les pointes. On fait ensuite dissoudre de nouveau cette céruse dans du vinaigre distillé, & on la dépouille de ses pointes avec de l'eau commune. Reste alors le sel ou sucre de saturne, dont la dose est depuis 2 grains jusqu'à 4. Si après cela les critiques faussement zélés pour la santé publique ne sont pas contens, qu'ils créent au moins un nouveau métal pour les cuisines, pour les réservoirs & les tuyaux de conduites; car leur terre vernissée ne fera jamais fortune en aucun cas, si ce n'est chez les pauvres, les scrupuleux outrés, les œconomes & les avares, qui préférent leur argent au plus essentiel de tous les alimens, qui est l'eau la mieux épurée.

que les balles restent dans les corps des Militaires blessés, d'où on n'a pû les tirer, sans autre incommodité cependant, que celle d'un corps étranger, & qui ne se fait sentir que dans les changemens de tems.

La dissolution du plomb, en quantité suffisante pour nuire au corps humain, semble devoir se faire bien mieux dans l'estomac, par la chaleur de celui-ci & par son suc gastrique qui operent la digestion, & encore mieux par les acides des alimens & du vin, lorsqu'en mangeant du gibier on avale des dragées de plomb.

Quelquefois ces dragées ne pouvant par leur poids remonter vers la valvule du pylore pour passer dans les intestins, restent dans l'estomac suivant la conformation de ce viscere pendant toute la vie, même en assez grande quantité; & ce qui est plus remarquable, sans aucune incommodité. C'est ce qu'on a trouvé dans le tems de l'embaumement du corps d'un grand Prince, fils de France, mort de toute autre cause.

La dissolution très-insensible, dont il s'agit, n'est donc pas à craindre dans le cas présent. 1o. Elle doit être un peu considérable dans les réservoirs & dans les tuyaux, attendu le long séjour & le frottement ; cependant elle est nulle pour la santé, attendu toujours sa très-petite quantité. 2o. L'eau des Fontaines publiques ne sera pas plus impregnée de cette dissolution, pour avoir resté quelques heures de plus dans les Fontaines de plomb. 3o. L'eau puisée dans la riviere même par un porteur d'eau, ne restant aussi que quelques heures dans ces Fontaines, parce qu'on la consume nécessairement dans le jour, ne peut en être impregnée, à moins qu'un Chymiste jaloux de primer, n'y fasse remarquer sans discernement l'infiniment petit résultant de son analyse, & qui se donne, quoique mal à propos à la vérité, & contre le sentiment des Médecins éclairés, en beaucoup plus grande quantité dans les remedes intérieurs. 4o. Enfin pour revenir au point de la prétendue préférence des vaisseaux de grai ou des jars de Provence, pour y laisser l'eau déposer son limon, on peut dire que la terre de grai ne se vitrifie qu'à raison des parties métalliques qu'elle contient, & que les vernis des jars ne se vitrifient aussi, que parce qu'ils sont composés de cuivre, d'étaim ou de plomb.

Or comme les parties salines de l'air & de l'eau mordent à la longue sur les verres * & sur les crystaux, le séjour de l'eau pendant six mois ou un an dans les vaisseaux de grai, ou dans les jars, dissout autant de vernis de cuivre ou autre métal, que de plomb dans les nouvelles Fontaines, où l'eau ne séjourne que quelques heures ; mais l'infiniment petit, toujours incapable de nuire à la santé, se trouvera toujours dans l'un & dans l'autre cas. Tout est poison dans la nature. *Venenum id omne est, quod corpus vincit.* Le pain, le vin & tous les alimens deviennnent poisons par leur quantité. Le verd-de-gris en quantité ordinaire est insensible & souvent nuisible à la longue, suivant la disposition des visceres; en plus grande quantité, il est poison plus ou moins fort.

* Témoins les cloches de verre dans les jardins potagers.

XIX. *Deux Fontaines magnifiques dans le coridor des Convalefcens de l'Hôpital de la Charité, rue des Saints Peres à Paris.*

Rien ne prouve mieux que les confeils du Roi, du Parlement, de l'Académie & de la Faculté de Médecine, ont commencé à produire un effet falutaire, en détournant le public de l'ufage pernicieux des Fontaines de cuivre, que les réformes de quantités de fages citoyens de tous les états, dans Paris & dans les Provinces, même dans les Royaumes étrangers ; ceci eft de notoriété publique. Elle nous apprend que le Roi de Suede a fuivi les confeils de Louis XV. Voyez les mêmes Mercures de France & les recueils cités fous le nombre précédent & mêmes pages dans les notes.

A Paris les artiftes, comme on a dit plus haut, ont fenti eux-mêmes par les accidens funeftes, qu'ils font mieux à portée de découvrir tous les jours, la néceffité de s'en garentir par des doublures de plomb.

Un honnête marchand, jaloux du rétablissement de la santé des pauvres dans l'Hôpital de la Charité, leur a fait présent de deux Fontaines de cuivre doublées de plomb en forme d'urnes extrêmement façonnées, & posées ainsi sur des piedestaux formés de pierre de lierre marbrés, ne faisant qu'un corps avec leurs cuvettes. On y voit derriere les armes de France & de Navarre, cette inscription : *Cette Fontaine a été donnée à cet Hôpital par M. Brocot, l'un des 12 marchands de vin du Roi, en 1759.*

Ces deux Fontaines sont placées aux deux extrémités du coridor des convalescens, où le public peut entrer à toute heure. Elles ont 2 pieds 3 pouces de hauteur, les pieds & les couvercles non compris, & environ un pied & demi de diametre. Elles peuvent contenir environ cinq ou six voyes d'eau, & coutent au donateur 500 écus piéce : apparemment qu'elles sont destinées pour les prisannes des malades; car elles sont sans filtres; peut-être que l'eau d'Arcueil, dont on se sert dans cet Hôpital, n'a pas paru les exiger comme celle de la riviere. Quel que ſoit l'uſage auquel on les deſtine, on peut y trouver des défauts dans la conſtruction & dans l'uſage.

Ces défauts conſiſtent dans les gros robinets qui ſont formés en entier de cuivre, & qui seront ainſi trop chargés de verd-de-gris, par l'action des ſels de l'air & de l'eau, ou de la ptiſanne. Si le cuivre, comme le prétendent quelques-uns [qui ſe trompent pourtant,] ne peut détacher ſon verd-de-gris, tant que les liqueurs ſont en ébullition, il eſt donc certain pour le moins que l'eau froide & les ptiſannes ſans ébullition, quand elles ſont tirées du feu, auront toujours la force de corroder le cuivre, dont le contact ne peut convenir aux malades, ni guère mieux le principe pétrifiant de l'eau d'Arcueil, ſur-tout à ceux qui avant leurs maladies, avoient toujours fait uſage de l'eau de la Seine dans des pots de grai. Ce double changement ne paroît pas favoriſer le rétabliſſement parfait de la ſanté, ſi on conſidere d'un côté, la préférence que le public, grand juge, donne à l'eau de la Seine ; & de l'autre, le jugement du grand Boerhaave, cité à la tête de la premiere Partie de ce livre.

M. Amy auroit imité volontiers ce louable donateur, en donnant au même Hôpital des Fontaines de son invention, de la contenance de 12 voyes, si on n'y faisoit pas usage de l'eau d'Arcueil. Pour prouver cependant que ce n'est point ici une échapatoire de sa part, il s'oblige volontiers en faveur des pauvres du premier Hôpital de Paris, qui se presentera faisant usage de l'eau de la Seine pour les prisannes des malades & pour la boisson des convalescens, de lui en faire construire deux à ses seuls frais, sans toucher aux fonds d'une Compagnie qu'il ne peut connoître ni déliberer à cet égard avec elle. Ces deux Fontaines, qui imiteront les sources & les effets de celles-ci, seront destinées, suivant le jugement de Messieurs les Médecins, l'une à épurer l'eau plus parfaitement que dans aucune Fontaine connue, pour les deux usages ci-dessus, & l'autre, dont l'eau sera également très-limpide, pour fournir l'eau médicinale aux mêmes convalescens travaillés d'obstructions & autres maladies, où les mêmes maîtres de la santé les jugeront plus nécessaires. C'est avec l'auteur de la nature que M. Amy stipule ici; *promittis?* voilà la demande: voici la réponse de M. Amy; *promitto.* Il y a donc maintenant une stipulation parfaite & irrévocable, & il n'est point d'anonymes avares ou prodigues sans discernement, qui puissent s'y opposer.

XX. *Origine des pierres poreuses à Paris.*

Si la limpidité de l'eau suffisoit toute seule pour exciter à la boire, l'eau d'Arcueil rempliroit assez cette vûe, presque dans tous les tems de l'année; mais quantité de gens craignent son principe pétrifiant, & préferent ainsi avec raison l'eau de la riviere. Cette eau cependant a besoin d'être filtrée, parce qu'elle n'est jamais exactement limpide, attendu le mélange continuel des immondices de Paris, & qu'assez souvent elle est plus ou moins trouble pendant l'hyver & le printems.

Voilà pourquoi bien des personnes se servoient de pierres poreuses, l'une sur l'autre. Il en est même encore quelques-unes qui s'en servent pour la faire filtrer goutte à goutte. Mais c'est toujours tomber dans le Silla pour manquer le Charibde. On veut éviter le principe pétrifiant de l'eau d'Arcueil & on le trouve, dans ces sortes de pierres tendres & dissolubles, puisque ce n'est, comme on a déja dit, qu'à raison de ces deux qualités qu'elles filtrent l'eau. Le principe pétrifiant n'est pas à la vérité si considérable, même à beaucoup près que celui de l'eau d'Arcueil, qui parcourt de grands espaces de pierres ; mais il existe toujours suivant le sentiment de plusieurs Médecins du premier ordre, qui ont condamné l'usage des pierres poreuses.

XXI. *Maniere de renouvelier l'eau de la table dans les nouvelles Fontaines.*

Si on soutire toujours de la loge du premier filtre pour la cuisine, l'eau de la table séjournera sans être jamais assez renouvellée, sur-tout si on ne la soutire que pour boire dans un ménage composé de peu de personnes.

Ce renouvellement se fait en soutirant d'abord en entier cette eau tous les matins, pour les besoins de la cuisine, dont le premier est le potage. Dans les maisons où ce potage demande plus d'eau, que n'en contient la loge du second filtre destinée pour la table, il faut achever de remplir la marmitte de celle du premier filtre destinée pour la cuisine. Il s'en filtrera toujours assez pour la table, si on n'en soutire plus du second filtre jusqu'au diner, pourvû toujours que la Fontaine soit proportionnée aux besoins journaliers; car si elle est trop petite, la premiere loge se trouvant toujours épuisée pour les besoins de la cuisine, la seconde ne recevant plus rien, ne fournira rien aussi.

XXII. *Expérience d'une eau épurée par trente filtres différens & indissolubles, à l'exception de deux.*

L'eau de la Seine est excellente

ſoit par ſa qualité tirée d'elle-même ou de ſon mélange avec pluſieurs autres eaux qu'elle reçoit, ſoit par ſon mouvement continuel. Il s'agit ſeulement de la purifier avec toute l'exactitude que les gourmets n'ont jamais éprouvée, & que la nature ſeule nous apprend.

Pluſieurs buveurs d'eau, parmi leſquels quelques gens de qualité, ou autrement curieux de propreté, ou infirmes, ont sû que M. Amy faiſoit travailler à une Fontaine compoſée de 30 filtres différens, dont 28 ſimples & homogenes de leur nature, du moins à l'épreuve de l'eau, & 2 diſſolubles qui ne ſervent qu'à la purifier encore mieux, & même à augmenter les parties ſalubres qu'elle contient.

Les uns lui ont fait l'honneur de le venir voir, les autres lui ont écrit à ce ſujet, les derniers principalement, fondés ſur les principes de M. Boerhaave, & dans l'eſpérance qu'ils ont conçue qu'une eau auſſi épurée pourra les ſoulager dans leurs infirmités; ils lui ont même offert de payer tous les frais qui pourroient ſe faire à cette occaſion.

M. Amy, qui n'a pas l'honneur de les connoître n'en ayant vû que quelques-uns & une ſeule fois, les prie ici de lui écrire avec mention de leurs noms, de leurs qualités & de leurs demeures. Il leur annonce en même tems qu'il ſe fera un honneur & un vrai plaiſir de faire diſtribuer cette eau *gratis*, à leurs domeſtiques, qui viendront la chercher dans des bouteilles de verre bien propres & pour leur boiſſon ſeulement. Il la fera puiſer au-deſſus de la Rapée, pour éviter les mauvaiſes diſſolutions qui proviennent des immondices de Paris, & qui échapent à tous les filtres; mais il les prie de ne pas augmenter leur nombre par celui de leurs amis. Ils comprendront bien que la choſe ne ſeroit plus poſſible, & qu'ils ſe feroient manquer eux-mêmes de ce qu'ils ont demandé : une Fontaine ſeule, ſi grande qu'elle ſoit, ne pourroit jamais ſuffire pour fournir de l'eau dans Paris à tous ceux qui entreroient dans leur goût.

Cette eau portée au dernier degré poſſible de limpidité, ſera très-légere, très-ſaine & agréable à boire;

* mais la Fontaine & les filtres ne pourront être en état que dans le courant de l'année prochaine, peut-être plus tard, supposé qu'il y ait des opposi-

* Il seroit à souhaiter que l'on put avoir une eau très-épurée, tant pour la boisson que pour la préparation des alimens. Il n'est pas à craindre, comme ont dit quelques critiques, que les filtres retiennent les parties salubres de cette eau; car ces parties sont en nature d'eau, qui traverse ainsi les filtres les plus puissans. Ceux-ci peuvent bien lui ôter l'air; mais on sait que l'eau de Sablieres en Lorraine, puissamment filtrée par la nature des terreins qu'elle parcourt, reprend son air en tombant de quatre pouces de hauteur. Ainsi l'eau des nouvelles Fontaines, dont les filtres d'ailleurs n'ont pas la même force, reprennent leur air qui est une de ses parties salubres, en tombant des robinets dans une marmitte, dans une cruche, dans une caraffe, ou dans un verre. L'eau se saoule de sel, & vient au point de ne pouvoir plus le dissoudre: de-là on peut conclure que l'eau, bonne de sa nature & la plus épurée, est la plus propre pour la coction des alimens sur le feu, & dans l'estomac pour la digestion, par la plus grande aptitude qu'elle a alors à pénétrer les corps. Les éponges des nouvelles Fontaines qui imitent les filtres, que l'auteur de la nature a mis dans le corps humain, en fournissent une preuve. Une eau limpide les traverse & n'y peut former des

tions, ou que les Magiſtrats veuillent faire examiner la nature des filtres: peut-être auſſi que cet examen ſera fait, avant que cette nouvelle ſorte de Fontaine paroiſſe.

L'objet de M. Amy n'étoit d'abord que de joindre aux expériences publiques annoncées plus haut celle du lavage des Fontaines, ſans toucher aux filtres, dont il eſt fait mention dans le précis hiſtorique des nouvelles Fontaines. Mais comme la même dépenſe pourra ſervir pour cette expérience & pour celle de l'eau épurée par les trente filtres dont il s'agit, on y appellera les perſonnes qui ont trouvé la propoſition folle, & même impoſſible; du moins elles pourront y venir pour argumenter ou ſoutenir leur theſe: on mettra leur argument par écrit, & en même tems la réponſe, pour donner plus d'autenticité & de poids à l'un ou à l'autre.

obſtructions de long-tems. L'eau de la Seine les traverſe en s'épurant; mais elle les obſtrue plutôt ou plus tard, ſuivant l'état de cette riviere.

XXIII. *Suite de la même expérience au moyen de deux Fontaines, l'une d'étaim & l'autre de plomb, dont on fait voir la différence.*

M. Amy fera joindre à la grande Fontaine destinée à l'expérience du lavage sans toucher aux filtres, comme on a dit, deux Fontaines à droite & à gauche par des tuyaux de communication, dont l'une à droite sera d'étaim, & l'autre à gauche sera de plomb, comme celle du milieu ; ensorte que les trois n'en feront plus qu'une seule en quelque façon.

On soutirera ainsi l'eau à droite & à gauche, afin que l'assemblée puisse faire la comparaison des différens brillans de l'eau, de l'odeur & du goût. Il n'y aura dans celle d'étaim, formée suivant le nouveau méchanisme, que du sable à l'ordinaire de celles de l'ancien, pour la justesse de l'expérience : on verra en même tems l'effet du sable fin, dont l'étaim se trouvera incrusté & corrodé, & la façon du lavage sans toucher aux filtres.

XXIV. *Eau noire, effet de la rouillure de l'étaim.*

Les Fontaines d'étaim jettent une rouillure blanche qu'on n'apperçoit guère sur la même couleur de ce metal, à moins d'y faire attention, ou d'y passer la main ou du drap noir, mais qui est aussi considérable que celle du plomb. Elles sont également employées dans la médecine, * avec cette différence, que les Fontaines d'étaim [ce métal ne se couvrant jamais d'aucun émail qui le préserve de cette rouille,] jettent toujours ce blanc qui devient noir ensuite par son

* Le cuivre est employé aussi dans la Médecine contre plusieurs maladies; mais ce n'est pas la dissolution du métal, car elle est toujours un poison des plus forts, suivant la dose. On donne seulement l'esprit du cuivre qui n'est qu'une distillation de ce métal crystallisé, & non les sels qui restent & qu'on peut revivifier en cuivre. La Médecine employe donc les sels de l'étaim & du plomb, mais elle n'employe que l'esprit du cuivre réduit à une dose fixe, c'est ce qu'il faut bien distinguer, pour ne pas blâmer l'autorité qu'on tire ici des usages de la Médecine. Voyez le même Cours de Chymie de M. Lemery, chap. du cuivre.

séjour dans l'eau, & rend celle-ci noire à son tour; c'est ce qui lui donne assez souvent mauvaise odeur & mauvais goût. C'est la remarque des personnes, qui effrayées avec raison par les avis de la Faculté de Médecine contre le cuivre, avoient d'abord acheté à grands fraix, & sans réflexion, des Fontaines d'étaim de l'ancien méchanisme, qu'elles ont revendues ensuite pour avoir de celles de la manufacture.

C'est encore la remarque que peuvent faire quelques personnes qui en ont actuellement, lorsqu'elles les feront laver intérieurement, après en avoir fait ôter le sable, & les avoir fait essuyer avec un drap noir. *

Voilà pourquoi les nouvelles Fontaines formées d'étaim n'ont pas eu la vogue, parce que le public qui devient toujours le plus grand juge avec le tems, sçait avec ce tems distinguer le mauvais, le bon, le médiocre & le meilleur.

* On doit frotter le plomb légerement avec une éponge, ou avec du linge propre pour ne pas excorier l'émail du plomb, quoique d'ailleurs assez dur.

XXV. *Effet différent de la rouillure du plomb.*

Le plomb laminé employé à la construction des nouvelles Fontaines, ne jette guère ce blanc que lorsque dans la fonte on y a mis du vieux plomb chargé de soudures d'étaim, peut-être mêlé avec des marcassites : ces rencontres sont assez rares. Dans ce cas cependant les Fontaines formées de plomb ainsi mêlé par hazard avec quelques parties d'étaim impur, perdent en fort peu de tems dans les parties toujours couvertes d'eau, la disposition qu'elles ont à jetter cette rouillure blanche, en se couvrant, comme celles formées d'un plomb pur, d'une espéce d'émail obscur tirant sur un brun sombre ou un peu noirâtre. C'est cet émail qui les défend de cette rouille, indifférente d'ailleurs par sa qualité, jointe à sa très-petite quantité, & qui fait que l'eau des Fontaines de plomb s'y conserve extrémement limpide, à la faveur des filtres d'éponges, qui lui donnent cette limpidité.

XXVI. *Autre cauſe du noir de l'eau.*

Le noir de l'eau procéde encore d'autres cauſes que de la rouillure de l'étaim ; par exemple, remuez avec un bâton le fond d'un baſſin, dans lequel depuis long-tems il y a de la vaſe ; remuez la boue du bord des marres, des ruiſſeaux ou des rivieres, dans les endroits ſur-tout où l'eau s'y trouve ſans mouvement. Vous verrez une couleur noire ; vous ſentirez une mauvaiſe odeur, & conſéquemment un mauvais goût.

La boue qui ſe trouve dans le fond des meilleurs puits dans les provinces y devient noire, & donne enfin un mauvais goût à l'eau. C'eſt alors qu'on appelle des vuidangeurs pour les faire récurer. Le noir eſt donc dans la rouillure de l'étaim comme dans la boue & preſque dans toutes les corruptions. Il n'eſt point dans l'eau, mais celle-ci le produit par la diſſolution & la putréfaction de certains corps qu'elle touche long-tems. L'étaim produit cet effet ; le plomb ne le produit pas. Il ſuffit de renvoyer à l'expérience les personnes qui voudront être mieux instruites de la raison de cette différence, assez expliquée d'ailleurs, dans des cas indifférens pour la santé, par l'émail qui se forme sur la surface du plomb, & dont l'étaim n'est pas susceptible, si ce n'est de l'incrustation du sable fin qui le détruit & le perce à la longue.

XXVII. *Comparaison d'un puits à une source, à une Fontaine publique & aux Fontaines filtrantes quelconques, servant à connoître la nécessité de la filtration continuelle & du mauvais goût de l'eau, lorsque cette filtration a cessé pendant trop de tems.*

Les puits fournis dans les Provinces par les meilleures sources, sont sujets à donner un mauvais goût à l'eau; ce qui oblige de les faire récurer par intervalles. Cet inconvénient n'arriveroit point, si quand on a creusé un puits, & qu'on a trouvé une source apparemment suffisante, on étresillonoit les terres pour les ſoutenir pendant les ſécherelles de l'été, & vérifier par ce moyen ſi la ſource ne tarit point.

Dans ce cas on peut bâtir, en obſervant de ne plus creuſer au-deſſous du niveau de la ſource; mais ſi celle-ci tarit, on doit creuſer plus profondément, juſqu'à ce que l'on ait trouvé une ſource intariſſable. On peut alors bâtir le puits en toute ſûreté, & y jetter enſuite deux pieds de gros graviers de riviere. Or voici le profit de cette précaution, qui a ſon rapport à toutes les Fontaines domeſtiques quelconques.

Le premier puits, creuſé plus bas que le niveau de ſa ſource, contient une eau qui eſt toujours la même en deſſous de ce niveau: car dans cet eſpace plus bas, l'eau ne pouvant y entrer ne peut en ſortir. C'eſt donc toujours la même eau, & une eau dormante, qui participant du terrein & de la batiſſe qu'elle touche, acquiert enfin ce goût de puanteur, qui oblige à récurer le puits, pour vuider cette eau dormante, qui par ſon mouvement inteſtin communiquoit ſes vapeurs à celle du deſſus.

Le

Le ſecond puits ne contient jamais une eau dormante, parce qu'en y puiſant l'eau de la ſurface, elle eſt ſur le champ remplacée par celle du fond, qui filtre en montant au travers du gravier. [Ceci prouve en paſſant que le gravier qu'on met dans les jars & qui n'eſt point un filtre dans ce cas, eſt abſolument inutile.] Ces puits ainſi bâtis n'ont jamais beſoin d'être récurés, à moins qu'on n'y ait jetté des corps gras & de mauvaiſe odeur: encore, pluſieurs de ces corps lavés ſans ceſſe par une nouvelle eau, deviendront inſipides ſi le puits eſt fort fréquenté.

Il en eſt de même des ſources à fleur de terre dans les champs, & des Fontaines publiques, où l'eau eſt toujours renouvellée.

Par la même raiſon, toutes les Fontaines domeſtiques quelconques ne donneront jamais aucun goût, ſi on a ſoin de renouveller & de ſoutirer l'eau journellement. Elles donneront toutes un mauvais goût, de quelque filtre qu'on ſe ſerve, ſi on ne renouvelle pas l'eau, ſi on ne les ſoutire pas aſſez, ſi on les laiſſe fermenter à ſec trop long-tems, ſi les filtres ſont tellement obſtrués par la vaſe, que l'eau ne les traverſe plus ou aſſez, ſi dans une cuiſine étroite elles manquent d'air, ſi cet air eſt chargé de fumée ou des vapeurs graſſes ou huileuſes des alimens, ou trop chaud par la proximité des fourneaux ou de la cheminée; ſi enfin on y laiſſe tomber du bouillon, des ſauſſes, du lait, de la purée, de l'huile & tous autres corps gras ou malpropres.

Tous ces cas ſont arrivés par les ſuggeſtions des critiques ou de leurs émiſſaires, la plûpart intéreſſés à faire tomber les nouvelles Fontaines; [ceci s'entend] mais la malice a été découverte. Les maîtres ont été convaincus de la cabale; & toutes ces pratiques ſourdes n'ont ſervi qu'à manifeſter la ſimplicité * & l'utilité de l'invention. Il eſt tems que l'impoſture cede à la vérité, le danger à la sûreté, & le poiſon, dont il n'y a que trop d'exemples, à la ſanté publique.

* L'Arrêt de l'Académie n'étant que la ſuite de pluſieurs années d'expériences devient abſolument irrévocable.

XXVIII. *Expériences simples & décisives sur le filtre de l'éponge, dans un puits ou dans une Fontaine.*

Jettez dans un bon puits, tel qu'on vient de décrire & fort fréquenté un chapelet d'éponges, dans l'état où elles sont venant de la mer. Attachez-les avec une corde, pour pouvoir les en tirer quand vous voudrez; goûtez l'eau une heure après, vous appercevrez d'abord le goût de l'éponge; mais ce goût diminuera tous les jours, jusqu'à ce que l'eau de ce puits toujours nouvelle, les aura tellement édulcorés, qu'elle n'aura plus d'autre goût que l'insipidité qui lui est naturelle.

Autre expérience plus facile & plus courte: préparez vos éponges comme il a été dit sous le nombre XL. premiere partie: suspendez-les de même dans l'eau du même puits; elles seront nulles pour le goût.

Autre encore plus courte & plus facile: mettez une de ces éponges préparées dans une bouteille pleine d'eau. Ne buvez d'autre eau que celle-là, en faisant toujours remplir votre bouteille, selon votre besoin; vous ne trouverez jamais aucun goût.

Autre expérience: mettez quelques éponges, telles qu'elles viennent de la mer, dans une Fontaine de cuivre, nageantes dans l'eau sale au-dessus du sable. Faites percer cette Fontaine dans le fond en y faisant un trou d'une demi-ligne de diametre seulement, afin que l'eau qui filtre s'échappe sur le champ: pour cela il faut placer la Fontaine sur une rigolle, pour n'être pas incommodé de cette fuite d'eau.

Ayez ensuite un porteur d'eau, qui vienne plusieurs fois dans le jour remplir cette Fontaine; goûtez l'eau d'abord, elle aura mauvais goût, mais sans aucun danger, si ce n'est de la Fontaine de cuivre, dans le cas où elle seroit couverte de verd-de-gris. Faites-en soutirer une bouteille; revenez-y le lendemain, tenant toujours la Fontaine pleine d'eau; vous trouverez une grande diminution du goût du jour précédent. Faites soutirer le second jour quatre bouteilles, une à six heures du matin, une à midi, une à six heures du soir & une à minuit. Faites étiqueter par des chiffres toutes vos bouteilles, en suivant l'ordre des tems auxquels on les aura remplies. Goûtez l'eau dans ces différens tems, vous trouverez toujours successivement une diminution du goût.

Le lendemain, faites soutirer une bouteille d'eau à toutes les heures du jour, ayant toujours soin de les étiqueter par une suite de chiffres : goûtez l'eau toutes les fois, vous trouverez toujours la même diminution du goût par dégrés. Continuez de jour en jour, jusqu'à ce que vous ne trouviez plus aucun goût. Soutirez alors une bouteille sans l'étiqueter, pour ne pas la confondre avec les premieres étiquetées par des chiffres.

A cette bouteille sans étiquette joignez-en trois autres, l'une de l'eau d'Arcueil, telle qu'elle vient des tuyaux de la Ville, étiquetée du mot *Arcueil*; l'autre d'une Fontaine de cuivre sablée à l'ordinaire, étiquetée du mot *Cuivre*, & la derniere d'une Fontaine d'étaim également sablée, étiquetée du mot *étaim*.

Appellez ensuite le premier déclamateur contre le filtre de l'éponge. Obſervez de lui faire goûter ſans aucun ordre des tems l'eau de toutes les bouteilles, tenant cependant chacune, l'une après l'autre dans un petit ſac, qui ſervira ſucceſſivement pour cacher les étiquettes; marquez celles qu'il dira filtrées au travers des éponges, sûrement il prendra Paris pour Corbeil.

On parle ici de cette expérience particuliere, quoique beaucoup plus longue que la préparation ordinaire des éponges, pour confondre les mauvais critiques avec leur maître, & pour leur faire voir que ſi dans le cas préſent il faut long-tems pour édulcorer les éponges, il en faut beaucoup moins pour la préparation ordinaire; car on peut au beſoin dans un vaiſſeau plein d'eau, les préparer en deux heures parfaitement, en les preſſant ſans ceſſe & renouvellant toujours l'eau. On le peut en moins de tems, dans l'eau courante d'une riviere, d'un ruiſſeau, ou ſous le tuyau d'une Fontaine publique ou particuliere. Il ne faut pour lors que recevoir l'eau dans ſes mains & preſſer l'éponge à chaque inſtant. Une heure ſuffit dans ce dernier cas.

XXIX. *Concluſion de tout cet ouvrage à l'égard des nouvelles Fontaines.*

Acheter une ou pluſieurs Fontaines, proportionnées aux beſoins journaliers de la cuiſinė, de l'office & de la table; préparer les éponges par pluſieurs lavages en trois jours, en deux ou en une heure de tems, comme on vient de dire; les renouveller au beſoin; faire filtrer ſans ceſſe pendant le jour, c'eſt-à-dire ſoutirer les eaux filtrées à fur & à meſure des beſoins journaliers; ne faire laver les Fontaines & les éponges que lorſqu'elles ne fourniſſent plus aſſez pour leur deſtination particuliere; c'eſt en ſubſtance tout ce qu'elles demandent, pour éviter le goût de fermentation, commun à toutes les Fontaines filtrantes quelconques.

Les perſonnes qui peuvent placer une Fontaine, hors & à portée cependant de leurs cuiſines, [ſuppoſé que cette Fontaine ſoit aſſez grande pour en ſoutirer l'eau avec des cruches de grai, & garnir ainsi avec beaucoup plus de propreté les autres pour l'office & pour la table *] peuvent alors en estimant la dépense d'eau pour ces deux derniers usages, éparg-

* Les fumées du feu, des viandes, des ragouts & des potages, ôtent quelquefois à l'eau un peu de son insipidité naturelle, & la rendent fade. Ce goût corrigé par le feu n'est pas perceptible dans les alimens; mais on peut l'appercevoir en buvant un verre d'eau. Une Fontaine placée hors de la cuisine n'est point dans ce cas, lorsque par la distribution intérieure d'un bâtiment, la chose est possible; par exemple, si derriere une cuisine il y a une piéce, d'où l'on puisse en perçant le mur, faire sortir les robinets d'une grande Fontaine à deux filtres de sable & un d'éponges; ce qui est arbitraire & n'éxige qu'un robinet pour l'eau filtrée, & un pour la non filtrée, destinée pour tous les lavages indépendans de la préparation des alimens.

De cette pratique en naîtroient ces autres avantages. Le premier que les Fontaines de l'Office & de la table n'auroient besoin d'être lavées que dans le cas du renouvellement des éponges, l'eau se trouvant déja filtrée, & conséquemment exempte de la vase qui les obstrue trop tôt dans les tems d'hyver où l'eau de la riviere est bourbeuse ou imprégnée du fin limon de la Marne; & le second, qu'en donnant aux éponges de la Fontaine destinée pour la table, un dégré de pression un peu plus fort qu'à l'ordinai-

ner dans l'achat de celles-ci, qui étant moindres ne seront pas si cheres, & avoir en même tems des eaux toujours battues & doublement filtrées, plus utiles ainsi à leur santé, comme plus épurées & plus légeres, brillantes dans les verres comme dans les caraffes, & par conséquent plus agréables à boire.

XXX. *Moyen facile pour suppléer au défaut actuel du puits de l'Ecole Royale Militaire, suivant l'exigence du cas.*

Le magnifique puits de l'Hôtel Royal de l'Ecole Militaire paroît encore donner un goût fade à l'eau qu'on trouve même un peu dure. MM. les Directeurs ont fait venir les nouvelles Fontaines dont ils se servoient à Vincennes. Ils envoyent maintenant chercher l'eau à la Seine pour l'y faire filtrer, & s'en servir pour la table seulement, en attendant que le

re, elles retiendroit tous les corps invisibles qui sont dans l'eau, & qui pourroient avoir échappé aux filtres de la grande Fontaine de cuisine.

goût du terrein qui se communique à l'eau depuis cette riviere jusqu'à l'Hôtel, soit effacé. Peut-être que le puits est creusé plus bas qu'il ne faut; peut-être aussi que le terrein composé d'un mélange de tuf, de sable, d'argille & de différentes terres ordinaires, est en cet état une source incorrigible: * si ces défauts se trouvent dans deux ou trois ans d'ici, il y aura bon moyen de fournir à l'Hôtel l'eau très-épurée en tout tems sur la riviere même, & de l'y faire parvenir par un tuyau de conduite, pour tous les besoins des cuisines & des tables de l'Hôtel; même dès à présent, pour prévenir l'incertitude de la vie, M. Amy, s'il a des ordres supérieurs, fera travailler à un modéle très-simple, avec des filtres nouveaux, & conformes aux principes de l'Académie, pour que MM. les Directeurs puissent le faire imiter dans la suite, suivant l'exigence du cas, & après en avoir fait examiner l'utilité.

* Le goût fade en est imperceptible; mais la qualité en est suspecte, par les raisons qu'on dira bien-tôt.

XXXI. *Bateau à filtration, perfectionné pour le même objet, & pour l'utilité des villes où les porteurs d'eau vont puiser dans les rivieres.*

M. Amy avoit eu l'honneur de présenter à MM. de l'Académie Royale des Sciences, deux bateaux joints ensemble, pour filtrer l'eau sur la riviere même : il n'avoit pas encore eu le tems de perfectionner cette invention, qui fait cependant partie des utilités en plusieurs rencontres mentionnées dans le premier certificat de MM. les Commissaires. * Aussi l'Académie ne voyant pas encore cette perfection dont elle est si jalouse, pour obvier aux mauvais succès & aux inconvéniens auxquels le public seroit

* Ce certificat est rappellé dans les Lettres Patentes, à la suite de l'Avertissement, pag. xxiij. Sa teneur est : *l'Académie a jugé, que la proposition de M. Amy sera susceptible d'utilité en plusieurs rencontres ; & cela d'autant plus que les petits vaisseaux, qu'il prescrit pour les usages domestiques, pourront être faits de plomb ou de terre, ce qui donnera aux gens les plus pauvres la commodité de s'en servir.*

exposé, ne voulut pas permettre l'enrégistrement du Privilege exclusif que M. Amy avoit obtenu à cet égard. Feu M. de Reaumur & M. de Fouchi, derniers Commissaires nommés, conseillerent donc à celui-ci de s'en departir, sauf de le perfectionner & de le proposer dans un autre tems; ce qui fut consenti & suivi de l'enrégistrement du Privilége pour tous les autres genres d'utilité des nouvelles Fontaines.

Depuis lors M. Amy a eu le tems de perfectionner : ce qui n'étoit point parfait en 1745, se trouve parfait aujourd'hui en 1759, & peut se proposer moyennant l'expérience, du moins, pour l'utilité de l'Hôtel Royal de l'Ecole militaire, supposé qu'on y soit obligé à l'avenir pour la santé de MM. les Eleves, dont quelques-uns sont tombés malades en différens tems : c'est ce qui fait soupçonner le puits d'être la source de ces maladies. On peut donc appliquer ici la vérité du jugement de M. Boerhaave cité à la tête de la premiere Partie de ce Livre. L'utilité pour les villes où les porteurs d'eau vont puiser dans les rivieres, paroîtra mieux, si le Roi en approuve l'établissement & l'usage. La ville de Paris & autres dans le même cas pourront alors suivre, sans crainte d'être trompées, l'exemple & l'expérience d'une Maison Royale.

L'objet particulier pour les villes dont il s'agit, est essentiel dans les tems où les rivieres sont bourbeuses, [ce qui dure quelquefois tout l'hyver, quand il est pluvieux.] Les porteurs d'eau remplissent alors les Fontaines de limon & de boue; ce qui oblige de laver le sable des Fontaines de cuivre plus souvent, sans compter le danger du poison & le désagrément de voir à table, dans les caraffes & dans les verres une eau blanchâtre & savoneuse, qui résulte toujours de ces sortes de Fontaines, ce qui n'arrive point cependant avec l'addition des éponges bien appliquées dans les nouvelles.

Plusieurs autres utilités résulteront des bateaux à filtration, dont M. Amy s'est départi; mais il faut attendre la volonté du Roi pour les proposer claires & nettes sans opposition.

Au surplus la proposition paroîtra

plus évidemment profitable au public qu'à l'inventeur, qui préfere ici au commerce de la Manufacture, l'utilité publique en faveur des œconomes, de beaucoup d'ouvriers & du vulgaire de Paris, dont les citoyens qui le composent & qui sont le plus grand nombre, pourront faire usage de l'eau telle qu'elle viendra des bateaux, vendre ainsi leurs Fontaines de cuivre & se servir de celles de grai sans filtres, ou de pots à beurre.

C'est ici un avantage plus grand qu'on ne pense encore, pour la commodité de ceux qui ont acheté de nouvelles Fontaines, qui se trouveroient toujours exemptes de vase; car elles pourroient aller une année sans y toucher, dans le plus grand nombre des cuisines de Paris, où la consommation d'eau n'est pas immense, & six mois au moins pour les autres, quelque soit la dépense d'eau.

L'autre objet est de conserver dans le peuple, qui est le séminaire des soldats, principalement les femmes & les enfans, dont la tissure fine & délicate les rend plus susceptibles des impressions du poison des Fontaines de cuivre.

Parmi plusieurs exemples d'accidens funestes, causés par le cuivre, dans le peuple négligent & ignorant, on ne citera ici que celui du nommé Jacques Bordier, dans la rue Baffroi fauxbourg S. Antoine, près la barriere de Fontarabie. L'avant dernier carême il a diné en compagnie de six, femme & enfans, ils ont été enterrés tous le lendemain. Voilà beaucoup de soldats nés, mais qui n'en feront plus naître. Tout dépend du moment où le poison est parvenu à sa dose, ou de la disposition des visceres.

XXXII. *Moyen pour sçavoir si le défaut du puits de l'Ecole Royale Militaire vient de la nature du terrein, & s'il aura de la durée.*

L'eau du puits de Bicêtre est bonne. Celle de l'Hôtel Royal des Invalides l'est aussi, du moins on ne s'en plaint pas. Il n'y a donc qu'à sçavoir si ces eaux ont été fades & de mauvaise qualité après la construction de ces puits. Cela peut se trouver dans les archives de ce dernier hôtel, & dans celles de Bicêtre.

S'il a fallu peu de tems pour édulcorer le terrein, & que l'eau en ait paru telle qu'elle est aujourd'hui, le plus long tems employé à l'Hôtel Royal de l'Ecole militaire, prouveroit une nature de terrein ou plus difficile à édulcorer par le tems plus long, ou incorrigible.

Si ces puits ont été dans le même cas que celui dont il s'agit, on peut esperer que le tems en sera le remede.

Si on consideroit que la bonté du puits de Bicêtre peut venir non-seulement d'un meilleur terrein, mais de l'exemption des immondices de Paris, il resteroit toujours une question problématique, qui est de sçavoir, pourquoi en supposant le terrein, qui va de la riviere au puits de l'Hôtel Royal des Invalides, aussi bon que celui de Bicêtre, les immondices des bateaux des blanchisseuses, de l'Hôtel-Dieu & des égouts qui suivent les bords de la riviere, ne fournissent pas une filtration égale à ce dernier Hôtel, & à celui de l'Ecole militaire. Il faut donc dans le cas où les deux premiers puits se seront trouvés bons peu de tems après leurs conſtructions, que les terreins en ſoient meilleurs; & quoique celui des Invalides ſoit aſſez voiſin de celui de l'Ecole Royale militaire, la différence des veines du terrein peut cependant ſe trouver dans celui-ci, & conſequemment la différente qualité de l'eau, ſoit que les diſſolutions des immondices de Paris pénétrent plus facilement le terrein qui va au puits de l'Ecole militaire, ſoit que le défaut ne vienne que de la nature particuliere de ce terrein trop composé.

XXXIII. *Inconvénient très-remarquable venant de la ſituation du bateau joignant le Pont-Royal, vis-à-vis la rue du Bacq, où vont puiſer les porteurs d'eau.*

Le bateau, dont il s'agit, ſe trouve ſur les bords de la riviere, & reçoit directement, non-ſeulement les immondices de l'Hôtel-Dieu, qui ſuivent toujours les bords, mais encore l'eau foulée aux pieds des chevaux dans l'abreuvoir près le Pont-neuf, toutes les ordures des linges, des ſavonages, des baquetures des bateaux des blanchisseuses, comme des autres grands bateaux de commerce entre les deux ponts, & des égouts des rues depuis le Pont-la-Tournelle jusqu'au bateau dont il s'agit.

Toutes ces ordures, qui rendent assez souvent l'eau noire, ne peuvent encore que suivre les bords, se trouvant refusées par le courant de la riviere, qui du milieu repousse tout ce qui est hors de sa plus grande vitesse. Conséquemment cette eau ne peut être que mal saine & beaucoup plus prompte à s'empuantir, par la rétention & le dépôt de tant de matieres étrangeres, dans toutes les Fontaines filtrantes ou sans filtres.

Si l'eau pour les usages domestiques n'étoit pas le premier capital de la santé, & même de la vie; si elle ne s'empuantissoit pas, si elle conservoit toujours son insipidité naturelle, sans exciter des plaintes de la part des porteurs d'eau les premiers, & des maîtres qu'ils servent, on pourroit appeller les réflexions suivantes de la belle ou mauvaise dissertation; mais elles sont trop importantes, parce que tout ce qui intéresse la santé, la propreté & la commodité publique, eſt toujours très-important.

Les inconvéniens qui naiſſent de la ſituation du bateau en queſtion, ſont 1°. que les porteurs d'eau ſont obligés de ceſſer de puiſer de l'eau lorſque le commis logé dans un bateau voiſin, s'appercevant du trouble ou de la noirceur de l'eau par pluſieurs différentes cauſes, leur ferme le paſſage du bateau en ôtant les planches.

2°. Que ces pauvres gens, qui ne ſont pas moins des citoyens néceſſaires, ceſſent de gagner leur vie, ou gagnent moins dans ce cas.

3°. Que les maîtres ou les cuiſiniers leur font des reproches de fainéantiſe, ou d'en ſervir d'autres préferablement à eux, ce qui fait un flux & reflux de bonne & de mauvaiſe eau, de plaintes reſpectives, & de porteurs d'eau pris, repris, querellés & congédiés.

4°. Que les maîtres ou leurs cuiſiniers dans ces cas manquent de leur proviſion ordinaire d'eau, & ſont obligés d'envoyer ou d'aller chercher d'autres porteurs d'eau, dans les rues: ils n'en trouvent pas même quelquefois dans certaines heures du jour.

5°. Que si le commis manque de fermer assez tôt le bateau, lorsque l'eau se trouve noire & plus corrompue qu'à l'ordinaire, les maîtres reçoivent dans cet intervalle une eau toujours plus mal saine & moins claire, consequemment plus désagréable aux yeux & au goût, même plus dangereuse dans les Fontaines de cuivre, où le sable ne peut suffire pour retenir toutes ces mauvaises teintures noires, extrémement divisées, & qui passent alors au travers de ce sable.

6°. Que cette eau étant impregnée d'une infinité de corps étrangers plus ou moins acres & corrosifs, ont plus d'action pour mordre sur le cuivre, & en détacher le verd-de-gris, surtout en s'accumulant peu à peu, pendant six mois ou un an, dans le sable des Fontaines formées de ce métal, *

* Si les parties acres & corrosives doivent être considérées, ou comme dissoutes & réduites en nature d'eau, & absolument imperceptibles [c'est alors qu'elles passent au travers de tous les filtres des Fontaines & de ceux du corps humain, avec la dissolution du cuivre qu'elles ont occasionnée dans leur passage, un peu plus grande que celle qui s'y fait toujours par le passage

que plusieurs maîtres ne font laver que lorsqu'ils s'apperçoivent d'un goût trop fort, ou lorsqu'elles ne donnent plus assez d'eau.

7°. Que les maîtres qui se sont munis de nouvelles Fontaines dans le quartier du Pont Royal, quoiqu'exemptes du danger du verd-de-gris, peuvent trouver du goût dans une eau, quoique plus limpide, par les raisons qu'on a observées ci-devant dans la premiere Partie, & qui sont inévitables dans l'ordre de la nature, comme on le verra encore mieux sous le nombre suivant.

8°. Que dans les tems où le même bateau se trouve ouvert après la cessation du noir de l'eau, les immondices de l'Hôtel-Dieu & des bateaux des blanchisseuses & autres, sont toujours

& le séjour de l'eau exempte de tous ces mauvais principes] ou comme corps non dissous encore, qui s'accumulent tous les jours dans le sable, & qui ayant plus d'action par leur séjour, augmentent le verd-de-gris & communiquent à l'eau les mauvais effets venant plus ou moins du contact d'un métal rédoutable, & trop souvent funeste, comme il a été dit, suivant la disposition des visceres.

les mêmes, ce qui eſt dégoutant, & même incompatible avec la propreté & la ſanté; car ce n'eſt point là cette bonne eau, dont parle M. Boerhaave dans l'endroit cité. Il n'y a donc que les bateaux qui paroiſſent ſaillir au-delà des bateaux des blanchiſſeuſes, qui puiſſent être d'une véritable utilité, abſtraction faite toujours du verd-de-gris des Fontaines de cuivre.

La navigation eſt le principal objet des Magiſtrats politiques, préferable à celui des bateaux des porteurs d'eau; mais ne pourroit-on pas en établir deux ou trois ſuivant le beſoin, dans tous les endroits où il y en a un, au-devant des bateaux des blanchiſſeuſes? Deux ou trois dans une même ligne ne gêneroient pas, ce ſemble, la navigation plus qu'un ſeul. Ne pourroit-on pas encore ne faire qu'un ſeul bateau, deux ou trois fois plus long, avec deux avenues, ou une ſeule plus large pour le paſſage libre des porteurs d'eau allants & venants?

A la vérité ce projet en général peut être ſuſceptible de difficulté, vû peut-être ſon impoſſibilité tirée de la plus grande néceſſité d'une libre navigation ; mais la réflexion a paru juste à l'égard du bateau du Pont Royal : il n'y auroit, pour s'en convaincre, qu'à rassembler le témoignage des porteurs d'eau qui sont destinés à y puiser, & des maîtres plaignans qu'ils pourront indiquer. Voilà un corps de temoins, qui par leurs qualités la plûpart distinguées, leur jonction & leur nombre font un objet digne d'attention. Ne pourroit-on pas encore appuyer ce bateau sur l'éperon voisin de la premiere pile du pont ?

XXXIV. *Même inconvénient de la part des Charretiers domestiques, principalement des porteurs d'eau qui vont remplir leurs tonneaux du côté de la Place Royale de Louis XV, ou dans les endroits abordables dans Paris, depuis l'Arcenal jusqu'à la Place de Greve.*

Lorsque ceux-ci ne sçavent pas placer leur charrettes, les inconvéniens détaillés sous le nombre précédent ne sont pas les mêmes à la vérité, pour ceux qui vont puiser vis-à-vis la Place Royale de Louis XV; mais il s'en trouve de mal avisés qui remplissent leurs tonneaux de l'eau presque dormante & du limon des bords.

Ceux qui vont au port S. Paul, ou à la Greve, sont un peu plus exposés aux immondices des bateaux des blanchisseuses & du limon des bords; mais ils sont exempts des immondices de l'Hôtel-Dieu, dont l'idée seule engloutit le cœur.

Ceux qui vont au-dessus du pont la Tournelle, n'ont aucunes immondices que celles qu'ils mettent dans leurs tonneaux, en puisant l'eau trop près des bords. On pourroit citer ici plusieurs exemples de l'inconvénient des tonneaux des Charretiers porteurs d'eau: il suffira cependant d'en citer deux, pour aviser les personnes qui peuvent se trouver dans le cas.

Le premier est arrivé chez M. le comte de Sauzeval, qui après avoir acheté une fontaine de plusieurs voyes d'eau de contenance, & en avoir trouvé l'effet & l'usage très-agréable pendant huit jours, s'apperçut tout-à-coup d'une couleur noire & d'un goût détestable.

Ce Seigneur envoya sur le champ un

un de ses gens à la Compagnie, pour demander qu'on vinsse à son château de la Villette, où il faisoit sa résidence dans la belle saison, voir sa Fontaine & remédier à la couleur & au goût de son eau.

Sur le champ un ouvrier fut voir ce que c'étoit, il trouva effectivement tous les défauts annoncés. Il crut d'abord qu'on avoit laissé tomber quelques malpropretés dans cette Fontaine. Il la dégarnit, la lava & ensuite le sable & les éponges, & la remit en état de faire son effet. Quelques jours après, mêmes inconvéniens : M. le Comte de Sauzeval vint alors au magasin, avec une Dame de ses parentes, se plaindre amérement de la tromperie qu'on lui avoit faite, & demander que la Compagnie reprisse sa Fontaine, en lui rendant le prix qu'il en avoit payé. Avoit-il raison ? oui & non.

On eut l'honneur de lui répondre qu'une invention éprouvée par-tout, dans Paris sur-tout, après plusieurs années d'expériences, de la part des personnes les plus en état d'en juger, n'étoit point au cas d'en accepter la reprise & la restitution du prix ; que ſurement il y avoit chez lui quelque mal-intentionné, ou quelque défaut qui ne venoit point de la Fontaine, & que dans le cas où celle-ci feroit elle ſeule la premiere & l'unique ſource du défaut, on la reprendroit en lui rendant le prix; on fit plus: car la Compagnie sûre de ſon fait, offrit à ce Seigneur de recevoir la Fontaine contentieuſe, pour en faire l'expérience dans le Magaſin devant lui & la Dame ſa parente, pendant autant de jours qu'ils voudroient; que ſi le noir & le goût reparoiſſoient, la Compagnie garderoit la Fontaine & rendroit le prix au double [offre que M. le Comte de Sauzeval, rempli de ces ſentimens & de cette délicateſſe, que doivent avoir les perſonnes de ſon rang, n'auroit point acceptée, & qu'il ne conſidéra que comme la plus forte aſſurance, qu'on pouvoit lui donner d'un défaut étranger à la conſtruction de ſa Fontaine,] *envoyez moi donc encore un ouvrier*, répondit-il fort poliment, *pour examiner la cauſe du défaut; je payerai toutes les dépenſes que la Compagnie ſera à ce ſujet.*

M. Amy ne ſe contenta pas d'y envoyer. Piqué de curiosité par le récit d'un pareil phénomène, il monta dans une voiture & fut le même jour à la Villette. Il trouva en effet une eau noire & détestable dans la Fontaine en question ; mais il apperçut dans une des cours du Château une charrette & un tonneau, qu'on lui dit être destinés pour aller chercher l'eau à la riviere & en garnir cette Fontaine.

Voilà le défaut trouvé, dit-il à M. le Comte de Sauzeval & à l'ouvrier qui l'avoit précédé, muni de ses outils & d'une serrure, pour aller à toutes fins. *Dégarnissez cette Fontaine*, dit-il à ce dernier, *lavez-la avec de l'eau bouillante, lavez bien le sable, changez les éponges*, [elles étoient noires comme de l'encre, par le limon noir puisé sur les bords de la riviere,] *mettez votre serrure, dont vous remettrez la clef au maître d'Hôtel, & recommandez-lui d'ordonner au charretier qu'il fasse avancer sa charrete le plus avant qu'il pourra dans la riviere, & qu'il tienne ses tonneaux propres.* * Cela fait & observé il n'a plus été

* Les tonneaux de quelques porteurs d'eau plus avisés, & qui ont la précaution

question ni de couleur ni de goût, & l'eau a toujours été très-belle & très-limpide.

Le second exemple est arrivé à M. le Clerc, Commis au bureau des voitures, rue de Bracque, près l'Hôtel de Soubise; même plainte, même remède & même guérison comme dans tous les autres exemples qu'il seroit inutile de citer.

XXXV. *Fontaine filtrante à fond de calle dans un Vaisseau de Roi, & Ventilateur nouveau avec utilité pour tout un équipage, & rendre le Vaisseau meilleur voilier.*

M. Amy, en suivant les rencontres prévues par l'Académie, a donné dans un dernier livre intitulé, *Suite des*

d'avancer dans la riviere, n'ont pas le tems de s'empuantir. En hyver le froid en empêche la fermentation. En été ils travaillent du matin au soir. Le renouvellement continuel est donc le remède qui n'est point dans les tonneaux domestiques. Ceux-ci se corrompent dans les intervalles de leur inaction, & communiquent à l'eau, dont ils sont remplis une ou deux fois par semaine seulement leurs saletés, leur corruption & leur mauvais goût.

nouvelles Fontaines filtrantes, dédié à M. de Senac, premier Médecin du Roi, le dessin d'une Fontaine suspendue par une double charniere à fond de cale dans un vaisseau, pour fournir une eau filtrée à tout un équipage sain ou malade; il en avoit fait porter le modéle à feu M. de Reaumur, qui l'approuva beaucoup, & lui inspira d'aller chez un de MM. les Académiciens dont il ne rappelle pas le nom; ce dernier qui apparemment pouvoit juger de sa place sur la possibilité d'un pareil établissement, ne s'expliqua point; il repondit seulement qu'on avoit mis des ventilateurs dans quelques vaisseaux allants à Pondichery, pour renouveller l'air, & conserver ainsi par sa pureté la santé de l'équipage; mais qu'il avoit été fort surpris au retour de ces vaisseaux qu'on n'eut pas daigné s'en servir; qu'ainsi on pourroit bien en faire autant de la Fontaine proposée à fond de cale.

M. Amy, qui ne pouvoit avoir en ceci d'autre vûe que le bien du service du Roi, comprit alors qu'il étoit inutile de suivre plusieurs objets à la fois, la vie étant trop courte bien souvent pour en établir même un seul : aussi a-t il abandonné plusieurs autres objets, dont il avoit déposé les dessins au secrétariat de l'Académie, pour ne suivre que celui des nouvelles Fontaines, indépendantes de tous les autres méchanismes détaillés dans ce dernier livre. Il faut être jeune & puissamment riche pour avoir une patience ruineuse en pareil cas, & toujours inévitable ; elle est même nécessaire à la sagesse des jugemens de l'Académie, qui ne fait jamais rien sans connoissance de cause, & sans de longues expériences dans les cas nouveaux qui les exigent. *

Que cette Fontaine soit adoptée ou non, ou telle qu'elle est avec ses ac-

* La découverte du spalme, pour garantir les vaisseaux, des vers & de la pourriture du bois, a resté 25 ans en expérience avant le Privilége exclusif, dont l'Auteur n'a pas même eu le tems de jouir. Il y a des cas cependant qui n'exigent pas de si longues expériences ; mais il faudroit cent ans pour faire les expériences de plusieurs découvertes à la fois. Par exemple celle des fumifuges, qui exige de grimper sur les toits, de la jeunesse, du risque & des fraix, exigeroit plus de tems qu'il n'en reste pour vivre, à un inventeur trop usé & trop âgé,

cessoires, ou perfectionnée par d'autres dans la suite des tems, pour pouvoir en faire usage, il est toujours certain que le mauvais air du fond de calle communique à l'eau une qualité plus mauvaise encore que celle qu'elle acquiert dans les barriques par la nature du bois qui tend à la corruption. Les vermines qui s'y engendrent, & qui rendent l'eau jaunâtre, bourbeuse & de mauvais goût, étoient le sujet d'une de ces rencontres prévues par l'Académie : il aura ou n'aura pas lieu, si on juge dans ce dernier cas qu'il ne suffit pas de filtrer l'eau & de la rendre limpide, exempte des vers & autres dissolutions du bois, mais qu'il faut en ôter le mauvais goût ; chose absolument impossible.

On peut bien diminuer le goût & la puanteur, mais on ne peut pas les effacer en entier : la limpidité de l'eau & la diminution de ces deux défauts seroient cependant profitables pour la santé ; car si dans le plus le moins s'y trouve, on ne peut pas retourner la phrase.

Il reste cependant toujours la nécessité des ventilateurs, qui en chassant le mauvais air, contribuent néceſſairement à mieux conſerver l'eau dans les barriques. Ils ſont même reçus & pratiqués aujourd'hui en France & en Angleterre ; leurs méchaniſmes ſont pourtant différens ici, ce ſont des machines qui pompent l'air intérieur, & en le rejettant font entrer l'extérieur : là, c'eſt le feu qui raréfie l'air épais & corrompu, & attire ainſi le nouveau.

Ce ſont donc des machines qui occupent de la place & des hommes, qui coutent, qui s'uſent & qu'il faut renouveller, ou du charbon ou du bois, qui ſont ſujets aux mêmes inconvéniens.

Or on peut ſans machines, ſans feu, ſans mains d'hommes, ſans aucune dépenſe, renouveller l'air du fond de calle, & par-tout où beſoin eſt, plus puiſſamment, plus vîte & avec continuité. M. Amy en fera conſtruire le modéle en même tems que celui des bateaux à filtration, & il oſe aſſurer qu'il ne ſe trouvera perſonne qui puiſſe en prouver l'inutilité, la gêne, l'embarras & l'impoſſibilité. Rien n'eſt ſi ſimple & ſi facile dans l'exécution ; même les vaiſſeaux ſeront meilleurs voiliers.

Du reste quel intérêt peut avoir ici M. Amy? aucun, si ce n'est la santé des marins, & le bien du service du Roi. Il en est de même des bateaux à filtration dont on vient de parler, qui n'ont d'autre objet que la propreté, la délicatesse & le goût des citoyens. Il s'en trouve cependant qui pensent que l'eau de la Seine est meilleure, & même médicinale, à raison du mélange des immondices dont on a parlé.*

Cette opinion, comme l'on voit, est visiblement opposée au bon sens, aux principes naturels & connus de tout le monde, au jugement des plus grands Physiciens, aux remarques de M. Boerhaave qu'on ne peut trop citer & à l'usage presque général des Fontaines filtrantes. Elle trouve cependant des partisans aujourd'hui, parce qu'il y a des Fontaines nouvelles qu'il faut combattre. Voila donc le fruit de la nouveauté : il n'en est presque point qui ne fassent naître des opinions dignes des Petites-Maisons.

* On conçoit d'abord, que le peuple confond l'eau des lavemens dans une seringue, avec celle de la table dans un verre.

XXXVI. *L'eau de la Seine, du Rhône, de la Saone & autres rivieres où les porteurs d'eau vont puiser, pourroit-elle se conserver dans des vaisseaux de bois vernissés ?*

Le plomb n'a qu'un défaut ; c'est qu'il exige plusieurs autres matieres, des façons multipliées & autres dépenses considérables dans la construction des nouvelles Fontaines : voila ce qui a mis de si mauvaise humeur les associés anonimes, dont il est parlé dans l'Epître dédicatoire. Comment faire pour éviter ces dépenses, attirer les acheteurs par le bon marché & voir enfin venir ces grands profits [imaginaires en l'état des choses,] qui ont été l'unique objet de ces anonimes ? le voici.

Un Médecin de poche, inconnu à M. Amy, Ultramontain sans doute, & sans grade, [du moins à Paris, car il se vante d'avoir trouvé la médecine universelle, du reste, qui fait sentir dans la conversation, comme disent quelques-uns, qu'il a de l'esprit;] ce Médecin avoit proposé un vernis gras, fait avec une huile fœtide, qui selon lui seroit merveilleux pour supprimer les dépenses du plomb & de l'étaim : il prétend en avoir fait l'expérience sur des vaisseaux formés de bois de chêne ; mais ne serois-ce point ici un membre ou un espion de la Compagnie anonime ? En attendant qu'il paroisse pour donner ce secret essentiel, & exclure le plomb, il est bon de le prévenir, 1o. que le bois de chêne travaille quelquefois, suivant les secheresses ou les humidités des tems froids, pluvieux ou chauds, même suivant les vents.

2o. Qu'il ne peut en renflant ou se resserrant [effets qui sont insensibles] déranger ni féler le plomb laminé, & qu'il n'en seroit pas de même de son vernis nécessairement sujet à se fendre dans ce cas, malgré le plus petit effort du bois.

3°. Que le public refuseroit ce vernis déja refusé comme tous les autres enduits, par l'Académie des Sciences, sur-tout n'en sçachant point la composition, ce qui rendroit le secret plus ruineux qu'utile, à moins qu'il n'en fasse l'expérience devant les membres de cette Académie, pour obtenir un privilége exclusif & particulier en faveur de sa Compagnie.

4o. Que ce vernis seroit peut-être plus cher que le plomb, comme sujet trop souvent à réparation dans les cas des fêlures trop fréquentes, suivant les variations des tems.

5o. Qu'il faudroit trop d'ouvriers pour ne rien faire de bon, ce qui seroit contraire à l'œconomie de la Compagnie anonime.

6o. Qu'on ne pourroit y appliquer solidement ni filtres ni robinets.

7o. Que tous les vernis faits à l'huile, de quelque nature qu'elle soit, sont sujets à la dissolution, & à donner du goût.

Que le Médecin de poche applanisse ces difficultés; qu'il travaille pour le seul profit de sa Compagnie anonime, supposé [ce qui est très-apparent] qu'il soit du nombre des associés.

A l'égard de M. Amy il ne suivra jamais d'autres méchanismes que ceux dont l'Académie a vu & fait l'expérience pendant plusieurs années: cependant il consent à rompre la société dès aujourd'hui, & permet ici aux anonymes de faire travailler de leur côté comme lui du sien. Deux manufactures séparées feront le même effet pour eux qu'une seule indivisible ; ce ne seroit plus alors qu'un droit égal & particulier aux deux manufactures indépendantes l'une de l'autre : cet arrangement conviendroit même au public, qui auroit le choix du bon & du meilleur.

XXXVIII. *Véritable objet & faute remédiable par les Associés à leur seul profit.*

On a vu plus haut que ces associés masqués n'ont eu rien moins en vûe que le bien public & celui de M. Amy. *Auri sacra fames*, voila le vrai ; c'est l'or & l'argent qui les a fait parler si affectueusement dans le principe, croyant avoir trouvé une source de ces métaux précieux.

Les feintes caresses, & le caractère compatissant affecté aux yeux d'un inventeur utile pendant les poursuites d'un privilége, ne coûtent rien ; elles marquent seulement l'avarice dissimulée, l'injustice, l'avidité & le désir médité d'en profiter, au préjudice de cet inventeur, qui a ſacrifié ſon tems, ſon état, ſes forces & ſon bien.

Les louanges continuelles dans les mêmes tems [par paroles des préſens, ou par écrit des abſents] ſur l'utilité, ne coutent pas davantage & ne prouvent pas moins.

Certaines offres indécentes, même inſultantes, font fremir un galant homme, qui conſerve toujours des ſentimens dans la plus grande adverſité. [M. Amy les paſſe ſous ſilence.]

Certain conſeil préliminaire pour ſolliciter & intéreſſer dans la choſe un des plus riches particuliers du Royaume, n'eſt qu'une feinte qui fait pitié, maintenant que le rideau eſt tiré.

Certain déguiſement pour empêcher d'aller à la découverte, pour cacher ainſi & faire réuſſir le projet de la ſociété dont il s'agit, eſt odieux & très-repréhenſible.

Certaines promeſſes inſpirées à un protecteur de bonne foi, qui ſe trouvoit ſans aucune vûe d'intérêt indigne de ſa délicateſſe, & qui n'a promis ainſi des fonds que parce qu'il a été trompé lui-même, font une fourberie dès plus condamnables ; certains conseils pieux sur la vanité de ce monde, & sur les ombres fugitives sont le comble de l'hypocrisie. [M. Amy ayant affaire à des inconnus, qui l'ont calomnié & vexé en secret dans le tems des contestations, est fondé ici pour son honneur & celui d'une invention très utile, détenue dans les bornes d'un simple essai combiné de bien loin & inattendu, * d'employer une légitime défense, pour désabuser les personnes qui peuvent avoir été prévenues contre sa probité, par les faux rapports des anonymes.]

Voilà les appas & les ruses de ces associés cachés, sans noms, sans domiciles connus, qu'on a jugé bon, pour la paix, de ne pas faire connoître à M. Amy. Celui-ci ne peut même blamer une conduite aussi sage. Ce sont des mystères à la vérité, pour lui comme pour le public, mais nullement pour eux. On ne leur présente donc ici tous ces problêmes, que

* Ceci est implicitement prouvé par la contexture du premier acte de société. Les fonds, les réserves & les articles sont relatifs aux 30000 liv. dont on a parlé.

pour les engager à paroître ou à les résoudre.

Cependant ces hommes masqués doivent avoir des fonds, sur-tout se trouvant plusieurs : habiles comme ils paroissent dans l'art de dissimuler & de s'enrichir [quoique tous les moyens n'ayent pas le même succès] ils doivent avoir de l'or & de l'argent dans leur coffre fort ; [ce que ne peut avoir un inventeur excédé, qui compte n'avoir reçu qu'une très-petite somme, dont l'application a été faite à sa portion des fonds, après avoir fourni vingt fois plus du sien.]

Qu'ils ne s'obstinnent donc pas à refuser de rompre la société : ils ne peuvent disconvenir, qu'il dépend d'eux de faire travailler à leur gré & sans inquiétude, même que M. Amy leur a offerts tous les fonds existans. Ce n'est qu'alors que se trouvant maîtres dans l'exploitation libre d'un Privilége divisé, par ce moyen, guéris de tous soupçons & de toute tentation de tendre des piéges à un associé qu'ils connoissent, & que celui-ci n'a jamais connu, ils pourront aviser aux moyens de percevoir ces grands profits, dont l'appas leur a fait faire tant de fautes contre leur intérêt & celui d'un inventeur utile, beaucoup plus à plaindre qu'eux sans contredit.

Mais il faut que ces anonymes bannissent toutes les craintes puériles & mal entendues de ceux, qui sans assureur n'osent s'embarquer trop avant dans le commerce, principalement toute avarice, qui est la peste de ce dernier. Leur dessein d'œconomiser est excellent, mais encore faut-il qu'ils mettent des fonds tels qu'il faut.

Ces anonymes verront alors que l'argent seul bien employé fait l'argent, pourvû qu'avec la même œconomie ils sçachent briller, s'étendre suivant l'intention du Roi dans les principales villes du Royaume, faire belle contenance dans les tems infructueux, & donner du bon. L'entreprise [au lieu d'un vernis suspect de vision, que l'antipode de la sage œconomie leur faisoit imaginer contre l'intérêt du public] ne demande que du plomb laminé, de l'étaim fin, du bois, du fer-blanc, des robinets, une fayancerie, une poterie, une fonderie, des tours, des moules, des ouvriers en nombre suffisant pour le service public, des commis, des atteliers, un logement convenable & un magasin bien exposé, bien assorti & bien orné, avec un Suisse à la porte. Voila comme les inventions sures attirent le public sans lui en imposer. On le voit bien : les anonymes ont pensé que des profits on feroit tous ces établissemens : quelle erreur ! oui, dans un siécle. M. Amy cependant leur a préparé les voyes parmi les ronces & les épines, qu'ils auroient du voir, étant natifs de Paris suivant toute apparence, mieux qu'un étranger tel que lui, sur-tout celles qu'ils lui ont jettées furtivement dans son passage. Ils y sont pourtant encore à tems ; qu'ils sçachent du moins en profiter. Que veulent-ils faire avec leurs fonds? veulent-ils avec un pistolet porter aussi loin, & faire autant de fracas, qu'avec un canon de quarante-huit livres de balle ? *

* Avec un peu de culture & peu de semence, dont les oiseaux peuvent même enlever partie, peut-on d'un mauvais champ, adossé à une montagne qui regarde le nord, attendre raisonnablement une abondante récolte? C'étoit à peu près la question, entre M. Amy & les anonymes.

XXXIX. *Mauvais dessein & conduite des anonimes contraires à M. Amy, aux intentions du Roi, du Parlement & de l'Académie, & à l'extension d'une découverte très-simple & très-utile en plusieurs rencontres. Conseil aux inventeurs utiles à venir.*

M. Amy gêné par des fonds très-insuffisans, & par des oppositions sur tout point, n'a pu encore donner au public que le plus nécessaire pour les cuisines & les offices; mais que ne lui reste-t-il pas à faire pour achever ce que l'Académie a jugé susceptible d'utilité en plusieurs rencontres ? c'est ce que sa Majesté a voulu applanir & accélerer par les nouvelles Lettres du 22 Décembre dernier, C'est ce qui prouve encore qu'elle a considéré l'indécence d'un pareil établissement, & la nécessité d'une Compagnie nouvelle, en état de mettre en valeur un privilége, dont elle approuve toujours plus autentiquement l'utilité.

C'est ici que les anonymes s'écrioient, disant que M. Amy a toujours de grandes idées, c'est-à-dire, des visions; mais outre que c'est blâmer les rencontres prévues par l'Académie en plusieurs cas, & en éluder l'extension par défaut de confiance sur des jugemens aussi respectables, [ce qui n'est du tout point censé, & prouve leur avarice très-mal entendue] d'ailleurs M. Amy n'en impose pas, on en voit les preuves dans ce livre, & on en verra bien d'autres dans un tems plus heureux, si la mort ne le prévient. Mais comment s'y prendre aujourd'hui dans un établissement aussi singulier que celui-ci? n'est-ce pas manquer de discernement & de justice que d'en oser soutenir la raisonnable possibilité?

Du reste si les anonymes avoient fourni leurs petits fonds, quoique sous le masque, mais du moins sans aucune vue mercenaire, uniquement par grandeur & noblesse d'ame, par amour pour l'utilité publique, au risque de tout évenement, en faisant cependant veiller, sans aucun piége, & sans complot à huis clos, au bon emploi de leurs fonds, ils se seroient immortalisés. Voila alors des citoyens respectables & très-fondés dans ce ſeul cas à tancer M. Amy d'ingratitude, en le convaincant de mauvaiſe foi & de ſouſtraction des profits. Mais quelle différence de ces vûes avec les leurs ? N'ont-ils pas fait d'abord tout ce qu'ils ont pu pour l'induire à erreur, pour l'écraſer enſuite & ſe rendre les maîtres de ſes longs travaux, de ſon bien le mieux acquis, le moins ſuſpect de toutes voyes obliques ?

Voila pourquoi après leur eſſai ils faiſoient dire à M. Amy, à peu près comme diſent les enfans qui jouent à la fauſſette, *Nous ne voulons pas perdre, nous ne jouons plus ; rendez-nous nos fonds, ou vendons toutes les Fontaines & tous les autres effets de la Manufacture, & payez-nous le ſurplus, s'il en manque ; il faut que notre argent ſe trouve* : prenant enſuite avec beaucoup de diſſimulation un air plus doux, ils faiſoient dire : *Vendez-nous donc votre privilége, nous ne travaillons que pour votre bien, & en voici la raiſon*, ajoutoient-ils, *c'eſt que vous n'aurez plus rien à craindre quand nous ſerons les maîtres ; en cette qualité nous fournirons alors tous les fonds néceſſai-*

res. C'est ainsi qu'ils vouloient aider M. Amy à tromper des créanciers, qu'il a satisfaits par des cessions qu'ils ignorent, à la réserve d'un seul qu'il espere d'acquitter bientôt, & d'un autre qui a trop de noblesse pour l'inquietter avant le tems. * Ne réussisant pas à tirer parti d'une proposition si captieuse & si mal réflechie, ils revenoient aux ménaces & aux injures.

Vous êtes un ingrat, faisoient-ils dire à M. Amy, *nous sommes vrais, très-vrais & plus vrais que vous. Que vous importe de nous connoître par nos véritables noms, nos qualités & nos demeures? nous ne vous avons pas moins rendu service : ainsi nous voulons rompre la société, nous le pouvons : jusqu'au moindre de vos meubles tout nous appartient*, [ce qui étoit très faux]. Ces anonymes se fondoient ici sur la maxi-

* Un Président qu'on ne nomme point, écrivit une lettre à M. Amy, il y a environ un an, dans laquelle il marquoit qu'on lui avoit dit que la Manufacture des Fontaines faisoit de grands profits, & qu'ainsi il le prioit de penser à ce qu'il devoit. M. Amy eut l'honneur de le voir & de l'instruire. Il vit ce digne Président qui sentit les auteurs de l'avis, & lui dit de se tenir tranquille.

me de la loi, *Nemo detinetur in communione invitus* : on le voit, ils vouloient se rendre maîtres du privilége, pour le faire fructifier à leur gré.

Tout beau, leur faisoit-on dire en dernier lieu, sans se mettre en peine de leurs calomnies, *ce n'est point ici le cas ; lisez votre acte de société, tout réflechi, tout combiné qu'il a été de votre part dans vos premieres assemblées à huis clos : lisez bien, vous y trouverez outre les preuves de votre injustice & de votre duplicité, que la société dure malgré vous jusqu'à l'expiration de son tems, sauf les fonds existans alors, si petits qu'ils soient ; que vous en avez empêché le plus grand succès, en y fermant la porte à tout bailleur de fonds, même que vous y avez prohibé les emprunts nécessaires, & prescrit des conditions que vous n'avez jamais exécutées. Vous avez bien fait naître à table des moyens d'emprunter, même de vendre le privilége, mais comment ? vous le sçavez, & M. Amy ne le sçait qu'à présent, en combinant le présent avec le passé. Hé bien*, faisoient-ils repliquer, *rendez compte de votre administration. Le voila*, leur faisoit dire

M. Amy, *bien circonstancié ; rendez compte de la vôtre au sujet des fonds, que vous dites lui avoir remis pour employer dans l'entreprise.*

Ce compte, comme on a dit plus haut, étoit difficile, obscur, en blot, sans détail & sans récépissés, du moins assez pour le solder, conséquemment impossible. Il fallut donc céder à la justice & à la vérité, & passant l'éponge sur tous forfaits, faire revivre le premier acte, tout mal fait qu'il est, par un second ; mais celui-ci ne vaut pas mieux que le vernis œconome du Médecin de poche, dont nos anonymes inconnus vouloient faire la régle d'une affaire publique, mais comment ? contre les jugemens de l'Académie en faveur du plomb seulement, de l'étaim & de la terre. * Le spalme

* Ces matieres signifient toutes celles qui sont saines & possibles, comme le *ferblanc*, la *porcelaine*, la *fayance*, le *verre*, l'*or* & l'*argent*, &c.

Si l'Académie n'a parlé que de trois matieres, c'est parce qu'elle les a considérées comme les plus possibles & les moins cheres, pour la commodité & les différentes facultés du Public en général ; mais elle n'a pas entendu restraindre M. Amy, ni l'empêcher de faire employer les autres matieres plus ma-

dont

dont on se sert aujourd'hui pour les terrasses, pour les reservoirs & autres usages que celui des cuisines &

gnifiques, lorsque leur cherté ne sera pas un motif pour détourner les acheteurs qui seront en état d'en faire la dépense. [c'est ce que feu M. de Reaumur & M. de Fouchy, les deux derniers Commissaires nommés, lui ont dit dans le tems, lorsqu'il a eu l'honneur de les voir pour se plaindre à eux des difficultés qu'il rencontroit.]

Les anonymes doivent savoir que l'Académie ne rend jamais des jugemens qui puissent impliquer contradiction; pour le moins qu'il faut la consulter sur les faits, dont elle est juge souveraine, suivant la régle *ejus est interpretari cujus est condere.* Elle ne peut donc pas avoir entendu approuver le bon & blâmer le meilleur. Des jugemens de cette espece ne conviennent ni à ses lumieres, ni à l'utilité & commodité publiques : conséquemment elle ne peut pas avoir entendu, par un renversement de sagesse, que les autres matieres, dont elle ne parle pas, étoient destinées pour un autre privilégié qui viendroit dans la suite lui présenter d'autres Fontaines nouvelles & plus utiles.

En attendant, ce qui n'arrivera jamais, elle auroit donc voulu gêner le public & l'inventeur [unique pour le présent] & cela pour le seul avantage des Ferblantiers, qui ont voulu sans titre, mais qui ne peuvent jamais imiter des ouvrages nouveaux & pri

F

des offices, ne vaudroit-il pas mieux? S'il pue, du moins il est solide; mais le vernis proposé ne l'est du tout point,

vilégiés, sans s'exposer à l'amende, comme tous les autres ouvriers.

Reipublicæ prodest, Mihi prodest. Tibi non nocet, C'est le bien public, la récompense d'un privilégié qui ne vous nuit pas [C'étoit la défense de M. Amy contre les Ferblantiers.] En effet aucune communauté n'avoit jamais connu ni pratiqué le méchanisme des nouvelles Fontaines. *Nusquam visum.*

C'est encore le motif d'une foule d'Arrêts rendus en pareil cas entre les communautés de Paris, [lorsque celles-ci ont été jalouses les unes des autres, pour l'emploi des matieres & des outils] & qui ont toujours jugé, que les matieres & les outils nécessaires pour perfectionner les ouvrages propres à chaque art en particulier, sont communs & exemts de saisie. *Series rerum perpetuo judicatarum.* C'est la régle uniforme & constante de l'Académie & du Parlement, qui la confirme toujours.

Pourquoi donc les anonymes ont-ils empêché secretement pendant plusieurs années le jugement du procès contre les Ferblantiers, dont on va parler bientôt? Pourquoi refuser de faire ordonner par un Arrêt interlocutoire, le renvoi à l'Académie pour donner son avis? c'est qu'ils ont consideré les jugemens respectables de cette derniere, & les Arrêts confirmatifs de la Cour comme

& pue également. Que le Médecin de poche prouve qu'il ne pue pas, il ne prouvera jamais la solidité, ni la

des jugemens incertains & fautifs, ou sujets à contrariété; mais le pouvoient-ils sans mépris, sans dérision, sans déraison, sans injustice, sans une avare crainte de perdre un excellent procès, ou du moins sans consultation précédente, & sans abuser de la situation d un inventeur excédé? bien plus: jouant leur protecteur, plein de religion, de justice, de générosité & de bonne foi, ils se sont servis de lui pour faire donner à M. Amy le conseil le plus captieux & le plus propre à lui faire comprendre, qu'il ne devoit pas se flatter d'avoir les fonds verbalement promis.

Le privilege, lui faisoient-ils dire, *est la terre commune entre vous & votre associé.* [Ils vouloient parler de celui qui par bonté, & sans y entendre du mal, avoit bien voulû paroître dans l'acte de société & agir seul pour eux, sans aucune vûe de profits: l'essai, qu'ils vouloient faire, avoit donc été leur unique objet, pour aller ensuite plus loin eux seuls, à la faveur de tout ce qu'on a dit plus haut.] *Il faut cultiver ce privilége*, lui faisoient-ils dire encore dans une lettre, dès le commencement, suivi du succès; *il faut gagner, sans dépenser l'argent à des ornemens inutiles*: ensorte que selon eux, il falloit satisfaire les yeux du public par des ouvrages hideux, comme par exemple le bois vernissé; mais comment gagner? compossibilité d'y appliquer des filtres & des robinets. De bonne foi est-ce ainsi qu'on peut faire des loix contraires à

ment cultiver, sur-tout avec des fonds sans preuves, du moins exténués & dilapidés, & après l'annonce de la suppression des autres fonds verbalement promis pour l'appas? ils ont cependant senti la vérité de leurs promesses verbales & littérales, quoique détruite par une contre lettre; ils ont promis quelques fonds peu de tems après le premier Acte, & par une lettre, où ils faisoient dire que *sous huit jours ils fourniroient, & que personne n'étoit plus embarrassé, que ceux qui devoient délier les cordons de la bourse;* mais en ont-ils comme des premiers fonds une preuve aussi complette qu'ils le pensent? du reste ces fonds exténués ne suffisant point, quelle a été leur défaite? *Ils ne sont pas écrits*, ont-ils fait dire en dernier lieu par devant les arbitres.

Les succès, c'est-à-dire l'approbation subite du public [car il faut distinguer cette premiere sorte de succès d'avec les profits] dépendent toujours des fonds & de la forme d'un établissement. On vient de Fontainebleau à Paris en très-peu de tems; mais il faut des cavaliers & des chevaux anglois. Ce succès donc ne peut venir que de la solidité des jugemens de l'Académie, toujours infaillibles avec le tems; mais il est des tems & des conjonctures fâcheuses pour le commerce, où pour le moins il faut connoître ses affaires, & c'est à quoi l'Académie ne peut apporter du remède.

celles du Roi , du Parlement & de l'Académie , tromper le public & se tromper soi-même ? quels moyens pour faire fortune ! Quels projets ! Est-il une avarice plus sordide & plus folle? Est-il une conduite plus suspecte ? Du reste où est le bon sens de chercher , d'un côté, des matieres expressément prohibées par l'Académie, & par l'Arrêt d'enrégistrement [ce qui exigeroit pour le moins de nouveaux examens, de nouveaux certificats de l'Académie , un nouveau Privilége, de nouvelles approbations des bureaux de la ville & de la Police, & un nouvel Arrêt] & de l'autre , d'abandonner le droit acquis d'employer le fer-blanc pour les Fontaines militaires & marines , en empêchant clandestinement le jugement d'un procès excellent contre les Jurés des maîtres Ferblantiers , bien plus , en terminant ce procès après plusieurs années de préjudices soufferts à cet égard par la cessation & le défaut d'extension de ce commerce, & l'enlevement des outils , à la faveur d'un Arrêt consenti par force , comme on peut le juger du secret & de toutes les vexations précedentes. C'est cet Arrêt qui prouve; d'un côté, la conviction où étoient ces derniers de leur attentat à l'autorité du Roi, & de l'autre, la ridiculité de leur saisie, bien plus, la dilapidation des très-modiques fonds de la société, attendu le depetissement de toutes les marchandises & outils saisis, & la perte de tous les frais de procédure & d'impression *, par la compensation des dépens. Mais qui sçait tous les plis & replis d'une transaction judiciaire de cette espece ? on ne peut que les présumer de la part d'une Compagnie de plusieurs associés masqués.

Inventeurs ! si le hazard, ou vos expériences, ou votre travail opiniâtre, vous font faire pour votre malheur des découvertes heureuses, utiles à la société, ne vous reposez jamais dans les jardins des avares ; meffiez-vous de

* C'étoient là des grimaces pour amuser M. Amy, auquel on fit entrevoir après l'impression une infinité de difficultés : il les jugeoit cependant telles qu'elles étoient dans leur véritable valeur ; mais il évitoit les procès contre un associé annoncé comme un *saint* dans des lettres, quoique après le rideau tiré, représenté comme un *fagot d'épines*, pour le faire craindre.

leurs fleurs & de leurs promesses faites par des honnêtes gens : il est à craindre que ceux ci ne soient joués comme vous. *Latet anguis in herbâ*, prenez garde aux serpens cachés. Les actes de société sont trop sérieux, pour ne pas les dresser vous-mêmes, ou avec un sage conseil ; si vous vous êtes excédés, périssez plutôt que d'être les dupes de la dissimulation : voyez bien clair avant que de vous engager. *Veniunt ad vos sub pelle ovium, intrinsecus autem sunt lupi rapaces.* Les bailleurs de fonds viendront à vous couverts d'une peau d'agneau. N. B. c'est le masque de loups ravissans : plus votre entreprise sera reconnue infaillible, & promettre ainsi la fortune, plus aussi serez-vous caressés, & c'est alors que vous devez être plus attentifs que jamais à faire bien vos conventions. *Comme on fait son lit on se couche.* Aussi les anonimes ont eu soin de faire réperer ce dicton un nombre infini de fois à M. Amy depuis l'acte de société de 1750, si combiné de leur part, mais nullement de la part de ce dernier, que l'apparence du vrai laissoit dans la bonne foi.

XL. *Sentimens des anonymes plus développés.*

M. Amy tomba des nues dès qu'il eut mis son seing au bas de l'acte de société de 1750, & des autres contre-lettres que les anonymes firent signer également à Madame Amy, tellement peu leur dessein étoit de leur rendre service : ils vouloient bien se risquer par l'appas de la moitié des profits ; c'étoit là leur unique objet ; mais ils ne vouloient pas remplir leurs promesses, quoiqu'implicitement prouvées par la contexture des actes & de tous les articles de la société, qui ne peuvent quadrer avec les véritables fonds litteralement promis, [*prétexte*, disoient-ils, *pour l'honneur de l'acte.*]

Le fond de leur projet étoit donc à tout évenement, qu'ils ne vouloient rien perdre ; témoin la précaution qu'ils prenoient pour pouvoir trouver ces fonds, là ou là, lorsqu'il leur plaîroit de rompre la société. [Ceci résulte des actes & de leurs tentatives en dernier lieu] bien plus, ils firent dire à M. Amy, que son appartement dans la maison louée pour les magasins & atteliers n'étoit point de leur bail ; ils l'en avoient exclu au moyen d'une vente simulée du Privilége, à eux faite sous une contre-lettre, & comme étant les seuls maîtres de contracter, libres consequemment de refuser d'autres baux à l'échéance de ce premier, & de prendre tous les fonds existans, en cas qu'ils ne fussent pas contens de leur essai. C'est ce qu'ils font encore aujourd'hui, sans paroître, & toujours pour ne pas payer les loyers des appartemens toujours nécessaires à un Directeur qu'ils ont obligé à la résidence par leurs actes de société pour la direction, pour l'inspection & la conduite des ouvrages dans Paris.

Quel a donc toujours été leur prétexte à cet égard ? *c'est*, font-ils dire encore, *qu'ils ne payent pas les loyers d'autrui.* Mais où est ici cet autrui ? est-il dans les personnes de ceux qui sont enchaînés & comme cloués à une entreprise, qui demande les commodités d'une présence journaliere & habituelle ? M. Amy a les quittances des loyers dans les tems des premiers baux hors de Paris, & celles du tems actuel, où il est obligé de prendre son repos ailleurs. [Il est bien des gens dans le monde, qui n'ayant d'autre occupation que pour leur profit dans des entreprises infiniment plus commodes que celle des nouvelles Fontaines, ont cependant des logemens infiniment plus décents, & qui ne le méritent pas si bien à beaucoup près comme le Directeur dont il s'agit.] M. Amy implore ici la justice du Roi & des Magistrats contre toutes les surprises & oppressions à venir, que tant de cabales & un si grand nombre d'ennemis pourroient lui susciter : un seul homme contre des légions a besoin de ces forces majeures, & de se tenir sur ses gardes ; il connoît par leurs demeures, noms & qualités les 722 artistes, sçavans, Chymistes, Alchymistes, &c. & tous les associés dans les premiers actes qui n'ont pas eu leur exécution. Il a gardé toutes les piéces écrites de leurs mains, mais il n'a que des preuves par écrit contre les derniers associés anonymes [qu'il soupçonne, mais qu'il ne connoît pas affirmativement] du moins écrites de la main des personnes qu'ils ont jouées & trompées comme lui. Il ne suffit pas de montrer en secret un lambeau de lettre pour surprendre la religion de sa Majesté ou d'un de ses Ministres, il faut tout montrer & appeller l'opprimé pour montrer les siennes. C'est à tout évenement l'objet de la supplication publique de M. Amy.

XLI. *Les nouvelles inventions sont-elles de la compétence des sorciers? Les exemples des prédictions de ceux-ci, accomplies en tout ou en partie, sont-elles la régle sûre de tous les évenemens prédits?*

L'affirmative de ces propositions en général n'a & ne peut avoir lieu que dans l'esprit du peuple ignorant: l'accomplissement ne peut donc être que l'effet du hazard dans tous les cas; mais ce qui est arrivé à M. Amy avant que de venir à Paris, & après son arrivée, est trop singulier pour ne pas en faire mention ici, ne fut-ce que pour divertir les lecteurs.

Le 17 Novembre 1744, une jeune femme d'une très-jolie figure vint sur les huit heures du matin, avec un livre sous le bras, voir dans sa chambre M. Amy, logé dans une auberge près la Cannebiere à Marseille; ce dernier surpris de voir entrer cette femme, qui avoit ouvert la porte sans heurter, & suivie d'un homme plus âgé qu'elle, lui dit qu'elle se trompoit. *N'êtes-vous pas M. Amy*, lui dit-elle, en parlant le patois & le tutoyant. *Oui*, repondit celui-ci, *qu'y a-t-il pour votre service? C'est*, dit-elle, *que je voudrois vous parler.* M. Amy crut juger sur le champ ce que c'étoit, & lui dit qu'*assurément elle se trompoit. Non*, dit-elle, *je ne me trompe pas: je sçais qui vous êtes; ne venez vous pas recevoir de l'argent à Marseille? N'est-ce pas vous qui devez aller à Paris pour des projets? J'ai à vous dire bien des choses qui pourront vous être très-utiles: achetez ce livre, je vous y ferai remarquer les endroits dont vous avez le plus de besoin.* M. Amy souriant lui dit, *Ma bonne Dame, je vous le répete, vous vous trompez; vous savez mon nom & mon projet; mais quelqu'un peut vous l'avoir dit, & je ne suis pas d'hu-*

meur maintenant à penser comme vous. Vous vous trompez vous-même, repliqua-t-elle, *je ne m'intéresse à vous que pour des raisons que je ne puis m'empêcher de vous communiquer, & dont vous avez un très-grand besoin dans la simplicité que vous portez sur la face.* M. Amy, qui avoit à sortir pour affaires pressantes, perdant la patience, mit cette femme à la porte. *Pensez bien à ce que vous refusez*, lui dit-elle, en parlant toujours le patois, & le tutoyant à son ordinaire, *je reviendrai vous voir.*

Même visite deux jours de suite, même jugement & même refus. Le 29 Novembre, veille de S. André, cette femme revint avec un papier plié dans sa main. Elle ouvrit la porte à l'ordinaire, & dit à M. Amy qui étoit auprès du feu, & sans entrer, *Vous vous repentirez de ne m'avoir pas écoutée*; & en jettant son papier dans la chambre, *Voyez*, dit-elle, *si vous devinerez ce que je vous aurois dit beaucoup plus clair*: tout de suite refermant la porte, elle descendit en sautant les montées quatre à quatre. M. Amy curieux de voir ce que c'étoit, ramassa ce papier, dans lequel il trouva la prédiction suivante, qui a autant d'obscurité que les quatrains de Nostradamus.

VRANN DAM AMNT.

1°. N'auries proun se mavies escouta, & legi din moun libré, mai n'auras pas proun per ta fauto, per ana dansla emé de masquos davan lou bouen que sera pu segur apres la fin de la casso, & que sera ta forilo, ou dei ticou, l'an que ven, 14, 15, 17 & 20 apres, se va plus à la casso: sies un herculo, qu'a besoun de forssos.

2°. Auras foucsso ennemis. & escritoris, se sies vieou, [car sies doutous per lei tres darnies tems] auran ben fach, & faran ben per tu; mai se gauviran sensso proufié.

3°. Pren gardo, se proués, ei darnies luzens de toutos coulours, eme de masquos de coulours de diamans jauné & blanc, que moun te fagoun dansa la dansso de toun pays.

4°. Sen passan din la segondo Villo, te rauboun 12 cavos dins uno, souffriras din la premiero, & danssaras pu long-tems, qu'aquellei que soun ista pouns de la taranto; car danssaras 12 ans de May, sensso veire, lei masquos. Lei veiras alor, se sies vieou, & jamai lei couneissiras ni faras eme toun vin, ce que faras eme tres autres.

5°. Auras en coumençan & toujours de Gentilhomes & de noums, & en darnié ficis, emé un de noum sinistré, per ajudos. De dous bouens restaras emé un, que te n'en fournira d'autres après la dansso. Te serviran toutei en coumençan, su la fin, & après la fin. Qan un dei dous bouens te quittara, es alor que seras arresta, maurtrata per cartieros, & mes en presoun, regarda coumo un insigné voulur; mai n'en sourtiras leou, per lou bouen remedi dei doujés cavos raubados, dins uno, & lou signé de la repetitien dei noums din la cavo.

6°. De bouis vesins, que t'auran fa mounta lou premié escalié, te deffendran & te faran mounta lou segoun & lou troisieme.

7°. Aqui trei cavos t'arrestaran, t'estourditan, & te metran en dangié de doui coustas; mai se souettés de toun traou, veiras ana la cavo, & mountaras d'autreis escaliés apres la segoundo marcho, qu'un de tois bouens vesins, emé lou bouen, te feran mounta.

8°. Se souertes pas và veiras pas, & sera la mitta; & après la mitta, dous de la mitta, per lei quatre quins de la mitta, & un doutous [per la vido] de la mitta, per lou darnié quin.

Paou à paou devinaras lei 8 articlés; mai sera tar, & devinaras jamai lou darnié, que quan l'auras escri tu memé de coulero, sensso l'y penssa. Troubaras alor, se sies vieou, [ce que dependra de tu en fasen ana toun relogi arresta, que sera plus qu'uno patraquo, & que tout autré qu'un hourlougur te pourra ben eiga] din moun libré, que n'as pa vougu veiré, 34 & 35, 61 & 10 11, 1 & 36, 32 & 6, 15 & 7, 31 & 19, 10 & 2, 3 & 4, 22 & 9, 30 & 7, 31 & 8, 22 & 28, 9 & 8: n'en troubaras encaro d'autres, ouute feras pinta, tu, tels amis, & tels ennemis.

M. Amy ne donne pas ici la traduction de cette prétendue horoscope, n'en connoissant pas à beaucoup près le sens en entier ; il craindroit même de tomber dans le personnel contre beaucoup d'ennemis qui se sont distingués par leurs mauvais procédés, s'il entreprenoit d'en vouloir faire l'application : d'ailleurs elle paroîtroit toujours forcée, & contre l'exactitude des régles en pareil cas, sur-tout s'agissant d'une prétendue horoscope, toujours composée énigmatiquement, où la variété des articles peut rencontrer par hazard quelques faits équivoques, apparemment raisonnables ; mais voici l'effet de ce hazard, qui paroît résulter des second, quatriéme & cinquiéme articles, qui se trouvent traduits ci-après, pour l'intelligence & la singularité des faits rencontrés.

2e Article. Tu auras beaucoup d'ennemis. 8 écritoires [si tu es en vie alors, car tu es douteux pour les trois derniers tems] auront bien fait, & feront bien pour toi ; mais ils s'useront sans profit.

4e Article. Si en passant dans la seconde ville, on te vole *douze choses dans une*, tu souffriras dans la premiere, & tu danseras plus long-tems que ceux qui ont été piqués de la Tarentulle; car tu *danseras douze ans de plus sans voir les masques : tu les verras alors, si tu es en vie, & ne les connoîtras jamais* : tu ne feras jamais avec ton vin ce que tu feras avec trois autres, si tu es en vie.

5e Article. Tu auras en commençant & toujours, des *Gentilshommes & de noms*, & en dernier lieu six, & un de *nom sinistre* pour aides; de deux bons il ne t'en restera qu'un, qui t'en fera trouver d'autres après la danse. *Ils te serviront tous en commençant, sur la fin & après la fin.* Lorsqu'un *des deux bons* te quittera, c'est alors que tu seras *arrêté, maltraité dans les rues & mis en prison, regardé comme un insigne voleur*; mais tu en sortiras bientot, par l'effet du bon remède des *douze choses volées dans une, & le signe de la repétition des noms dans la chose.*

L'explication du second article paroîtra facile à ceux qui auront lu ce livre, où les 722 artistes, Sçavants; Chymistes, Alchymistes, &c. que M. Amy connoît par leurs noms, leurs demeures & leurs qualités, valent bien cette expression, *auras souesse ennemis*, traduite par ces mots, *tu auras beaucoup d'ennemis*. Ce qui reste est trop obscur, pour trouver le sens raisonnable ou vraisemblable en entier. Tout ce qu'on peut expliquer ce sont ces mots, *Si sies vieou alors, car sies doutous*, qui signifient, *Si tu es en vie alors, car tu es douteux*.

S'il falloit ajouter foi aux illusions quels dangers n'a pas courus M. Amy? quel risque? quel doute maintenant pour lui après un accident d'apoplexie? Du moins c'est ce qui résulte de ces mots, qu'on ne peut cependant considerer que comme rencontrés & de pur hazard.

Le 4e Article paroît beaucoup plus frapant. La *seconde ville* est Lyon, où M. Amy se trouvant detenu par les glaces dans le mois de Janvier 1745, eut besoin d'un horloger pour racommoder sa montre. Un prétendu valet de l'auberge de notre-Dame de pitié, où il étoit logé, lui fit venir un garçon horloger, nommé *Lason*, auquel & sur son chargement par lui signé, il eut la facilité de remettre sa montre, & qui l'emporta, sans qu'il ait jamais pu le decouvrir pendant quinze jours qu'il resta de plus à Lyon, à la perquisition des deux filoux & de la fausse adresse de *Lason*. Voila cependant le vol des douze choses dans une, 12 *cavos dins uno*, c'est à-dire, douze heures dans le cadran de la montre.

Le grand travail que M. Amy a fait à la poursuite de son privilége, est signifié par ces mots, *souffriras & dansaras*, &c. c'est-à-dire, *tu souffriras & tu danseras*, &c. En effet il a souffert au dela de toute expression dans les poursuites très-pénibles de son privilége, retardé par une légion d'ennemis secrets. La *danse pendant douze ans* paroît marquée dans la prétendue horoscope depuis le 13 Janvier 1745, jour de son depart de Provence, iusqu'au 20 Avril 1750, jour de l'Arrêt d'enregistrement, & depuis ce dernier tems jusques vers la fin de l'année 1756, jour où le rideau de la société anonyme a été tiré, sans pourtant connoître les masques encore. Le reste de l'article est trop obscur pour l'expliquer vraisemblablement.

5e Article. Dans le grand nombre de sociétés & d'associés qui se sont présentés à M. Amy, il y a toujours eu des Gentilshommes vrais de naissance & de noms. Les vrais Nobles n'ont recherché M. Amy que pour lui faire trouver des fonds sans aucun intérêt, lorsqu'ils l'ont vu excédé, refusant constamment toute participation dans la société en faveur de tierces personnes ; de deux autres, l'un dès la proposition faite à l'Académie pour l'établissement des nouvelles Fontaines a le mieux operé de tous [on ne peut pas dire ce qu'il a fait] il fait même toujours de mieux en mieux ; l'autre, plusieurs années après, a cru pouvoir former une compagnie, pour rendre service à M. Amy & à des personnes de sa connoissance, qui avoient conçu l'importance du privilége dont il s'agit. D'autres ont protegé M. Amy dans tous les tems avec succès. On ne peut nommer ici aucun de ces vrais Gentilshommes, qui pourroient le trouver mauvais, sur-tout ceux qui n'ont pas si bien fait que les autres. Il suffit de remarquer le hazard de l'horoscope qui rencontre ici au juste des faits surprenans [*auras en coumençan, & toujours de Gentilhomes :*] & ces autres mots plus bas [*te serviran toutei en coumençan, sur la fin & après la fin,*] c'est-à-dire, *tu auras en commençant & toujours des Gentilshommes ..... ils te serviront tous en commencant, sur la fin & après la fin;* ces mots, comme l'on voit, ont eu leur exécution à la lettre, & on le verroit beaucoup mieux, s'il étoit permis de détailler les faits; mais voici ce qui est plus frappant encore pour les esprits superstitieux, qui croyent aux horoscopes : *auras en coumençan & toujours, &c.* relisez en entier la traduction ci-dessus du quatriéme article; en voici l'accomplissement très-clair & toujours plus exprès.

Le nommé *de Barthe* a été le premier ouvrier employé par M. Amy depuis 1745 jusqu'en 1756.

Le second ouvrier est nommé *Deborde*, le troisiéme *Debure*, le quatriéme *Denisse*, le cinquiéme *de Roy*, le sixiéme *Malemaison*, c'est le *nom sinistre*. Il en est un septiéme qui n'est point ouvrier, & qu'on ne nomme point ici pour des raisons, dont le nom commence également par *de*.

Voilà donc le *nom sinistre* & les *six Gentilshommes de nom*, c'est-à-dire, dont les noms commencent par *de*, & qui feroient douter quiconque ne seroit pas prévenu de leur roture ou de leur noblesse.

Tous ces ouvriers ont été employés pour la construction des Fontaines, & ce qui est remarquable, il n'y en a jamais eu d'autres, jusqu'aujourd'hui.

Bien plus, lorsque *de Roy* a annoncé qu'il quittoit la Manufacture, pour aller dans son pays vaquer à ses affaires, M. Amy passant le jour des Morts dans la rue des Boucheries, fauxbourg saint Germain, se sentit saisir fortement par quelqu'un qui l'embrassoit par derriere; il crut que c'étoit un de ses amis qu'il venoit de quitter dans ce quartier, & auquel il avoit refusé de diner avec lui. *C'est inutile je ne peux pas diner avec toi*, dit M. Amy, croyant que c'étoit son ami; mais il fut bien supris lorsqu'il se vit investi dans le moment par une troupe de satellites de l'archer qui disoit à haute voix, *tu es mon prisonnier* : en même tems, un soldat lui arracha son épée, tandis que quatre autres qui marchoient devant, mirent le sabre à la main. Quoique M. Amy, se voyant enveloppé, sans épée, & dans le lien de six hommes qui le tenoient, ne fit & ne put faire aucune résistance, disant qu'il n'étoit pas besoin du fiacre qu'on étoit allé chercher, & qu'il marcheroit bien jusqu'à la prison de l'Abbaye, il fut cependant accablé d'outrages, & de coups du plombeau de son épée dans le ventre, jusqu'à ce qu'enfin, le fiacre ne venant point, on le conduisit dans la prison sous la sauvegarde des soldats, qui marchoient devant lui le sabre à la main, comme on l'a dit.

En entrant en prison, & du bureau de M. Catherinet, substitut de M. le Procureur général & son inspecteur de cette prison, dans une chambre voisine, M. Amy dit, qu'il *n'étoit fâché que des outrages & des coups qu'il avoit reçus par des indignes mains ; mais qu'il étoit connu dans Paris, &*

qu'il alloit écrire à des personnes d'autorité qui feroient bien punir ceux qui l'avoient arrêté & insulté si grièvement.

Un grenadier, détenu prisonnier, qui se trouvoit dans la même chambre, s'éclatta de rire sur ce qu'il entendit. *Celui-là n'est pas mauvais*, dit-il, *pardi Cartouche disoit bien la même chose. Tais-toi, misérable*, lui dit M. Amy, *me connois-tu, pour parler comme tu parles?* Dans le même tems le geolier entra, & demanda à ce dernier, son nom, sa qualité, sa demeure. La réponse fit voir au geolier la méprise: il ne dit rien, il sortit de la chambre, pour aller dire à l'emprisonneur, qui étoit un archer de la Cour des Monnoyes, qu'il s'étoit fait de belles affaires, & en même tems il envoya chercher M. Catherinet, pour tâcher de porter M. Amy à faire grace à cet archer.

Celui-ci après avoir fait ses plaintes à cet Inspecteur & refusé tout accommodement, disant que pareilles méprises devoient être punies, pour donner exemple aux autres emprisonneurs; sollicité cependant par M. Catherinet & par les pleurs

pleurs de l'archer qui étoit couvert de vieux haillons, & qui disoit à genoux, qu'il avoit sa femme en couches & cinq enfans tous jeunes; il se laissa fléchir pour ne pas punir ces pauvres enfans dans la personne de leur pere coupable : il ordonna seulement que celui-ci payeroit six livres d'aumône aux pauvres prisonniers, sur quoi M. Catherinet dressa lui-même la transaction passée avec cet archer, qu'il signa. M. Amy signa après lui; & quand ce fut à l'archer, il signa *la Fontaine*. C'étoit son nom auquel M. Amy ne fit pas même alors réflexion.

Voilà donc à l'égard du fait particulier de la prison, dans le tems où un des deux bons ouvriers quitteroit la Manufacture, l'accomplissement le plus surprenant, malgré tout ce qu'on peut dire pour ou contre le hazard.

Remarquons cependant que l'archer a pour nom *la Fontaine*, & que le reste de l'article se lie fort bien avec ce qui est dit dans le quatriéme; car il y est parlé du vol déja cité de deux choses dans une, qui sont les *douze heures* dans le cadran de la montre;

& dans le cinquiéme il est parlé du *reméde de ce vol & de la répétition des noms dans la chose* Retenons donc le nom de l'archer pour joindre aux huit autres ci-dessus, & examinons ceux qui suivent.

M. Amy fit imprimer un premier livre plusieurs années avant l'enregistrement des Priviléges qu'il avoit obtenus. Il s'adressa à un Imprimeur de la rue S. Jacques, qui avoit pour enseigne les Colomnes d'Hercule : ceci ne regarde pas la répétition des noms dans la chose; mais quoique un peu tiré, il paroît que la prétendue horoscope annonce de grands travaux à essuyer, pour faire percer la vérité dans l'esprit du Public, & l'engager à se méfier du cuivre, en le faisant considerer comme un monstre domestique : c'est la fin du premier article; *sies un Herculo senso forcos*, c'est-à-dire, *tu es un Hercule sans force.* Aussi M. Amy, qui ne pensoit plus à l'horoscope, la rappellant après l'impression achevée, & n'y comprenant cependant encore rien après l'avoir relue, eut la pensée seulement immédiatement après de se faire graver ſous la figure d'Hercule, combattant ce monſtre, ſous les rayons de Louis XV, & avec la protection des Princes du Sang, du Parlement, de l'Académie & de la Faculté de Médecine. * C'eſt ce qu'on voit à la tête des livres qu'il a faits après, & qui ſe trouve répété dans celui-ci. Peut-être ſera-ce le dernier, s'il faut douter avec ſuperſtition comme l'affecte la prétendue devinereſſe.

Revenons à la ſuite des noms répétés dans la choſe : M. Amy fit imprimer enſuite un autre livre ſur les nouvelles Fontaines, & contre tous les vaiſſeaux de cuivre, chez un ſecond Imprimeur ** de la même rue S. Jacques, & qui avoit eu, à ce qu'il a dit lui-même, pour enſeigne *la Fon-*

* C'eſt ici peut-être un des motifs de l'auteur ſatyrique, dont on a parlé plus haut ; mais il devoit conſiderer que les images & les emblêmes ſont néceſſaires pour fixer l'attention du peuple groſſier, & que tout ce qui tend, comme on a dit, à faire connoître les vérités utiles, ne peut s'appeller charlataniſme, à moins qu'il n'ait une meſure d'eſprit aſſez forte, pour prouver en bonne logique que les grands approbateurs cités autoriſent les charlatans.

** M. Boudet.

taine d'or, comme qui diroit, si l'on veut approprier l'horoscope au sujet présent, *vérité des dangers des Fontaines & tous vaisseaux de cuivre dans les cuisines, les offices, & les pharmacies en faveur des nouvelles Fontaines précieuses autant que l'*OR *pour la santé, comme étant exemptes du danger du verd-de-gris.*

Ce livre fait, M. Amy eut besoin d'un relieur : on lui en indiqua un dans la rue Clopin, chez lequel cinq personnes d'une seule famille étoient mortes subitement en un jour, par l'effet d'une eau empestée dans une Fontaine de cuivre. [Ce fait raconté par ce dernier, sur la lecture du frontispice du livre, ranima M. Amy pour la poursuite de ses Privilèges, qu'il étoit même sur le point d'abandonner, dans le cas où son livre ne feroit pas son effet sur l'esprit des Magistrats, sollicités pour l'enregistrement.] Ce relieur après plusieurs reliures & brochures, qui lui étoient dues, vint présenter son mémoire avec la quittance au bas signée *la Fontaine*. M. Amy paya, riant seulement du hazard de l'horoscope.

Ce fut la publication de ce livre, qui a été comme le premier dégré, qui fit parvenir M. Amy à l'enregistrement de son Privilége & à la compagnie dont il s'agit. [Ceci paroît prouver en passant cette suite de travaux, qui est annoncée par l'intervention des derniers masques, qui ont abusé de la simplicité de M. Amy, à la faveur du mystère & de la promesse verbale de 30000 liv. qu'ils lui ont fait faire en cas de succès ; c'est ceux-là même, qui suivant le quatriéme article, seront toujours inconnus.]

Ce fut alors que cette compagnie eut besoin d'un afficheur. Le 13 Janvier 1751, M. Amy envoya un ouvrier dans les rues de Paris, pour appeller le premier qui se présenteroit. Celui-ci vint faire son marché. On lui remit successivement en plusieurs fois les affiches nécessaires pour Paris, Versailles & les environs. Acquitté qu'il fut de sa mission, il vint présenter son mémoire & sa quittance au bas, signée *la Fontaine.* Même surprise de M. Amy, qui ne faisoit que rire de tous ces hazards singuliers.

Long-tems après, il fut question d'exposer aux yeux du peuple les emblêmes du dernier livre critiqué. M. Amy allant au Luxembourg, & passant par la rue Tournon, trouva un homme à gauche dans la même rue, qui enluminoit dans une échoppe des papiers à tapisseries & qui se trouve encore au même endroit actuellement. Il jugea l'exposition convenable, & dit à cet homme de le venir voir, & qu'il lui donneroit des images enluminées & encadrées, pour les exposer & les vendre à son seul profit, ou moyennant trois livres de salaire par mois. Cet homme vint à la Manufacture, mais voyant ces tableaux, il préféra les trois livres par mois, au bénéfice qui pourroit lui revenir de la vente, ne croyant pas qu'une mauvaise gravure en bois pusse lui attirer des acheteurs. [On employe les mauvaises gravures en bois, quand les belles sur le cuivre sont trop cheres, pour des établissemens aussi combinés, aussi limités & aussi mystérieux que celui-ci.]

Comme le dessein de M. Amy n'étoit pas de faire commerce de pareilles estampes, mais seulement de préſenter au Public les nouvelles Fontaines que celui-ci ne pouvoit voir hors de Paris dans une cave ſouterreine, * il accepta le choix de cet homme, auquel il remit des tableaux avec des livres & des adreſſes.

Trois mois après le même homme vint pour recevoir ſon payement, avec ſa quittance ſignée *la Fontaine*. M. Amy alors, quoique nullement ſu-

* Cette cave avoit été préferée à tous autres logemens plus convenables dans Paris : les aſſociés cachés, ſeuls maitres de contracter par les précautions qu'ils avoient priſes ſecretement, & dont on a parlé plus haut, vouloient ménager ainſi les modiques fonds de leur établiſſement. C'eſt ce qui a couté dans la ſuite les frais de 6000 affiches & de pluſieurs livres néceſſaires pour inſtruire le public. Sans ces moyens, que M. Amy étoit obligé de prendre pour s'annoncer, la Manufacture cachée dans l'obſcurité ne ſeroit pas encore connue. Le public ne vient pas au bruit, ou fort tard. Il veut voir, & pour cela il faut l'occaſion prochaine, c'eſt-à-dire, un établiſſement dans un des meilleurs quartiers de Paris, & tous les fonds convenables pour les approviſionnemens néceſſaires. Voilà le bon ſens & l'Economie. Il falloit les 30000 liv. promiſes, mais ce n'étoit qu'une leurre, qui cependant n'a pas empêché la réuſſite, quoiqu'il l'ait retenue dans la médiocrité.

perstitieux & crédule en matiere d'horoscope, se trouva frappé avec d'autant plus de raison, qu'il avoit déja fait attention, que deux personnes dénommées dans le tableau de la premiere partie de ce livre, & qui ont pour nom de famille *la Fontaine* sont les ennemis jurés du cuivre, & qu'en cette qualité, elles ont préconisé les nouvelles Fontaines dès leur établissement, une entre autres, qui en a acheté un grand nombre pour elle-même, pour ses amis, & pour en faire des présens.

Bien plus : le premier voiturier, auquel M. Amy s'adressa pour le mener d'Aix à Lyon, s'appelloit *Bonafond.* Celui-ci qui avoit loué sa chaise roulante lui en indiqua un autre, appellé *Bonnaud ;* comme qui diroit *bonne fontaine* & *bonne eau.* Ce dernier avoit également loué sa chaise, & M. Amy fut obligé d'en prendre un autre, qui n'avoit qu'un nom de baptême [Joseph] c'étoit son nom, c'est aussi le nom de baptême de M. Amy.

Enfin ce qui frappera encore plus l'esprit des superstitieux, c'est que l'horoscope, qui regarde la vie de M.

Amy, comme toujours douteuse avant le tems des loix naturelles, semble répondre à ce qui lui est arrivé depuis le 26 du mois d'Avril dernier, c'est-à-dire, après son accident d'apoplexie qui est du 15 Septembre précédent.

En remontant de cette premiere époque jusqu'au 15 Septembre, M. Amy a toujours langui dans une foiblesse totale, dans les tournoyemens de tête, sans mémoire & sans présence d'esprit, cherchant à tout moment dans la conversation les expressions & les noms des choses, sujet à des palpitations de cœur, à des douleurs de tête par intervalles assez fréquentes, à des tintemens d'oreilles presque continuels, à de grands feux dans les entrailles toujours resserrées, & à des douleurs aiguës dans le genre nerveux, principalement aux chevilles des pieds.

Ne voulant pas s'assujétir aux remédes, il languissoit ainsi par sa faute, lorsqu'on lui parla des Sachets anti-apoplectiques de M. Arnoux. Il s'en moqua, n'ayant pas plus de confiance aux topiques, que de foi aux horoscopes.

On le pressa cependant si fort & si long-tems, qu'enfin il se détermina à aller chez ce dernier, pour acheter un sachet, qu'il mit tout de suite à son col.

Dès le même jour qu'il eut ce sachet, il s'apperçut le soir qu'il avoit la tête libre, & la mémoire beaucoup plus présente qu'il n'avoit jamais eue depuis son accident jusqu'à ce jour.

S'étant couché sans souper, suivant le régime qui lui est prescrit, il ne ressentit aucune douleur dans les chevilles, & dormit tranquilement toute la nuit.

Le lendemain se trouvant beaucoup mieux, il continua la seconde partie de ce livre, qu'il avoit comme abandonnée, ne pouvant ni écrire ni s'appliquer ; & de jour en jour il a senti diminuer toutes les sensations qui l'affligeoient, & augmenter ses forces ; tellement qu'aujourd'hui 15 Juin, qu'il écrit ceci, il se trouve comme rétabli, à un grand fond de mélancolie près, & d'une maigreur dans toute l'habitude du corps. A l'égard des forces, si elles ne sont pas les mêmes qu'elles étoient avant l'accident, du moins elles ſont fort accrues. Du reſte la mélancolie peut prendre ſa ſource dans une maladie qui attaque toujours le cœur, ou dans le chagrin d'avoir été joué par des personnes qu'il ne connoît pas.

Quoi qu'il en ſoit eſt-ce l'imagination qui a changé l'état du malade ou la vertu du ſachet? oui & non dans les deux cas. Il y a beaucoup d'exemples des grands effets de l'imagination tant en bien qu'en mal. Il y a beaucoup d'exemples de la vertu des ſachets de M. Arnoux, mais en bien ſeulement, on ne voit dans ſon livre aucune preuve en mal qui ne ſoit bien réfutée. Qui eſt-ce donc qui a plus d'efficace? c'eſt ce qu'on ne décide pas ici. Pluſieurs habiles Médecins ſont favorables, pluſieurs ſont incrédules, pluſieurs ſont contraires, [raiſon qui arrête d'abord tout homme raiſonnable.] Il ne reſte donc qu'à ſçavoir contre ces derniers, ſi un topique qui ne fait pas du bien, peut faire du mal? Juſqu'à ce que M. Amy voye la vérité de cette propoſition, démontrée dans quelque Journal ou dans un livre, il s'en tient aux obſevations qu'il a faites sur ses symptomes particuliers, & à celles de M. Arnoux. Ce sont ces observations faites depuis 58 années qui le frappent. *Observantia*, comme dit M. le Cardinal de Luca, *est regina omnium interpretationum*. L'observance, [si on peut se servir de ce terme] c'est-à-dire, ce qui est pratiqué, adopté, loué & suivi avec succès, principalement par plusieurs Souverains, Princes, Seigneurs, connoisseurs, même par plusieurs grands Médecins depuis très-longues années; c'est cette observance, marquée à des traits si éloquens, qui est la reine de toutes les interprétations & des meilleures opinions.

Il paroît donc surprenant que les hommes sages & bien reglés n'adoptent pas unanimement le moyen de se préserver d'une maladie [aussi terrible que l'apoplexie & à laquelle tous les hommes sont sujets,] à la faveur d'un sachet, qui, s'il est douteux chez plusieurs qu'il fasse du bien, du moins ne peut pas faire du mal; mais ce qu'il y a ici de plus singulier, c'est que l'usage & le succès du sachet de M. Arnoux, a conduit M. Amy à expliquer partie d'un des endroits de l'horoscope le plus obscur.

On voit après le dernier article ces mots *paou paou, devinaras lei* 8 *articles, &c.* & dont voici la traduction : „peu à peu tu devineras les 8 articles ; „mais il sera tard, & tu ne devineras jamais le dernier, que quand tu l'auras „écrit toi-même en colere, sans y penser. Tu trouveras alors dans mon livre „que tu n'as pas voulu voir, & si tu es „en vie, ce qui dépendra de toi, si tu „fais aller *ton horloge* qui ne sera plus „qu'une *patraque*, & que *tout autre* „*qu'un horloger* pourra te bien racommoder, 34 & 35, &c.*

Qu'on dise maintenant tout ce qu'on voudra de l'accomplissement des horoscopes, & en particulier du sachet de M. Arnoux ; M. Amy croit que le premier cas est un véritable cas, c'est-à-dire, l'effet d'un pur hazard, qui peut arriver une fois en

* Voici l'application : *l'horloge* devenue *patraque*, paroît signifier le corps d'un apoplectique languissant. Le *tout autre qu'un horloger*, qui pourra racommoder l'horloge, ne peut signifier ici que M. Arnoux, possesseur du sachet anti-apoplectique.

mille ans dans le monde entier; mais que le second cas ne peut être l'effet de ce hazard, lorsque cet effet est successif depuis 58 ans, chez les personnes réglées & qui sont attentives à renouveller ce sachet au besoin.

Si M. Arnoux avoit caché en publiant son livre, les exemples de ceux qui sont morts d'apoplexie avec son sachet pendu à leur col, les critiques l'auroient prouvé dans les Journaux, & le sachet seroit décrédité peut-être depuis 50 ans, si M. Arnoux pere ou fils n'avoient pas prouvé le contraire.

L'homme sensé doit donc avoir d'autant plus de foi à leurs topiques, [qui étant formés de sels, s'insinuent au travers des pores du creux de l'estomac, pour aller entretenir la circulation du sang, dont l'épaississement ou la trop grande lenteur font l'apoplexie,] qu'il ne peut se refuser d'en avoir contre l'expérience, à l'effet d'une carte, d'un bâton de cire d'Espagne, d'une savatte, d'un morceau de corne de cheval, * brûlés dans la chami-

* Telle fumée d'une matiere brulée fait revenir une femme, qui en fait tomber une autre dans les convulsions : les femmes

bre d'une femme tombée dans les vapeurs & les paroxiſmes des paſſions hiſtériques, ou d'une lame de plomb ſur les reins, pour appaiſer certaines ardeurs.

Si on répond à cela, que ces remédes [qu'on appelle *de comeres*] réuſſiſſent quelquefois en tant que les fumées paſſent dans les narrines d'une femme & de-là dans le cerveau & dans le ſang, qu'il en eſt de même du plomb & de tout ce qui eſt encore plus proprement topique; reſtera toujours à prouver comment les ſels du ſachet de M. Arnoux ne paſſent pas des pores dans le ſang, & qu'en y paſſant ils ne peuvent lui communiquer aucune vertu anti-apoplectique. Si l'air d'une chambre humide traverſe les pores du corps humain & va dans le ſang, s'il cauſe des incommodités & des maladies fâcheuſes, dans le cas d'un long ſéjour, comment les ſels qui par leurs na-

dans ce cas doivent flairer & choiſir hors des paroxiſmes, ce qui leur paroît convenir le mieux à leur odorat; car il eſt des odeurs déſagréables, qui paroiſſent agréables aux femmes ſujettes aux vapeurs & aux paſſions hiſtériques.

tures, & par l'attraction qui se fait sur l'estomach par la chaleur de celui-ci, se réduisent comme en eau, ne passeront-ils pas dans le sang? comment ne pourront-ils pas produire alors le même effet, qu'un remède intérieur, étant devenus intérieurs eux-mêmes par leur dissolution & leur pénétration?

Qu'on n'accuse pas ici M. Amy de reverie. En tout cas, ce seroit à pure perte; car il auroit l'honneur de rever avec & en très-bonne compagnie.

Du reste il n'a fait cette digression que pour rendre hommage à la vérité des effets qu'il ressent, & faire remarquer la singularité & l'effet du hazard, dans une horoscope, à laquelle pourtant il n'ajoûte aucune foi.

XLII. *Remarque sur le sable de riviere, pour en connoître la partie dissoluble & celle qui ne l'est pas, ou qui passe dans l'eau, soit qu'on s'en apperçoive ou non.*

Le sable de riviere est composé de différens grains, qu'on peut séparer en quatre classes. La premiere consiste en de gros grains, comme ceux des poix ou des féves. Ce sont des pierres ou des cailloux de différentes natures, ou autres matieres qui ne sont pas de la nature des pierres, comme décombres de briques, de plâtre, de charbon de terre, &c.

Les montagnes, tous les endroits élevés, tous les bâtimens qui se font le long des rivieres, toutes les terres, les cultures, l'écrasement des pierres par les voitures sur les chemins voisins & sur les berges fournissent toutes ces matieres dans les tems des pluyes qui les entraînent dans les rivieres.

La seconde & la troisiéme classes sont composées de plus petits grains, mais formés toujours des même matieres.

La quatriéme est formée des mêmes grains encore & de terres de différentes natures, dont le volume & la petitesse varient, de la grosseur d'une lentille, depuis une ligne, par exemple jusqu'à un point divisé même à l'infini.

C'est cette différence qui fait qu'on

ne peut jamais en lavant le sable, si long-tems & autant de fois que l'on voudra, parvenir au moyen qu'il ne salisse plus l'eau. Ceci vient donc des matieres tendres, qui se trouvent toujours, à raison de plus d'un quart en tout, dans les quatre classes, & qui fournissent leur dissolution, ou pour mieux dire leur diminution de volume par leur déchirement & leur frotement continuel, qui se fait à toutes les répétitions des lavages.

Ce n'est donc que lorsque la vase & toutes les autres impuretés de la riviere se sont insinuées dans les interstices de ce sable, pour y former une espece de colle, que l'eau des Fontaines de cuivre, quoiqu'elle n'y devienne jamais bonne avec la présence du verd-de-gris, y devient cependant assez belle, dans les tems où la riviere n'est pas vaseuse elle-même.

Mais comme l'eau est le plus grand de tous les dissolvans, il se fait toujours une dissolution des grains divisés à l'infini, & qui bien qu'infiniment petite elle-même, du côté des matieres friables & les plus dissolubles dans le sable dont on vient de parler, ne conviennent ni à la santé, ni au goût des personnes délicates, qui font usage forcément d'une eau impregnée de ces dissolutions & de celles des immondices de Paris ; car elles n'empêchent pas cette eau, comme celle d'Arcueil, de paroître limpide.

Toutes les dissolutions étrangeres à l'eau ne sont point analogues à sa nature, elles lui font donc perdre nécessairement une partie de sa légereté, & conséquemment de sa salubrité, suivant les remarques de M. Boerhaave & celle de l'eau d'Ethiopie observée par le même, qu'on a citée plus haut.

Voilà pourquoi en rafinant ici [pour le goût à la vérité d'une très-petite partie du public & la plus scrupuleuse, mais avec discernement] M. Amy a cherché à la contenter par le moyen de ce sable purgé & de plusieurs autres les plus sains, dont on n'a jamais fait usage jusqu'aujourd'hui, pour lui en donner le choix & en même tems lui procurer l'exemption des immondices de Paris, au moyen d'une eau puisée au-dessus de Bicêtre.

Dans les expériences publiques,

dont on a parlé plus haut, on fera celle du sable tel qu'il vient de la riviere, & celle de l'autre sable purgé, pour faire remarquer la différence des deux eaux résultantes des lavages réiterés.

Du reste depuis l'établissement de la manufacture, on a expérimenté que le sable, dont on se sert dans les verreries, déchiroit les soudures d'étaim. On est donc revenu au sable de riviere, qui n'a pas à beaucoup près la même action, & qui bien qu'un peu vitriolique ne peut être mal sain, surtout après qu'il a été purgé. *De minimis non curat prætor.*

XLIII. *Précaution contre l'infidélité, l'étourderie, ou l'ignorance de quelques porteurs d'eau.*

Comme on ne peut dire les choses que lorsqu'on en a connoissance, M. Amy croit devoir ajouter ici ce qu'il a appris depuis peu. Ce sont des fautes de quelques porteurs d'eau, dont il est important d'instruire le public, par la raison toujours qu'il s'agit de l'eau, le premier & le plus essentiel de tous les alimens.

La premiere peut venir quelquefois de l'ignorance, & quelquefois de la malice, en voici un exemple. Une Dame toujours très-contente pendant un an d'une Fontaine qu'elle avoit achetée l'année derniere, s'est apperçue depuis le mois de Juin, présente année 1759, que son eau filtrée étoit toujours blanchâtre & savoneuse, tandis que l'eau de la riviere n'étoit point sale depuis long-tems, & qu'elle avoit toujours vû l'eau très-limpide, dans les tems même où cette riviere avoit été fort trouble. Elle crut d'abord qu'il y avoit quelqu'éponge déplacée, & envoya chercher un ouvrier pour y remédier. Celui-ci soutira toutes les eaux filtrées, & trouva que comme les éponges ne fournissoient que la quantité ordinaire d'eau, il n'y en avoit aucune sur laquelle on pût rejetter le défaut. Il présuma donc que le porteur d'eau venant remplir sa fontaine, versoit dans les loges des eaux filtrées, ce qui lui restoit dans ses seaux, & qui ne pouvoit aller dans la loge de l'eau sale. Il soutira les eaux filtrées; il en lava les loges, & tout de suite l'eau parut limpide à son ordinaire.

Un domestique nouveau venu, ignorant lui-même le méchanisme de la Fontaine, se trouva présent lorsque l'ouvrier fit le rapport de ceci à la Dame. Ce domestique déclara qu'il avoit vu le porteur d'eau faire cette manœuvre différentes fois. Peut-être ce porteur d'eau étoit-il un nouveau venu lui-même, également ignorant de ce méchanisme. Peut-être étoit ce un porteur d'eau infidéle à la Dame & à la vérité, payé, comme l'ont été tant d'autres, pour la détruire.

Quoi qu'il en soit, le reméde, comme on a dit dans toutes les instructions qu'on a données depuis l'établissement de la manufacture, est une serrure, où un porteur d'eau bien instruit & bien averti qu'il ne doit rien verser dans les loges des eaux filtrées, sauf à lui, de demander où il doit placer un seau ou un demi seau d'eau qui lui reste, ou de le repandre, si on ne lui donne pas d'autre vaisseau.

L'autre infidélité regarde les porteurs d'eau, qui peuvent, pour abréger & gagner davantage, apporter de certains puits, une eau qui leur paroît potable, ou remplir leurs seaux aux fontaines d'Arcueil [contre la volonté de ceux qui préferent l'eau de la riviere] ou aux tuyaux qu'ils trouvent le long des murs de quelques maisons dans Paris. *

Du reste, on connoîtra l'eau de puits, si elle ne fond pas le savon, qui se réduira pour lors en petits grumaux; l'eau d'Arcueil fondra bien le savon, en savonnant un morceau de linge pour l'expérience; mais celui-ci ne conservera pas son blanc si long-tems qu'un autre morceau de linge savonné avec de l'eau de la Seine qui aura reposé assez, ou qui aura passé par les filtres ordinaires.

* Ces tuyaux sont les décharges du surplein des réservoirs domestiques des eaux d'Arcueil ou de la Seine.

FIN.

TABLE DES TITRES.

contenus dans la premiere partie.

EPître dédicatoire, pag. 3
Avertissement pour se méfier ou mettre en usage les découvertes d'un nouvel Artiste, iij
Attestation de M. de Reaumur, pour lors Directeur de l'Académie Royale des Sciences, xvj
Extrait des Registres de l'Académie Royale des Sciences, du 21 Août 1748, xviij
Extrait des Registres de l'Académie Royale des Sciences, du 9 Juillet 1749, xx
Attestation de M. Falconet, de l'Académie Royale des Inscriptions & Belles-Lettres, Docteur-Régent de la Faculté de Paris, & Médecin consultant du Roi, ibid.
Extrait abrégé des Lettres-Patentes, portant renouvellement du Privilége exclusif de la construction, vente & débit des nouvelles Fontaines, xxij
Explication de la premiere Figure, xxv
Fontaines de Cuisine, d'Office & de Salle à manger, xxviij
Explication de la seconde Figure, xxix
Arrangement forcé de la Compagnie des nouvelles Fontaines sur la forme des ventes & des livraisons, xxxij
Conseil de M. Boerhaave page 328, sur l'effet des bonnes & mauvaises eaux, xl
I. Acheteurs des Nouvelles Fontaines en l'année 1750, 2

II. Acheteurs en 1751, 4
III. Acheteurs en 1752, 7
IV. Acheteurs en 1753, 9
V. Acheteurs en 1754, 11
VI. Acheteurs en 1755, 14
VII. Acheteurs en 1756, 16
VIII. Acheteurs en 1757, 17
IX. Jugement du Public conforme à ceux de l'Académie, & premier piége où sont tombés les Critiques, 20
X. Conseil prudent de quelques Académiciens, ibid.
XI. Motif de ce conseil développé, 21
XII. Second piége où sont tombés les Critiques, 22
XIII. Troisiéme piége, 23
XIV. Ruse des Critiques repréhensible, ibid.
XV. Prix actuel des Fontaines simples, 25
XVI. Prix actuel des Fontaines doubles, 26
XVII. Prix actuel des Fontaines d'étaim du même méchanisme, 28
XVIII. Incrustation du sable fin dans les Fontaines de cuivre, 30
XIX. Plomb exempt de cette incrustation, 31
XX. Fontaines de cuivre doublées de Plomb laminé, 32
XXI. Premier inconvénient, 33
XXII. Second inconvénient, 34
XXIII. Robinet mal imaginé pour soutirer l'eau fuyante entre le plomb & le cuivre, 36
XXIV. Moyen moins mauvais que le précédent, 37
XXV. Second robinet des Fontaines de cuivre doublées de plomb, qui prouve l'imperfection de l'ancien méchanisme, 38

XXVI. Troisiéme inconvénient, 39
XXVII. Expédient sans danger dans l'ancien méchanisme, 41
XXVIII. Nouvelles Fontaines formées de plomb, avec des filtres en sable seulement par descension & ascension, ibid.
XXIX Fontaines fragiles anciennnes & nouvelles, 44
XXX. Usages des jars de Provence fondé sur des raisons apparentes, 45
XXXI. Frais frustrés pour avoir des jars de Provence, 46
XXXII. Auteur anonime de l'introduction des jars de Provence, 47
XXXIII. Raison des vernis de cuivre, de plomb & d'étaim, pour conserver l'eau, 49
XXXIV. Raison du vernis des jars de Provence, 50
XXXV. Jugement sur les jars de Provence, 51
XXXVI. Usage singulier & sans discernement, ibid.
XXXVII. Définition du Public, 53
XXXVIII. Expériences publiques propres à démontrer la puissance, l'utilité & la commodité du filtre de l'éponge, pour filtrer l'eau, le vin & les liqueurs, ibid.
XXXIX. Fontaines militaires & marines nouvellement perfectionnées, 55
XL. Instruction sur la préparation des éponges, 57
XLI Usage inutile de plusieurs Dames de Paris dans la préparation des éponges, 58
XLII. Choix des éponges, 59
XLIII. Maniere de faire les bouchons d'é-

ponges, 59

XLIV. Maniere de garnir une Fontaine de ses éponges & de son sable, 60

XLV. Conduite d'une Fontaine garnie de sable & d'éponges, 63

XLVI. Renouvellement journalier de l'eau, comment doit s'entendre, 64

XLVII. Conduite des Fontaines délaissées en campagne ou en ville, dans le cas d'un voyage ou du retour, ibid.

XLVIII. Premier cas. Si on a fait ôter le sable & les éponges, 66

XLIX. Second cas. Si on a laissé la Fontaine avec ses filtres de sable & d'éponges, 67

L. Dans quel tems faut-il laver les Fontaines? 68

Conduite & usage facile des Fontaines militaires & marines, & l'utilité de leur usage démontré. 69

Poids hidrostatiques de toutes les différentes eaux, 77

Possibilité de la putréfaction de l'eau dans les vaisseaux de terre, de fayance, de porcelaine & autres de cette nature, 81

Eau de puits, 83

Illusion que se font les personnes qui se servent de Jars ou de Fontaines de grai, 85

Usage du plomb & de l'étaim pour conserver l'eau, confirmé par des exemples le mieux à l'abri des critiques, 87

Nouvelle maniere de filtrer les eaux de la Seine & tous autres qui souffrent des mélanges, 88

Putréfaction des eaux de riviere dans les vaisseaux de bois, & les inductions qu'on peut en tirer, 90

Choix des eaux de pluie, de riviere, de source, & de puits, 105

Manuscrits Hebraïques, traduits en grec & en latin, où quatre Juifs grands physiciens travaillans & voyageans ensemble, parlent du choix des eaux potables des vaisseaux propres à les conserver, des filtres & des méchanismes de la filtration, 109

Parallele de cette doctrine, avec les XV. Propositions prétendues de MM. Eller & Formey, 115

TABLE DES TITRES

Contenus dans la seconde Partie.

INstruction pour les réparations des nouvelles Fontaines en cas d'accident, 1

1. *Moyens pour réparer les défauts des Fontaines simples*, 2

* 2. *Fuite du fond par les soudures des côtés droit & gauche*, 4

* 3. *Fuite du même fond venant d'un grain de sable, paille ou feuillure*, 5

* 4. *Fuite venant des parois du plomb, par l'une ou l'autre des mêmes causes*, ibid.

* 5. *Moyen pour trouver les grains de sable, pailles & feuillures du plomb laminé*, 6

* 6. *Fuite venant des tuyaux de plomb, auxquels sont soudés les boisseaux des robinets*, 7

* 7. *Fuite par les soudures extérieures des boisseaux*, ibid.

* 8. *Fuite par le boisseau ou par la noix d'un*

robinet usé ou endommagé, 8
II. *Robinets & Vaisseaux imaginés par le vulgaire depuis l'introduction des nouvelles Fontaines,* ibid.
III. *Robinets de crystal,* 12
IV. *Robinets de bois & d'yvoire,* ibid.
V. *Robinets d'or ou d'argent,* 13
VI *Robinets de composition,* 14
VII. *Robinets anciens des nouvelles Fontaines,* 15
VIII. *Calcul des pouces de surfaces intérieures du cuivre dans les Fontaines sablées, comparé à la surface intérieure de ces robinets anciens,* ibid.
IX. *Robinets actuels des nouvelles Fontaines,* 17
X. *Variations du public sur les Robinets,* ibid.
* 9. *Réparations des Fontaines doubles qui viennent à fuir par le fond,* 20
* 10. *Fuite par les parois de la grande loge,* 22
* 11. *Fuite des parois de quelque côté des filtres,* 23
* 12. *Fuite pardevant, venant des tuyaux de plomb, auxquels sont soudés les boisseaux des robinets, ou du dessus des robinets, en face des filtres,* 24
* 13. *Attention nécessaire lors de l'emballage des Fontaines pour les Provinces ou pour les pays étrangers, & fuite des filtres l'un dans l'autre,* 27
XII. *Lavages des Fontaines dans Paris & son territoire,* 32
XIII. *Demi-lavage dans Paris,* 37
XIV. *Lavage des Fontaines employées pour filtrer l'eau d'Arcueil,* 38
XV. *Fait remarquable dans la Fontaine d'un*

Notaire de Paris, 40
XVI. *Experiences résultantes de l'eau d'Arcueil,* 43
XVII. *Maladies qui peuvent résulter de l'usage des eaux d'Arcueil, suivant les différentes dispositions des tempéramments,* 45
XVIII. *Raisons des critiques sur la préférence des vaisseaux de grai, ou des Jars de Provence, pour y laisser l'eau déposer son limon,* 47
XIX. *Deux Fontaines magnifiques dans le coridor des Convalescens de l'Hôpital de la Charité, rue des Saints Peres à Paris,* 55
XX. *Origine des pierres poreuses à Paris,* 59
XXI. *Maniere de renouveller l'eau de la table dans les nouvelles Fontaines,* 60
XXII. *Expérience d'une eau épurée par trente filtres différens & indissolubles, à l'exception de deux,* 61
XXIII. *Suite de la même expérience au moyen de deux Fontaines, l'une d'étaim & l'autre de plomb, dont on fait voir la différence,* 66
XXIV. *Eau noire, effet de la rouillure de l'étaim,* 67
XXV. *Effet différent de la rouillure du plomb,* 69
XXVI. *Autre cause du noir de l'eau,* 70
XXVII. *Comparaison d'un puits à une source, à une Fontaine publique, & aux fontaines filtrantes quelconques, servant à connoître la nécessité de la filtration continuelle & du mauvais goût de l'eau, lorsque cette filtration a cessé pendant trop de tems,* 71
XXVIII. *Expériences simples & décisives sur*

sur le filtre de l'éponge, dans un puits ou dans une Fontaine, 75

XXIX. *Conclusion de tout cet ouvrage à l'égard des nouvelles Fontaines,* 79

XXX. *Moyen facile pour suppléer au défaut actuel du puits de l'Ecole Royale Militaire, suivant l'exigence du cas,* 81

XXXI. *Bateau à filtration, perfectionné pour le même objet, & pour l'utilité des villes où les porteurs d'eau vont puiser dans les rivieres,* 83

XXXII. *Moyen pour sçavoir si le défaut du puits de l'Ecole Royale Militaire vient de la nature du terrein & s'il aura de la durée,* 87

XXXIII. *Inconvénient très-remarquable venant de la situation du bateau joignant le Pont-Royal, vis-à-vis la rue du Bacq, où vont puiser les porteurs d'eau,* 89

XXXIV. *Même inconvénient de la part des Charretiers domestiques, principalement des porteurs d'eau qui vont remplir leurs tonneaux du côté de la Place Royale de Louis XV, ou dans les endroits abordables dans Paris, depuis l'Arcenal jusqu'à la Place de Greve,* 95

XXXV. *Fontaine filtrante à fond de calle dans un Vaisseau de Roi, & Ventilateur nouveau avec utilité pour tout un équipage, & rendre le vaisseau meilleur voilier,* 100

XXXVI. *L'eau de la Seine, du Rhône, de la Saone & autres rivieres où les porteurs d'eau vont puiser, pourroit elle se conserver dans des vaisseaux de bois vernissés?* 106

XXXVIII. *Véritable objet & faute remédiable par les Associés à leur seul profit*, 109

XXXIX. *Mauvais dessein & conduite des anonymes contraires à M. Amy, aux intentions du Roi, du Parlement & de l'Académie, & à l'extension d'une découverte très-simple & très-utile en plusieurs rencontres. Conseil aux inventeurs utiles à venir*, 115

XL. *Sentimens des anonymes plus développés*, 128

XLI. *Les nouvelles inventions sont-elles de la compétence des sorciers? Les exemples des prédictions de ceux-ci, accomplies en tout ou en partie, sont-elles la régle sûre de tous les évenemens prédits?* 131

XLII. *Remarque sur le sable de riviere, pour en connoître la partie dissoluble & celle qui ne l'est pas, ou qui passe dans l'eau, soit qu'on s'en apperçoive ou non*, 160

XLIII. *Précaution contre l'infidélité, l'étourderie, ou l'ignorance de quelques porteurs d'eau*, 164

N. B. *Commodité des Fontaines militaires & marines, pour les personnes qui vont pour quelques jours seulement dans leurs maisons de campagne, le long des bords de la Seine, ou autres rivieres.* Voyez la page 76 de la premiere Partie.

FIN.

LES ARTS

RELEVES PAR LE TEMS.

ON en voit la figure à la gauche du Château de Marly, en face du milieu du jeu de mail. Louis XV a relevé ici l'art, de tous, le plus utile à l'humanité.

M. Amy ne servoit que comme un plastron à la société des grecs Anonymes, inconnus & cachés dans une forêt. Il étoit l'enfant perdu à découvert, ignorant le dessein & le danger; mais ce grand Roi, comme une Minerve, l'a couvert de son Egide.

Les grecs faisoient dire le lundi à M. Amy, qu'il ne devoit pas vendre son Privilége, à moins de cent mille livres, & le mardi, qu'ils n'en donneroient pas eux-mêmes cinq sols. [Cette contradiction grossiere prouve donc qu'ils pensoient à l'avoir pour rien, ou beaucoup moins que le prix du jour précédent.]

En effet le mercredi, changeans de these, ils lui faisoient dire que leur homme de confiance avoit 3000 liv. de rente; le jeudi qu'il en avoit 4000, le vendredi 5000, & le samedi 6000. [Apparemment ils connoissoient ses moyens] Quelle induction en tiroient-ils, & le tout, selon eux, pour le bien de M. Amy? c'est, faisoient-ils dire encore, que cet homme riche de jour en jour pouvoit plaider en robbe de chambre; du reste qu'il pouvoit mourir, & qu'il convenoit pour éviter toutes contestations avec ses héritiers, de lui vendre le privilége & s'entrequitter avec lui.

Le rideau étoit tiré, partie du mystère étoit déja découvert. M Amy comprit donc encore mieux le jeu, & fit toujours semblant de ne pas l'entendre. Enfin lassé de tant de grossieretés, il fit signifier à l'homme de confiance un acte de sommation de comparoître chez un Notaire pour passer le nouveau bail, dont on a parlé dans l'Epitre dédicatoire. L'homme comparut, mais pour s'opposer, disant, qu'il *donneroit ses raisons en tems & lieu.* (c'étoit l'ordre des grecs en question.)

La finesse de nos grecs fut déconcertée le lendemain par un second acte de sommation. L'homme de confiance eut ordre de ne pas comparoître, & d'annoncer qu'on étoit prêt à finir toutes contestations par un nouvel acte, qui laisseroit M. Amy paisible possesseur. Ils appelloient cet acte, *Moyen pour passer l'éponge sur le passé*; mais ce passé ne pouvoit être effacé par cet acte. Il falloit le tems & son maitre, pour cicatriser les playes de M. Amy; encore y en a-t-il une qui saignera toujours.

Un ennemi du tems chargé par nos grecs se faisoit prier pour veiller à la contexture du même acte, non comme ennemi de M. Amy, mais comme complaisant pour les grecs, qu'il ne croyoit pas tels. *Je n'ai point de mission* [lui inspiroient de dire ceux-ci] mais il parloit contre sa mission expresse, & ne la nioit que par commission.

Fallut-il après le nouvel acte enfin passé après 18 mois de litige dresser l'arrêt *de consensu* avec les Maitres Ferblantiers? il écrivit, en se faisant peigner & sur son genou, le formulaire de cet arrêt, donnant ainsi des preuves de son habileté. Aucune mauvaise intention cependant de sa part; car il étoit encore une vraie duppe, comme M. Amy. Hélas! qui ne la seroit pas!

Apocalipse éternelle, s'écrieront nos grecs inconnus; mais il suffit qu'ils l'entendent mieux que ce dernier n'a compris la leur, & que dans les cas dont il s'agit, les Arts soient relevés par le Tems. Du moins le public en profitera tôt ou tard.

Maintenant pour vivre tranquille & n'avoir pas besoin du sachet antiapoplectique, n'auroit-il pas mieux valu dans les circonstances présentes, rester en Provence dans l'état honorable du barreau? [Un inventeur utile dans une manufacture Royale ne déroge point cependant à la noblesse personnelle que donne cet état, sur-tout repété & confirmé par Louis XV dans deux Lettres patentes pour la conservation de la santé de ses sujets] ou le mal étant fait, ne vaudroit il pas mieux n'avoir plus d'autre compagnie, comme Timon, que celle qu'on voit à celui-ci sur le théatre?

LES ARTS ESCLAVES, ET ENRICHIS PAR LE TEMS.

POur quelqu'un, qui joint à l'esclavitude, des peines immenses & la douleur de voir dans un âge avancé la ruine de sa santé & de son bien, avec la seule espérance même posthume d'être le fruit du bien public, ce bien doit faire sa consolation, ou du moins avec un peu de philosophie un lenitif dans ses chagrins. On verra sur la fin de ces Réflexions les nouvelles richesses des Arts, dont il s'agit.

Les nouvelles Fontaines ou telles autres, de bois, de terre ou de fayance qui se vendent à Paris, seront au moins dans les tems futurs un sur garant pour la salubrité de l'eau contre les accidens du Cuivre subits ou insensibles; c'est beaucoup d'avoir frappé ce coup, sous les protections que l'on voit au revers du frontispice de ce Livre. Les Grecs vérifieront dans peu, que M. Amy peut s'en féliciter d'avance.

Les pauvres auront des Fontaines de terre, les riches auront le choix des différens filtres annoncés plus haut. Il y aura de l'eau trouble, il y en aura de la limpide, de la légere, plus légere & très-légere, conséquemment plus ou moins nécessaire & salutaire au public, suivant la delicatesse

& le tempéramment d'unchacun. Avec le tems il n'y aura plus de verd de-gris dans l'eau, cet aliment le plus digne d'attention & que tous les autres quelconques. Il y aura cependant toujours quelques casseroles & marmites de cuivre, mais les accidens se ont moins fréquens, moyennant la propreté, & les soins journaliers qui ne sont pas compatibles avec les Fontaines formées de ce métal pernicieux, pour peu qu'on y fasse d'attention.

Si les Grecs qui se sont glissés subtilement dans l'entreprise des nouvelles Fontaines, & qui par leurs fonds indécents en ont empêché l'extension, sont encore jeunes [ce que M. Amy ne sçait pas] ils auront le regret & la honte dans la suite d'avoir, en payement de leur promesse verbale & captieuse, donné des feuilles de chénes, d'avoir desiré leur profit & non celui du public & de M. Ami, qu'ils ont trompé par de feintes caresses. Ils auront tenté mettant en usage les ruses de Scapin, d'acquerir des richesses sans avoir sçu discerner les moyens pour y parvenir, ni de réussir pour eux-mêmes. C'étoit au moins ce qu'ils devoient bien peser, avant que de s'avanturer dans un projet si ridicule en l'état des choses.

Je vois des gens [faisoient-ils dire à M. Amy par un de leurs émissaires avant le premier acte de société de 1750] *qui se sont faits* 50000 liv. *de rente à la faveur de leurs inventions*. Ceci étoit inspiré par les Grecs pour faire ouvrir les yeux, pour faire desirer à celui-ci de finir bientôt avec eux, aux conditions qu'ils avoient combinées, machées & remachées dans leur cabinet.

Nous nous en allons [faisoient-ils ajouter encore par une autre personne] *dépêchez-vous, si vous voulez que nous vous rendions service ; voyez si vous pouvez trouver mieux ; mais décidez-vous avant notre départ.* Quoique M. Ami ne vit pas clair en tout ceci, il crut cependant pouvoir compter sur la promesse verbale des 30000 liv. en question, qui lui paroissoit n'avoir rien de commun avec les Grecs, dont il n'avoit pas encore le moindre vent, quoique ceux-ci en fussent les auteurs cachés par l'interposition de leurs émissaires. Quel parti prendre ? Les Grecs l'avoient fait entourer depuis longtems, mais avec beaucoup plus d'attention depuis l'enregistrement du Privilége. Falloit-il, après avoir perdu le tems, recommencer à chercher une compagnie ? on sçait qu'en pareil cas il y a le terme fatal d'un an, qui met le public en possession, faute d'exploitation d'un Privilége exclusif. Falloit-il se méfier d'un prometteur de 30000 liv. M. Ami rejettoit cette pensée, connoissant la probité de ce prometteur ; mais ignorant que celui-ci étoit joué par les Grecs. C'est ainsi que la bonne foi le fit consentir aveuglément à tout ce que ceux-ci avoient arrêté dans le cabinet.

On a déja vu le sort de cette affaire, qui ne tombera jamais, quel qu'ait été, quel que soit maintenant le procédé des anonymes Grecs. L'affaire est solidement établie par Louis XV, par le Parlement, l'Academie, la Faculté de Médecine, par le public le plus en état d'en juger, par un grand nombre d'amateurs & par des millions d'expériences. Elle est établie dans l'esprit des sages : voila des fonds solides sinon pour M. Ami de son vivant, du moins pour le public à l'avenir : c'est tout ce qu'il faut pour le succès infaillible & continuel, quoique arrêté contre le bien du peuple par l'avarice & la lacheté des Grecs ; au lieu d'avancer ils ont reculé pour enfler leurs fonds, crainte de mal prendre dans un essai borné : peut-être c'est par indigence de moyens ou d'esprit, ou par des raisons qui ne peuvent se deviner. Quoi qu'il en soit, ils seront toujours Grecs. *Cavons au plus fort,* [faisoient dire ces Grecs à M. Amy avant l'ouverture du magasin pour la fixation des prix des Fontaines.] *Nous serons toujours à tems de donner ordre au Commis de les diminuer. La marque sur le plomb suffira pour annoncer le rabais des prix ; mais profitons de la nouveauté.*

Si M. Ami avoit suivi ce conseil, le public distingué, qui est en l'Etat le seul qui puisse entretenir le commerce de la manufacture, n'auroit pas acheté comme il a fait & comme il continue toujours. La nouvelle Compagnie que le Roi a eu en vûe dans les nouvelles Lettres Patentes, pourra après l'expiration de la Société présente, donner des ouvrages du goût des particuliers, qui ont pour objet de trouver dans la revente, le même avantage, qu'ont les Fontaines de cuivre dans ce cas. Cela dépend des nouveaux établissemens à faire au moyen des fonds suffisans ; mais cette diminution sur les Fontaines de cuisine & d'office, ne pourra jamais avoir lieu qu'après la suppression de la Menuiserie nécessaire en l'état présent, & au moyen des moules & des noyaux qui seront établis pour jetter d'un seul coup les Fontaines en fonte. Ce sera alors le cas de peser les nouvelles Fontaines, comme on fait de celles de cuivre, & de les rejetter en fonte pour en tirer au besoin la même, ou une plus grande contenance, moyennant le poids du plomb & de la nouvelle façon ; ce qui sera ainsi à la portée des pauvres comme des riches.

On ne touchera pas cependant au méchanisme du bois & du plomb, attendu les utilités qui en résultent pour le transport ; on pourra seulement en achetant les matieres, & les faisant travailler de la premiere main, diminuer le prix des Fontaines actuelles ; mais pour le présent, ceci ne se peut point, à moins que d en donner la façon gratuitement, & à la ruine totale d'une entreprise sans fonds ou très-médiocres. Elle ne pourroit plus payer ni loyers, ni matieres, ni ouvriers, ni tous les frais frustrés, inséparables ordinairement de tous ces établissemens faits par les avares, qui ne cessent d'être Grecs que dans ce seul cas.

Infandum reginâ jubes renovare dolorem ! Oh douleur ineffable ! Qu'il soit permi ici à M. Amy de s'écrier aux pieds du thrône, beaucoup moins par la douleur d'un intérêt pécuniaire retardé, que par sensibilité à des procédés insupportables.

Soyez honnête homme [faisoient dire les

Grecs au fils cadet de ce premier, avant que de manifester leur inique projet, & pour sonder tour à tour la famille de celui-ci.]

Je l'ai toujours été [répondit cet enfant indigné,] il seroit à souhaiter que tous les hommes eussent autant de délicatesse que moi. *J'en demeure d'accord*, [ajouta le Commissionnaire avec douceur.]

Mais vous êtes jeune, grand & bien fait [continua ce dernier,] *vous devriez servir le Roi.* J'ai servi mon maître dès ma plus tendre jeunesse, [répondit cet enfant plein d'honneur,] & fait ainsi plus que bien d'autres, qui dans l'oisiveté fuyant la peine pour augmenter leurs biens d'industrie, ne pensent qu'à thésauriser. Depuis le commencement de la guerre, j'ai fait tout ce que j'ai pu pour reprendre ce service honorable, que je n'ai quitté que par la raison seule, que mon pere épuisé ne peut pas m'y soutenir. *Je loue vos sentimens* [répondit le Commissionnaire toujours avec la même douceur] *& je n'en doute pas un moment.*

Qu'on s'imagine les mêmes assauts en particulier contre toute la famille de M. Amy mandée subtilement tour à tour par de petits billets, pour sonder de tous les côtés, & pour ainsi dire, par des interrogatoires sur la sellete : on connoîtra tout d'un coup l'intention des anonymes Grecs.

Si au moins vous aviez payé vos dettes, on seroit charmé de vous sçavoir en repos, * [faisoient dire encore les mêmes anony-

* Les Grecs avoient fait retenir adroitement l'é-

mes Grecs à M. Amy lui-même.] Je n'en ai payé aucune , [répondit celui-ci] ne jugeant pas à propos de découvrir encore les cessions qu'il avoit faites sur ses propres biens-fonds , & qui sont ainsi absolument sans reproche : du reste comment l'auroit-il pu dans une manufacture, qui à peine a pu s'entretenir de ses fonds très-médiocres & tronqués, s'il falloit en juger sur les piéces ?

Mais vous devez avoir consumé plus de 25000 liv. * *en machines inutiles*, [ajoutoit le commissionnaire,] *vous auriez du être plus œconome.* Ceci étoit dit pour sonder toujours mieux, & avoir un aveu pour en faire ensuite une preuve de dilapidation des fonds ; ils vouloient apparemment en former un autre moyen pour expulser M. Ami de son Privilége à la faveur

tat qu'ils en avoient demandé à M. Amy avant l'acte de société de 1750 [ce fut une grimace de bonne intention de leur part] celui-ci donna cet état qu'ils ont gardé, pour vérifier seulement, s'il étoit exact ; preuve qu'ils ont débuté par des soupçons injurieux, [après avoir suivi longtems les progrès, & saisi ensuite le moment de l'enregistrement] & qu'ils pensoient à rechercher ensuite en cachette les payemens qu'ils jugeoient ainsi devoir être faits clandestinement par M. Amy. Suivant toute apparence, ils vouloient, le cas arrivant, y trouver un moyen de légitime accusation pour crier au vol, qu'ils présumoient d'avance devoir leur être fait, & pour demander la maîtrise du Privilége pour eux seuls, comme le seul moyen de parvenir à leur indemnité. Quelle prévoyance ! quelle malice ! Grand Dieu ! dans quelles mains M. Amy étoit-il tombé !

* Ces 25000 liv. considérés du côté des fonds de nos Grecs étoient dignes de pitié & ne méritoient pas réponse. Ils se réduisoient à une très petite som-

de l'abandon que celui-ci leur avoit fait dans un blanc ſein, qu'ils avoient retenu comme une pièce de conviction, mais dont ils ignoroient le double dépoſé auparavant chez un Notaire : *double* qui n'a pas été ſans raiſon jetté ſubtilement dans le feu par devant les arbitres qui l'ont vu paroître & diſparoître ſur le champ.

Rendez donc compte de votre adminiſtration, [firent-ils dire après ce brulement cauteleux, mais ſans profit.

On a déja parlé de ce compte, & de la frayeur apparente de M. Amy, cauſée par les violences qu'il ſe faiſoit après l'ordre de ſes protecteurs. Il répondit ſeulement à différens émiſſaires des Grecs, que c'étoit à eux les premiers à donner leur compte, l'entrée de leurs fonds n'étant pas juſtifiée par l'acte de ſociété & devant précéder l'iſſue : du reſte je n'en dois point [diſoit-il] je ne ſuis chargé de rien ſuivant nos accords dans l'acte de ſociété. Quel avantage pourriez-vous tirer de votre abandon ſubtil & ruſé, même contraire à nos accords après la prétendue remiſſion de vos fonds ? aucun.

Le voila cependant ce compte, il eſt relié, volumineux & circonſtancié. Je ſuis las d'en donner des racourcis à des aſſociés invi-

me de trois à quatre cens livres ; encore la plus grande partie étoit-elle employée pour des ouvrages exiſtans, que M. Amy deſtinoit pour la manufacture, au vû, ſû & conſentement de leur homme de confiance, & qui ſont compris dans le dernier inventaire fait ; même propres à M. Amy, qui ſeroit en état de le prouver, s'il n'y avoit pas eu depuis lors une tranſaction.

sibles. Ils ont les doubles de plusieurs autres, qu'ils voyent dans lequel, du leur ou du mien, se trouvera le blot & le faux.

M. Ami auroit pu dire ici ce que dit Sancho Pansa dans Dom Quichotte au sujet de son Isle, lorsqu'il quitte son Gouvernement. *Je n'ai rien apporté* dit ce dernier, *je n'emporte rien, je n'ai ni dormi, ni mangé : je n'ai eu que du mal & de la peine pour vous défendre contre vos ennemis. J'ai été foulé sous leurs pieds & sous les vôtres : je suis moulu de coups. He ! de quoi voulez-vous que je rende compte.*

M. Amy étoit dans le même cas ; avec cette différence, qu'il a porté dans son gouvernement une industrie qui lui coute audela de 100000 liv. * dont il ne croit pas avoir reçu un petit vingtiéme pour la por-

* M. Amy prouveroit par des actes & par toutes sortes de preuves les aliénations qu'il a faites, tant de son chef que de celui de Madame Amy, s'il en étoit besoin, de maisons à la ville & à la campagne, de capitaux, de meubles & de droits importans, indépendamment des emprunts, pour fournir aux fraix des expériences qu'il a faites, tant en Provence qu'à Paris, à l'insçu de ses compatriotes : il auroit eu honte de les instruire alors des biens qu'il prodiguoit, & du tort caché qu'il faisoit à ses enfans, à lui même & à son état. Il se répent aujourd'hui d'avoir préparé, sans le sçavoir, à des Grecs masqués des moyens d'assouvir leur avarice, dont ils n'ont pas sçu profiter ; de les avoir ainsi attirés *ad paratas epulas*, à un festin, s'ils avoient sçu boire & manger, & se donner le plaisir de voir se rassasier avec eux & le public & M. Amy. Mais à quoi sert à celui-ci le répentir, lorsque l'âge, les travaux, les infirmités & les chagrins lui ont ôté l'appétit, & la santé,

tion de ses fonds seulement. Voilà le sort des inventeurs utiles, qui trouvent des Grecs sur leurs pas.

Plus il s'emportera, parlant toujours de M. Amy, *plus soyez phlegmatique & retenu* [c'étoit le conseil * des Grecs à un autre de leurs émissaires, qui a même été avanturé de leur part en bonne compagnie.]

Du reste, M. Amy n'a pas été surpris après avoir pénétré le mystère, de voir une personne qui l'avoit jadis accablé de caresses & de gratieusetés, froide comme glace & qui le regardoit de la tête aux pieds. Hélas celui-ci n'est pas Grec : il n'avoit point de tort, après les fausses instructions & les mépris qu'on lui avoit inspirés.

Quoique ceci parusse insupportable, M. Ami cependant ne fit pas semblant de s'en appercevoir; mais il comprit encore mieux, qu'il devoit être avec juste raison plus dissimulé que les Grecs, & suivre les ordres de ses protecteurs.

* L'emportement est le signe de l'honnête homme indigné des fourberies & des insultes, mais qui est obligé de se moderer pour se conformer au conseil de ses protecteurs. Le flegme est le signe d'un cœur cruel, la croyance de ne pouvoir être dégouvert, de jouir d'une vengeance injuste & sûre, & de profiter de l'avantage odieux, par exemple, des quittances retenues sans en donner aucune décharge [ce qui est prouvé par le livre de recette, écrit de la main du Commis qu'ils ont eux-mêmes fait congédier] & du blanc seing dont on a parlé, également retenu long tems à mauvaise intention, & enfin subtilement brulé, comme on a dit, devant les arbitres, dont l'un ou l'autre auroit rendu témoignage au besoin, de vive voix & par écrit.

Il faut une boutique pour la vente des nouvelles Fontaines, firent dire un jour à M. Amy les Grecs inconnus, dans le même tems du litige déclaré : mais croyoient-ils par ce mépris faire désister celui ci, ou le mener à telles conditions qu'ils voudroient, en lui donnant cet asyle injurieux pour une Manufacture Royale ? Ils doivent sentir maintenant, qu'ils se sont bien trompés.

Ceci rappelle à ce dernier le festin auquel il avoit été invité peu de tems après l'ouverture du magasin. Les Grecs anonymes qui vouloient se dégager plus expressément de leur promesse de 30000 liv. implicitement prouvée par le premier acte de société, & acquerir subtilement un autre quart du Privilége, lui firent proposer par un autre de leurs émissaires, une somme de 6000 livres, moyennant la participation de ce quart. M. Amy fut surpris de cette proposition, que le maître du festin sçavoit contraire à l'acte de société passé avec les Grecs. Il n'en témoigna rien : il refusa poliment cet offre captieuse, comptant sur la promesse des 30000 liv. qu'il croyoit plus sure que l'oracle de Calcas. Mais il ne sçavoit pas, que les Grecs devoient la faire manquer par les précautions qu'ils avoient prises clandestinement. Il ajouta qu'une manufacture Royale avec un privilége exclusif ne pouvoit pas manquer, après les longues expériences qui en avoient été faites, & qu'il feroit faire ainsi de la terre le fossé en attendant mieux.

Sur ce mot de *Manufacture Royale*, le maître du festin répondit, *qu'appellez-vous?*

manufacture Royale! dites donc *fabrique*; * Or en joignant ces deux mots *fabrique* & *boutique*, M. Amy comprit que dans le principe, il n'y avoit eu rien moins que l'intention de lui rendre service, & que les Grecs avoient pensé de faire envisager l'entreprise, comme quelque chose de bien bas, & l'inventeur, comme un Ciclope destiné à la peine en payement de ses peines & de ses fonds fournis d'avance, aux blames, aux reproches, aux mépris, & enfin aux tentatives de l'expulsion à force d'accusation & d'indignes suppositions. Ils

* Le maître du festin se trompoit grossierement, en voulant faire le docteur. Tous les ouvrages ne se font-ils pas avec les mains? *manufacere* ou *manufabricare*, faire avec la main ou fabriquer avec la main, *manufacture* ou *fabrique*, ces termes ne vont-ils pas au même but? d'ailleurs l'usage est tel. On appelle *manufacture* tous les établissemens faits en vertu de Lettres Patentes avec Privilége exclusif. Ce fut à peu près dans le même tems, qu'une personne des plus méritantes, trompée sans doute à son tour comme M. Amy l'avoit été par les Grecs, proposa de bonne foi à ce dernier de partir pour l'Allemagne avec un Seigneur de ce pays-là, qu'elle lui procuroit, pour y aller établir une manufacture de nouvelles Fontaines filtrantes. Si les Grecs étoient les moteurs secrets de cette commission, il seroit clair qu'ils vouloient se débarasser de M. Amy, & lui opposer à son retour le violement d'un pacte exprès de la société à cet égard, qui l'oblige à la résidence. C'est ce qu'il ne peut assurer, mais seulement qu'ayant proposé les intentions de cette personne à une autre de leur connoissance sur un point d'intérêt commun, ils firent répondre dans une lettre, que *cette personne étoit polie quand elle vouloit*, & *qu'il vaudroit mieux voir une ville périr qu'un gueux s'enrichir*. Lettre cependant, comme toutes les autres, qui ne paroîtra jamais qu'au besoin, & suivant l'axiome de la loi, *omnis honesta ratio expediendæ salutis*.

ont plus fait : ils ont feint de vouloir mettre en dernier lieu la manufacture, dans une maison de huit pieds de large située dans la rue Saint Honoré, vis-à-vis les pilliers de la Halle, pour tromper M. Amy & lui faire perdre l'établissement dans la rue Poissonniere, en même tems que dans l'Hôtel * d'Aligre. Ils vouloient donc le forcer à

* Les Grecs ont joué M. Amy dès le commencement, & enfin pendant dix-huit mois qu'a duré le litige. Ils consentoient ici à sortir du premier magasin [le seul qu'ils avoient voulu accepter lors du premier établissement hors de Paris pour le bon marché] ils avoient consenti au congé donné au propriétaire, qui l'avoit signé avec M. Amy; mais secretement ils avoient donné ordre à l'associé visible, qui en avoit les deux doubles, de les garder & de ne pas les signer. En même tems ils avoient fait dire à M. Amy dans une lettre écrite par un de leurs émissaires, qu'il pouvoit chercher & louer un magasin; ils se réservoient donc secretement la faculté de s'y opposer lorsqu'il seroit trouvé. Ce magasin se trouva dans l'hôtel d'Aligre. M. Amy en passa le bail suivant le pouvoir qu'il en avoit par écrit; mais ils ne voulurent pas le faire signer par l'associé visible. Voilà donc M. Amy tout seul, soumis aux exécutions de Madame la Présidente d'Aligre, obligé de se défendre, à la faveur du bruit public, qui vouloit qu'après la sortie du grand Conseil il y eut danger de ruine. Profitant de ce faux prétexte & changeant de batterie, ils firent écrire à M. Amy de faire mettre un écriteau à la porte de cet hôtel, & de louer ailleurs. Celui-ci chercha & trouva plusieurs endroits convenables; mais les Grecs firent manquer tous les baux sous main. Quel étoit donc leur but? c'étoit d'éluder tous les moyens, de confirmer ou d'infirmer à volonté le congé donné au propriétaire du magasin hors de Paris, à la faveur de leur seing ou de leur refus après coup dans l'instant du terme. Voilà comme restans maîtres de leur plume, ils vouloient conserver la faculté de faire mettre tous les ouvrages sur le carreau en défaut de

consentir au bail , qu'ils lui proposoient dans la maison de huit pieds de large en question, dont la boutique selon eux pouvoit servir d'attelier, de magasin, de bureau & d'habitation; mais tous ces indignes projets & toutes ces ruses de leur part sont tombées au moyen des sommations, que ce dernier leur a fait signifier trois jours avant le dernier traité de paix, * mais traité forcément accepté par les Grecs. Ils n'ont pas cru sans doute devoir mettre leurs ruses en évidence.

Quelle indignité! la boutique de huit pieds étoit donc proposée pour dégouter M. Amy, mais celui-ci la croit plus digne des Grecs que de lui-même. Peut-on pousser la malice & les outrages si loin, contre un Avo-

magasin, résoudre ainsi la société & voir ensuite ce qu'ils auroient à faire, pour rétablir la manufacture à leur seul profit, à la faveur des moyens qu'ils avoient imaginés pour l'exclusion de M. Amy. Oh! iniquité sans égale, qui résulte des piéces. Les Grecs les ont fait demander pour les jetter dans le feu, comme le blanc seing dont on a parlé, mais elles sont entre les mains de ce premier.

* Après bien des tergiversations & des dilapidations par les faux frais, ils ont consenti à établir le magasin dans l'hôtel d'Aligre. Les choses sont cependant presque au même point ici que dans la maison de huit pieds de large, si on en excepte le magasin qui est assez bien dans l'ancienne chapelle du grand Conseil. Point de logement dans la rue Poissonniere, du moins pour M. Amy. Telle a été leur prétention, disant que ce logement *n'étoit pas de leur bail*: Prétention si injuste, que tous les honnêtes gens en ont été révoltés. C'est ici la même chose, quoiqu'ils ayent consenti au logement de M. Amy & de sa famille, pour leur présence nécessaire à l'exploitation du privilege; mais logement de pou-

tat, qui pour avoir quitté sa profession n'en est pas moins cher à la Société, selon les Leteres mêmes qui lui sont venues comme de leurs mains, puisqu'ils lui ont fait écrire dès le commencement de leur fourbe entreprise, *qu'il mériteroit une place dans le Conseil d'un Prince, bien mieux que les peines quoique nobles, auxquelles il se trouvoit alors exposé, pour l'établissement d'une invention aussi utile à l'humanité*, [moquerie écrite sérieusement, pour mieux faire avaler la pilulle] avocat cependant, qui après avoir exercé cette profession pendant vingt ans avec honneur & probité, a conservé cette qualité dans la bouche de Louis XV, auquel ce grand Roi a voulu donner des marques de sa bienveillance & de la satisfaction qu'il ressent de voir naître, des travaux interrompus de ce même Avocat, les premiers fondemens d'une invention utile à la conservation de ses sujets.

Est-il permis d'avilir ainsi les dons d'un grand Roi, pour un objet aussi essentiel, & de quelque chose de bien noble, par la

pée & si disproportionné, que M. Amy se trouvant malade, après tant d'assauts, a pris le parti fort souvent d'en déloger & de louer ailleurs à ses frais: logement du reste inhabitable & très-dangereux par les vapeurs du charbon & des fontes qui s'y engouffrent continuellement. Les mêmes honnêtes gens qui l'ont vû, ont levé les épaules & conçu de l'horreur contre l'indiscrétion & l'avarice des Grecs inconnus, qui osent ainsi faire la guerre à la raison, à la justice & à l'humanité. Comment ces derniers ont-ils osé soutenir qu'ils vouloient rendre service à M. Amy, lorsqu'on voit leur façon d'agir & leur injuste avarice dans le principe même? *Ad populum phaleras.*

seule considération du bien public, d'en faire quelque chose de bien roturier, pour le rehabiliter ensuite à la faveur de nouveaux fonds, après l'expulsion injuste d'un inventeur sans reproche ?

Revenons maintenant au fils cadet de M. Amy, auquel les Grecs ont pieusement conseillé d'être *honnête homme*.

Cet enfant voyant son pere s'appliquer, comme il a fait depuis longtems, à un nouveau méchanisme pour l'abrégement du tems de l'Imprimerie ordinaire, & s'y étant livré à son tour pour le soulager, trouva tant de difficultés qu'il s'en dégouta : mais comme en cherchant une chose on en trouve quelquefois une autre, piqué du conseil injurieux & du mépris resultant du renvoi dans une boutique de huit pieds de large, il creusa les idées qui lui étoient venues pour abreger le tems de la Gravure des cayers de musique, avec ou sans paroles.

Son premier objet fut d'abord un badinage au hazard & dans la vue de présenter aux Grecs par ce moyen des marchandises propres à leur boutique de huit pieds de large : telles devoit être dans son esprit ces livres & cayers de musique, qui ne tiennent pas les places énormes des Fontaines depuis six voyes de contenance jusqu'à trente, qui sont les plus grandes qu'on ait faites jusqu'à présent. Deux de ces dernieres Fontaines, disoit-il en lui-même, ne pourroient point être construites dans cette boutique : il faut donc n'en faire qu'une, qui à son tour sera une boutique elle-même, & propre à la vente des livres de musique qui y seront renfermés. Les Grecs auront alors deux manufactures ou fabriques de Fontaines & de musique, ce qui seroit à grand marché, au moyen de deux boutiques l'une dans l'autre. C'est ce badinage qui fut la source des trois découvertes, dont il va être parlé.

En effet cet enfant en dormant plusieurs nuits de suite sur sa découverte qui lui paroissoit toujours badine & problematique, vit ses idées de jour en jour s'éloigner & se rapprocher du vrai successivement. L'illusion & le sérieux se succédoient tour à tour : dans cette perpléxité & pour s'assurer de l'un ou de l'autre, il crut devoir mettre la main à l'œuvre, & à force de travail sans rien communiquer à son pere, une foule d'expériences, & ensuite de planches tirées, lui confirmerent la possibilité, la réussite, & l'utilité * de son nouveau méchanisme.

M. Amy fut incrédule lorsque son fils lui présenta les planches & les feuilles,

* Cette utilité consiste à pouvoir faire travailler à la fois sur la même planche d'étaim quatre ouvriers, hommes, garçon ou fille de dix ans, ou vieillard tant soit peu fort & attentif, conséquemment à aller rapidement en besogne. Un seul ouvrier peut avec un peu d'adresse & de conception travailler seul, après quelques jours d'apprentissage. Les outils sont 1°. une table ronde & creusée dans le milieu, pour la place de trois ouvriers nécessaires aux quatre premiers, à l'aide de quatre roues dont ils se servent, pour la conduite des burins, avec toute la justesse & netteté qu'on peut désirer dans les lettres, dans les clefs, les nottes blanches ou noires, les croches, les mesures, &c. 2°. deux tours différens. 3°. une large presse d'acier bien poli, & enfin un balaucier perpendiculaire.

qu'il en avoit tirées lui-même. Il voulut manier les instrumens dont celui-ci s'étoit servi & en voir faire l'expérience; mais il fut si surpris & si satisfait de la simplicité du méchanisme, qu'il vit sur le champ le moyen de l'enrichir. Ce fut en étendant l'idée de son fils qu'il trouva le moyen après un long travail, qui se réduisit enfin à la même simplicité & à la facilité de faire travailler 37 ouvriers à la fois sur une même planche ; conséquemment d'accélerer ainsi dans la même proportion la vitesse du travail.

Enfin cette nouvelle façon de gravure toujours plus approfondie par M. Amy, a produit un autre avantage, qui est de lui faire prendre la place de la Gravure en bois pour l'impression de toutes les figures en blanc, vignettes, culs de lampes, mosaïques, machines & plans sans hachures, qui ne consistent qu'en lignes & en points, pour distinguer l'intérieur de l'extérieur. C'est encore ici d'après l'expérience que M. Amy parle ; il la rendra publique dans son tems, comme celle de son fils, qui a déja paru dans les 200 premiers exemplaires de ce livre, répandus chez quelques Seigneurs de la Cour, Magistrats & plusieurs amateurs.

Deux difficultés s'opposent cependant à la pratique de ces deux méchanismes: 1°. les balanciers sont suspects & défendus ; 2°. en employant des ouvriers, ce n'est plus un secret. Toutes les peines des inventeurs deviendroient ainsi la proye du public ce qui n'est pas juste, à moins que d'indemniser ceux-ci. Du reste elles passeroient dans les pays étrangers, comme le

Chers Enfants de Bachus! le grand Gre-goi re est
mort Une peinte de vin imprudemment sa=
=blé e a fini son illustre sort, Et sa Cave est son
mauso lé e . e. Oh! vous qui descendés dans
ce charmant Tombeau, Ne croyés pas que son
ombre y re po - - se. Elle est toujours Er=
=ran - - te autour de son ton neau. C'est de larmes de
vin, qu'elle veut qu'on l'arro - - - - - - - se.

In omnibus machinarum non de verbibus sed de reis.

Gravure abregée par un autre metier plus Expeditif et commode pour les Copistes, aux quels on donnera dans le tems la connois=sance des Nouveaux Caracteres.

Un buveur qui croyoit en la métampsicose, di=&c.

Un Buveur qui croyoit en la Mé=

=tampsicose, Disait à table un jour, Bu=

=vant à rouges bords, Vous qui faites pas=

=ser notre ame en d'autres Corps, justes

Dieux prenés soin de ma métamorphose!

De moi, si vous voulés, faites un Lima=

: çon, ou quelque chose encor, qui soit plus
miserable. Mais ne punißés pas un bu-
: veur indomptable jusqu'à le changer en
poisson! en poisson, jusqu'à le chan - - -
- ger en poißon, jusqu'à le chan - - -
- - - ger en poißon! à le chan - ger
en poißon! bien pis en - - - - - vil
harpagon! Ennemi - - - du biberon!

In omnibus machinarum non de verbibus sed de reis.

Gravure abregés par un autre metier plus Expeditif et commode pour les Copistes, aux quels on donnera dans le tems la connois=sance des Nouveaux Caracteres.

Un buveur qui croyoit en la métampsicose, di=&c.

Un Buveur qui croyoit en la Mé=

=tampsicose, Disait à table un jour, Bu=

=vant à rouges bords, Vous qui faites pas=

=ser notre ame en d'autres Corps, justes

Dieux prenés soin de ma métamorphose!

De moi, si vous voulés, faites un Lima=

= çon, ou quelque chose encor, qui soit plus
miserable. Mais ne punißés pas un bu-
= veur indomptable jusqu'à le changer en
poisson, en poisson, jusqu'à le chan - - -
- ger en poißon, jusqu'à le chan - - -
- - - ger en poißon, à le chan - ger
en poißon! bien pis en - - - - - vil
harpagon! Ennemi - - - du biberon!

laminoir, le métier des bas, & autres inventions de cette espèce.

La premiere difficulté peut se surmonter avec la permission du Roi : la seconde subsisteroit toujours & feroit le bien de toutes *les boutiques de huit pieds*, dont aureste les Marchands ne feroient pas fortune, attendu la multitude des vendeurs ; car tout homme sans talent est ouvrier dans le cas présent, & conséquemment Marchand dans les Provinces pour le moins.

Expédients : premierement établir une manufacture Royale à Marly pour la bonté de l'air nécessaire aux ouvriers, avec défenses à tous autres d'imiter les mêmes machines. [On suppose que les Grecs veuillent permettre ici le terme de manufacture, s'agissant de musique qui est un art liberal.]

Secondement, ne recevoir les manuscrits que de la main des Graveurs, & leur donner un bénéfice. Ce seroit l'avantage de ceux-ci pour le gain sans travailler, sauf leur travail ordinaire, une manufacture ne pouvant pas fournir à tout, sur-tout si les Musiciens attirés par la facilité, l'expédition, & quelque diminution sur le prix de la Gravure, se mettoient dans le gout de faire des recueils de leurs ouvrages favoris ou de ceux d'autrui. Ce seroit encore l'avantage des Privilégiés, des Auteurs & du Public dans la vente des livres de musique, attendu toujours l'expédition des recueils choisis.

Troisiémement, si cette nouvelle Gravure jointe à celle des vignettes, culs de lampe, mosaïques & plans sans hachures, paroissoit de conséquence pour tout le Royaume & pour les pays étrangers, mettre les ouvriers à vie dans une manufacture entourée de murs, comme on le dit pour le fer blanc en Allemagne, & en faire un revenu pour l'Etat, qui bien que médiocre dans le Royaume, pourroit s'accroître par l'affluance des étrangers, qui desireroient l'expédition.

M. Amy couvert maintenant des blessures, que le malheureux penchant aux machines, & les mauvaises rencontres lui ont faites à l'esprit trop frappé & la santé trop chancellante, pour s'appliquer avec la même ardeur qu'avant son accident, il peut mourir d'apopléxie avant les termes de la nature, sans faire aucun tort au sachet antiapoplectique de M. Arnoux. Ce sachet, comme tous les autres remédes, ne peut être bon que pour les personnes tranquilles, qui ne sont pas dans les cas extraordinaires où il se trouve. Un esprit sans celle agité par des chagrins & des pensées, dont il n'est pas le maître, peut seul précipiter une mort, qu'un topique excellent auroit pu arrêter, s'il n'y avoit pas une cause plus puissante que lui-même.

Dans cette pensée, ne voulant pas autant qu'il le peut, que personne soit la victime de ses fautes, il dispose ici de ses biens & droits, par un testament aussi nouveau dans sa contexture, la possibilité à part, que la boutique de huit pieds, que les Grecs vouloient lui donner pour habitation, pour attelier, pour bureau, pour magasin, & pour lieu de la vente.

Il institue donc Jean-François, Jean-Balthasart, & Anne Françoise Amy, ses enfans légitimes & naturels & de Demoiselle Anne-Marthe Imbert son épouse, ses héritiers par égales portions aux conditions suivantes. Premiérement ils payeront à leur mere 40052 liv. qu'il a reçues d'elle, sçavoir : 20000 liv. de restitution de pareille somme qui lui a été faite par un Avocat au Parlement d'Aix, & que celui-ci tenoit en dépot : deuxiémement 6000 liv. à compte de sa dot lors de son Contract de mariage, le restant se trouvant payé & confondu dans la succession de son pere, dont elle a été héritiere, troisiémement 9552 liv. procédant de la vente de tous ses meubles meublant, linge, batteries de cuisine & ustenciles de cave, & 112 piéces de vaisselle d'argent de la même succession. Quatriémement 4500 liv. à elle dues de la vente d'une maison dans la ville d'Aix, & d'une autre à la campagne sur le chemin de Marseille, de la même succession. Cinquiémement ils payeront les dernieres dettes que lui testateur n'a point encore acquittées, sçavoir : 4100 liv. à la personne de Paris qu'ils sçavent ou à ses héritiers, & dont il y a deux obligations dans deux actes publics. Sixiémement les sommes qui se trouvent dues au Marchand de la ville de Marseille, connu dans la famille & allié de leur mere, en payement desquelles il a cédé des biens-fonds audit Marchand par un acte d'insolutendation. Septiémement environ 8000 l. maintenant dues à une Dame de la même ville, par la jonction des intérêts au principal, sauf les comptes qui se trouveront à faire sur les intérêts susdits. Il les exhorte, non à être honnêtes hommes à l'avenir, ce qui seroit une injure indiscrete de la part d'un pere & un soupçon ou une preuve, qu'ils ne l'ont pas été pour le passé ; mais à continuer de vivre dans leur probité ordinaire, dont ils ont vu des exemples continuels dans la conduite & la simplicité de leur pere, sans écouter ceux qui leur disent, qu'il *vaut mieux du bien que tant d'honneur ; qu'un honnête homme mal couvert est méprisé, & qu'un fripon brillant est bien reçu par-tout* ; car ce principe, qui n'est souvent que trop vrai, n'en est pas moins infâme & odieux. Il les exhorte sur-tout en quelqu'état qu'ils soient, à ne jamais lier amitié sous prétexte de quelque espérance ou avantage, quel qu'il soit, fréquenter, se fier, ni rien entreprendre à la légere avec qui que ce soit, sans conseil & sans être allé auparavant à la découverte des noms, surnoms, qualités, demeures, caractères & mœurs des personnes qui se présenteront à eux. Il veut & leur ordonne au reste de ne contracter aucune société avec personne, pour l'exploitation des Privileges actuels, sans stipuler dans leurs accords les intérêts payables annuellement pour la dot & droits de leur mere, comme ayant servi en partie à préparer à la société contractée avec les personnes inconnues, dont il a été parlé, les moyens suffisants pour mettre les mêmes Privileges en valeur & lucratifs, s'ils avoient tenu leur promesse indirecte & captieuse de 30000 liv pour faire les établissemens nécessaires. Il veut & ordonne encore, que la nouvelle Société paye d'avance ou aux termes qu'elle pourra faire accepter, toutes les sommes ci-dessus dues par leur pere, les laissant du reste sur les portions des profits, libre de stipuler ce qui conviendra le mieux, pour faciliter le payement des dettes ci-dessus ; même de tout abandoner à la compagnie qui pourra se présenter à ces conditions, pour ne suivre à leur particulier que les nouveaux moyens dont il leur laisse toutes les instructions nécessaires dans les Mémoires qui seront déposés avec le présent testament chez le Notaire, qu'il leur a dit avec les noms des personnes ci-mentionnées, & toutes les preuves qui leur seront nécessaires, pour son exécution. Si les conjonctures des tems s'opposent à former une nouvelle Compagnie, il leur ordonne de vendre à tout prix leurs Privilêges actuels, pour payer les mêmes dettes ci-dessus, & de commencer par celle de la Dame de Marseille en question, par les raisons qui leur sont connues, sauf de payer à leur mere les intérêts de sa dot & droits sa vie durant, à la faveur des autres moyens & des instructions indiquées ci-dessus, qu'ils pourront mettre en vigueur avec une autre Compagnie, qui se trouvera déja préparée à cet effet. Il les exhorte sans pouvoir ni vouloir disposer de rien à cet égard, de s'attirer par leur respect & leur consolation, lorsqu'il aura plu à Dieu d'appeller leur pere, la même égalité que celui-ci leur donne avec la même amitié paternelle, sans considération du pouvoir que le droit Romain, & les coutumes de la Province lui pourroient donner contre celui d'eux qui pourroit avoir été le moins respectueux & attentif à son égard, & qu'en tout cas il auroit toujours été prêt à lui pardonner de tout son cœur. Telle est la volonté finale. Tels sont les derniers avis & enseignemens de leur pere, qui seront redigés incessamment aux formes de droit, adoptés & favorisés par les Magistrats, & par des raisons d'Etat, nonobstant toutes coutumes contraires sous le bon plaisir du Roi. Il ose même supplier ici très-humblement sa Majesté, de donner son autorité au Testament ci-dessus en cas d'accident ou d'empêchement imprevu, qui pourroit survenir avant sa redaction; & ce en faveur d'un sujet, qu'elle a bien voulu honorer des nouvelles marques de sa bienveillance & de la satisfaction qu'elle a ressenti, d'un dévouement marqué à contribuer à la conservation de ses sujets.

LES ARTS ÉCHAUFFÉS
PAR LE TEMS,
& qui cherchent à éclorre ſous les aîles de LOUIS XV.
OU
ESSAY DU MOUVEMENT PERPÉTUEL.

MAmy eſt beaucoup plus ſimple, que ne ſont les Grecs inconnus. Il leur annonce ici, avec cette ſimplicité qui lui eſt naturelle, qu'il a toujours pris dans ſa bourſe les dépenſes qu'il a faites au ſujet des mouvemens, dont il s'agit.

Il a fait une infinité d'expériences couteuſes depuis longues années, pour trouver au ſec & au liquide, ce mouvement ſi recherché & ſi deſiré. Il avoit trouvé ou cru [pour parler plus correctement] avoir trouvé ce dernier, lorſqu'il lui vint en penſée d'eſſayer le premier.

Toutes les piéces du mouvement au ſec étoient finies, mais les principales n'étoient point en place, lorſqu'il crut pouvoir ſe communiquer avec un ami ſincere. Il eut ſeulement attention de lui demander le ſecret : [choſe inviolable] cet ami cependant plein de bonne intention vint voir ce mouvement. Il en vit les forces, leur profit dans une partie & leur effet ; mais comme toutes les piéces n'étoient point encore dans leurs places, pour l'entier effet de la continuité du mouvement, cet ami crut que M. Amy s'étoit abusé, comme tant d'autres, riches ou pauvres, ignorants ou sçavants; car il y en a de toutes ces classes, qui travaillent sans cesse pour cette découverte. L'amour du bien public dans les uns, ou des richesses dans les autres, la leur font regarder comme une seconde pierre philosophale, ou noblement pour ce bien seul, ou comme des avares mercenaires, qui préférent leur bien à celui du public qui doit en profiter le premier.

L'ami, dans cette idée, crut qu'il pouvoit trahir le secret demandé. Il envoya différentes personnes pour tacher d'aider M. Amy de leurs conseils, & de rectifier s'il étoit possible, les idées de ce dernier. Ce fut alors que M. Amy scandalisé du violement du secret, ne trouvant pas à propos que l'ami l'eut decelé, fit demonter ce mouvement, & le fit mettre dans un galetas.

Mais aujourd'hui que le sachet antiapoplectique * de M. Arnoult ne peut pas être un sûr garant contre un second accident, qui peut enlever subitement le porteur de ce sachet, accablé de chagrin, de frayeur & de sensibilité, dont un malade n'est pas toujours le maître, M. Amy croit devoir laisser ici une instruction sur son mouvement au liquide.

* Ce sachet, comme on a dit plus haut, peut préserver de rechute un homme tranquille & reglé; mais il n'empêche pas les mouvemens d'un esprit trop agité par des passions & des griefs, dont la justice les rend trop sensibles, & qui ont donné lieu à des écarts & à des inattentions, de la part de ceux-là même qui devoient en être les plus éloignés.

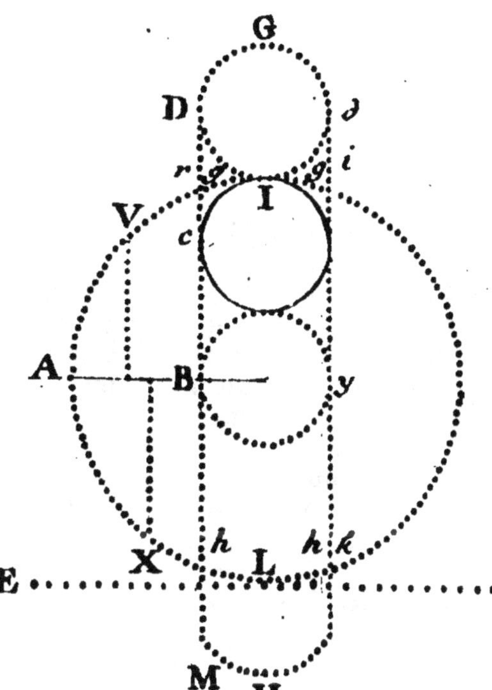
G
D
∂
r
g
g
i
I
V
c
A
B
y
h
h
k
X
L
E
F
M
H

Peut être ce mouvement sera, comme les nouvelles Fontaines, susceptible d'utilité en plusieurs rencontres, peut-être très-utile dans une infinité de cas, ou à tout événement, susceptible de correction & de perfection de la part des amateurs.

Cependant M. Amy croit, après le nombre d'expériences qu'il a faites, & en derniers lieux en Septembre, Novembre & Décembre, de cette présente année 1759, sur les roues de la machine de Marly, [où il a remarqué plusieurs fois, à peu-près le même principe & la même force] que le mouvement perpétuel dont il s'agit, ne peut recevoir dans l'exécution aucune difficulté.

Soit A une roue de 30 pieds de diamétre, * dont la circonférence sera conséquemment de 90 pieds. Chaque pied est supposé contenir un auge, dont la coupe particuliere doit conserver l'eau qu'elle reçoit de la roue D [comme on l'expliquera bientôt] jusqu'en L & s'en décharger au moment sur le niveau de l'eau E F contenue dans un bassin.

B Une roue dentelée de 10 pieds de diamétre, dont la circonférence sans compter les dents est de 30 pieds, conséquemment de 90 places de 4 pouces chacune. Cette roue doit être attachée au même axe de la roue A, à la distance de 6 pieds. [On suppose une charpente pour soutenir les tourillons des axes de toutes les roues.]

C Lanternon, où engrene la roue B.

D Roue qui engrene dans le même lanternon C.

* Les roues de la machine de Marly sont de 36,

Il faut ſuppoſer ſur le même axe de la roue D dans la diſtance des 6 pieds qui ſont entre la roue A & les roues B C D, une * roue ſans engrenage ſur la roue A, contenant 90 auges de 4 pouces de large, ſauf la longueur pour contenir plus ou moins d'eau.

G g. h. k. gi. d. G. chaine de fer à 90 charnieres diſtantes de 4 pouces les unes des autres pour la place de 90 godets de fer blanc, ſauf de les renouveller au beſoin.

On ſuppoſe que cette chaine a des crochets à chaque charniere, pour s'agraffer dans les entailles de la roue à godets intermediaires entre la roue A & la roue D.

On doit ſuppoſer encore que ces godets ſont d'une forme particuliere pour ne verſer toute leur eau qu'en G, en montant de la droite à la gauche ſuivant la marche des 4 roues A B C D.

Suppoſons maintenant, que les 45 auges de quatre pouces d'ouverture dans la demi-circonférence de la roue D ſoient pleines chacune periodiquement de la contenance des godets, de même que les 45 auges d'un pied d'ouverture dans la demi-circonférence de la roue A, il arrivera que celle-ci comme la roue B, tournant de la droite à la gauche, la roue C de la gauche à la droite, & la roue D de la droite à la gauche, par la marche des roues ſuivant l'engrenage, les godets d, i, k, mon-

* Cette roue doit avancer ſix pouces ſur le ſommet de la roue A, pour la verſure de ſes auges en G, ſauf le reſtant de ſa longueur dans les ſix pieds de large pour le libre paſſage des godets montans ſur leur chaine, & leur verſure, comme on a dit.

teront & verseront leur eau en G. Il arrivera encore que chaque largeur de 4 pouces que décrira la roue B, fera faire le même chemin aux roues C D ; avec cette différence, que les auges de la roue D étant deux fois plus étroites que les auges de la roue A, celles-ci par leur méchanisme recevront dans un pied de large, ce que les auges de la roue D portent dans un large de 4 pouces seulement. *

On peut calculer les forces de ce mouvement par des principes simples, qui paroissent certains. Un trebuchet, comme les roues de la machine de Marly, fournissent des expériences également sures. Le trebuchet dont les deux bassins sont égaux en poids & placés *æquâ lance* en égale distance du centre de leur branche, font équilibre. La moindre inégalité dans leur distance du centre, fait pencher un bassin & monter l'autre.

Les roues de la machine de Marly sont dans le même principe.

Les leviers dont on se sert pour soulever les poids, font plus ou moins de force suivant leur longueur.

Raisonnant maintenant d'après ces principes connus de tout le monde, voici le calcul des forces du mouvement dont il s'agit.

On ne doit pas compter les godets qui

* Ceci paroît faire le même effet que la force d'un cheval au bout d'un levier, pour faire monter une chaîne de godets ; du reste, l'eau de chaque godet trouvera sa place dans le milieu des auges de la roue A, afin que les poids de cette eau se trouvent dans la même direction que dans les roues B, C, D.

sont depuis g, i, d, jusqu'en G. La raison en est, que leur poids est compensé par les auges de la roue D, qui se trouvent pleines par la versure des godets en G, & depuis D jusqu'en I, où se trouve le retour jusqu'en g, r, sur la grande roue A. Toute la différence des poids sur cette roue D consiste, en ce que les godets faillissent de deux pouces en-dessus sur la chaine de fer, & que l'eau de ces mêmes godets entre en G, & se trouve ainsi avoir un peu moins de distance jusqu'à l'axe de la même roue D; mais cette différence est presque réduite à rien par le plus grand nombre des poids G D, jusqu'en g r, & depuis h dans la même ligne jusqu'en L, qu'il n'y en a depuis g, i, d jusqu'en G.

Du reste il faut faire attention, que la roue D n'engrene point dans la roue A: elle est seulement attachée au même axe de la roue, que l'on a dit engrener avec les roues B C, & distantes de six pieds de la roue A, qui n'a point d'engrenage.*

Cette distance, comme l'on voit, est nécessaire pour le libre passage de la chaine des godets.

Il n'y a donc d'autre calcul essentiel à faire, que celui des poids & des leviers dans la circonférence de la roue A. Du côté des poids, si la roue A a 30 pieds de diametre, depuis g i dans la section de la chaine des godets jusqu'au niveau de l'eau E F, il

* On pourroit bien & on doit même faire engrener la roue D dans la roue A; mais c'est un autre méchanisme, dont le calcul se trouvera bientôt expliqué. On observe ici seulement la pénultiéme pensée de M. Amy.

n'y a à-peu-près que 27 pieds dans cette longueur de la chaine des godets. *

Or 27 pieds divisés en trois parties de 4 pouces chacune donnent 81 places de 4 pouces chacune pour les godets, lesquelles forment toujours le nombre de 27 pieds perpendiculaires.

De l'autre côté, dans la circonférence de la grande roue, depuis r g jusqu'en A, & d'A jusqu'à la section de la chaine des godets D B M, il y a 35 pieds à-peu-près, lesquels ne peuvent recevoir chacun que la contenance d'un godet de 4 pouces, suivant la direction des rayons qui s'étrecissent en descendant vers le centre de la roue A.

Or ceci ne fourniroit pas aux Grecs anonymes un objet suffisant pour les intéresser, ni même pour renvoyer M. Amy aux Intendants du commerce. La raison en est, que 35 poids dans les auges de la roue A ne pourroient, quoiqu'avec la force des leviers enlever 81 poids : c'est ce qu'on leur laisse à décider. Peut-être qu'assemblés au nombre de 7, 14 yeux verront mieux que les deux de M. Amy, qu'ils ont trop affoiblis par les travaux immenses où ils l'ont induit pendant 10 ans, pour le faire périr, ou vaincre à leur profit, à la faveur de leur promesse de feuilles de chêne.

En attendant, ce dernier pense qu'en

* Les godets ne pesent pas jusqu'à leur sortie de l'eau ou fort peu, si on considere la régle établie par M. Mariote dans son traité *du mouvement des eaux*, où il dit, que *tous les corps, dont la pesanteur spécifique est plus grande que celle de l'eau, perdent dans l'eau autant de leur poids, comme en a l'eau dont ils occupent la place.*

ſupprimant la roue B adhérente à la roue A & le lanternon C, on peut faire engrener ſeulement la roue D dans la roue A qui aura des dents. Il ſe trouvera alors, que les poids des godets ſeront tous dans un pied de large ſur la circonférence de cette derniere roue, comme ſur celle de la roue A, & feront un chemin égal, c'eſt-à-dire, que chaque pied que décrira la roue A fera faire le même chemin d'un pied à la roue D, dont chaque godet d'un pied jettera ſon eau dans chaque auge de la même roue, & de celle-ci dans les auges de la roue A, ſans en perdre une ſeule goute.

Il y aura donc 27 godets pendants en i k, & 35 auges toujours pleines dans la circonférence de la même roue A avec la force des leviers, chacun, ſuivant ſa direction ſaillante hors de la ligne de la chaine g i h k; donc 35 pour lever 27, & 10 pieds de levier en A contre 5 en y, ſauf le moins de force des autres leviers; mais toujours ſupérieure.

Si les Grecs inconnus trouvent ce calcul juſte, & qu'il ne leur manque plus que les moyens d'une bonne conſtruction, M. Amy leur montrera la maniere d'y réuſſir, & le régulateur néceſſaire pour la force, pour la lenteur, afin que la transfuſion ſe faſſe en G & en I, & pour l'uniformité du mouvement; * mais il faut bannir la boutique de

* Si le plus grand nombre des poids égaux & la force du levier, ſont jugés ſurs par les Grecs aſſemblés à huis clos, il y auroit non-ſeulement perpétuité de mouvement dans un baſſin d'eau; mais encore dans une riviere, ſource, marre & tous endroits où l'eau eſt toujours au même niveau : il y auroit moyen d'en appliquer partie en la perdant

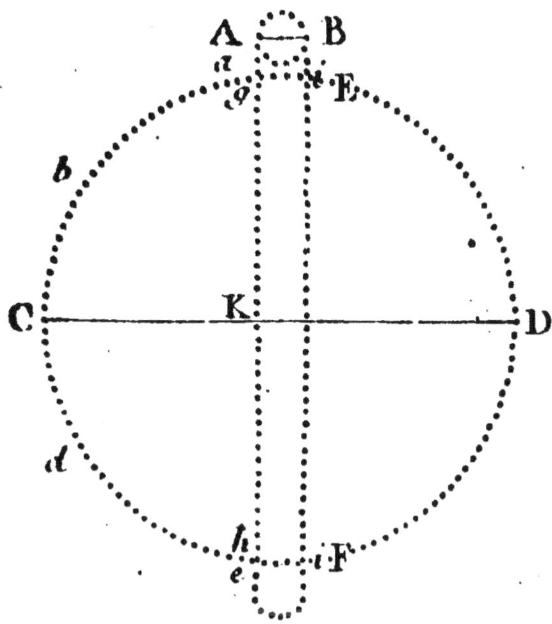

AB Roue de 5 pieds de diametre.
CD Roue de 50 pieds de diametre.
CK Levier de 22 pieds ½.
g K h 48 Godets pleins.
a b C d e. demi circonférance, dont 70 Auges saillantes sont toujours plaines.
ii partie de la chaine des godets vuides.
EDF demi circonférance toujours Vuides.

8 pieds de large pour l'établissement d'une manufacture ou *fabrique* [s'ils l'aiment mieux] de ce mouvement, supposé toûjours qu'ils le trouvent bon.

S'ils trouvent que M. Amy se trompe, celui-ci aura peut-être fourni aux amateurs un méchanisme susceptible de perfection & d'utilité future ; mais il croit que si 35 dans une balance tirent 27 avec force & avec plus de rapidité encore, si un des bassins est attaché plus ou moins éloigné du centre de la branche, le mouvement perpétuel dont il s'agit, doit réussir, & demande une autre compagnie que la leur, pour assurer l'intérêt de l'Etat dans un cas aussi essentiel. Du reste, on peut mettre deux grandes roues l'une sur l'autre, soutenues chacune par leur axe, & dont l'une, comme la plus haute ou intermédiaire, sera roue dentellée, & l'autre lanternon, c'est-à-dire, que la grande roue supérieure engrenera dans la grande roue inférieure, & la fera mouvoir comme la roue D, qui porte la chaine à godets.

à tous les besoins publics pour l'agréable & pour l'utile ; mais ils doivent travailler généreusement à rectifier les idées de M. Amy [qui peut se tromper] & penser qu'il convient de consacrer ce trésor [s'ils peuvent le mieux découvrir *en cavant au plus fort*] à grossir les revenus de l'Etat [sauf les droits du tiers] au moyen des droits qui seroient payés au Roi, suivant les diametres, les permissions & les emplois de ce mouvement. Ce ne sera que par ce moyen qu'ils pourront établir la véritable noblesse de leur cœur & de leur esprit, & se montrer ensuite. Du reste, ils peuvent essayer en petit & en grand la grande roue A, de 2. 4. 6. 8. 10, ou de 50 pieds de diametre [ce qui est possible]. Ils réussiront toujours mieux dans cette derniere, pour les ouvrages publics.

Par ce moyen, on aura toujours la même force, pourvu que les roues soient bien en équilibre de par-tout, & l'on portera l'eau plus haut d'autant.

Au surplus tous les poids égaux se trouvant dans les circonférences des roues & de pied en pied, la force horizontale comme V & X, & celle des autres auges plus ou moins éloignées de la chaine des godets, se trouvera égale à la somme de chaque poids multipliée par la partie du levier A B qui lui répond. Ce qui paroît demontré dans tous les élémens de méchanique.

Il n'y aura dans ce dernier cas qu'un peu plus de frottement, qu'on peut calculer suivant les régles établies dans l'Architecture hydraulique de M. Belidor : pour instruire tout d'un coup les avides Grecs inconnus, le frottement dépend de l'épaisseur, pesanteur & roideur de la chaine des godets, de la matiere des roues, de leur pesanteur, de la figure de leurs dents, de leur poli, de l'épaisseur des axes, de la matiere dont ils sont composés, de leur poli, des trous dans lesquels ils se meuvent, &c. C'en est assez pour instruire des Grecs intelligens, même trop. Sont-ils les mêmes Grecs, qui avant le litige ont fait dire à M. Amy, qu'ils agiroient contre lui de *Turc à Maure* ? Sont-ils les mêmes qui ont voulu faire exécuter cette menace par une légion de satellites ? Qu'ont ils gagné ? Que pouvoient-ils gagner ? M Amy est-il absolument imbecille pour pouvoir disposer de son bien à leur gré, ou comme d'un valet interessé, sans gage, mais satisfait ; ou comme d'un espion vendeur de Mitridate, amorcé par des repas, & qui pense à se faire préconiser par des ignorants, en récompense de ses instigations ? c'est en un mot, ce que M. Amy ne pouvoit deviner, à moins d'y voir aussi clair que la donneuse d'horoscope.

M. Amy ne suit pas ici l'exemple d'un sçavant, qui dans son ouvrage * croit ne devoir pas découvrir son secret sur le *moteur universel.* Celui-ci dit même, que la *seule prononciation du* mouvement perpétuel *effraye le genre humain*, & que *quand on en parle, on ne sent pas qu'il doit avoir des propriétés à l'infini.*

Ce moteur universel [ce sont toujours les termes du sçavant] *est une roue avec des dents au nombre de 90, dont 60 à la fois agissent, tandis que 30 ne fatiguent pas ; & successivement, sans s'écarter du centre. C'est alors qu'elle perpétue & acquiert même de la force. Si j'ajoutois* [poursuit-il] *encore un mot, les plus ignorans en sçauroient là-dessus autant que moi ; mais il est juste que je me reserve le droit d'en jouir, & d'en faire jouir moi-même l'Etat & le public, pour lesquels je la ferai paroître au premier moment favorable.*

Il me semble [ajoute-t-il] *que je me rends encore plus intelligible, que le vieux Allemand, qui a fait annoncer son* mouvement perpétuel *par la Gazette d'Hollande au mois de Décembre dernier. J'ai instruit la Cour de*

* Traité de mathématique sur les sujets les plus importans & les plus étendus, qui ayent paru jusqu'ici, tant sur l'utile que sur l'agréable, par le Sieur *Duval des Mellaits.* Cette brochure n'est indiquée chez aucun Libraire. Il n'y a que le millesime MDCCLVI.

cette piéce rare & utile, pour exciter la curiosité du Roi, & en obtenir un Privilége exclusif.

M. Amy respecte l'assertion d'un sçavant Mathématicien, qui est du reste un très-excellent citoyen; mais celui-ci ne seroit-il pas plus louable, s'il n'avoit pas fait un mystère de son secret dans un cas aussi essentiel? Car enfin il est mortel, & peut mourir au moment qu'il y pensera le moins. Pourquoi ne pas enrichir l'humanité d'un trésor, qu'il ne peut emporter? Pourquoi l'enfouir? Pourquoi se risquer contre sa délicatesse à ne pas laisser ainsi une meilleure odeur?

A la bonne heure de ne pas réveler 9 autres secrets [dont il parle, & qu'il dit avoir annoncé dans le Mercure d'Avril 1737,] & de les réserver pour un Privilége exclusif. Ceci n'interesse point l'Etat essentiellement. Peut-être c'est pour en tirer un légitime parti [C'est du moins raisonnable, juste même vis-à-vis d'un certain public ingrat.] Mais un trésor comme celui du *mouvement perpétuel*, ou *moteur universel*, [ce qui paroît assez égal du côté de l'utilité publique] ne doit appartenir qu'au Roi seul, pour en disposer à son gré.

Il semble donc que le Mathématicien de Paris ne devoit pas craindre, que sa Majesté eusse voulu détourner ses yeux d'un sujet aussi utile que lui, & le laisser sans recompense, après l'avoir vu faire des merveilles pour le bien de l'Etat & de tout l'Univers.

N'a-t-il pas vu de fortes preuves, même dans des cas, où la seule moindre nouveauté, sans aucune utilité, l'a déterminée à

Illustrer & faire ainsi, même, des hommes nouveaux? Et pourquoi? si ce n'est pour favoriser les Arts, augmenter, échauffer, recompenser & encourager les inventions, principalement les utiles à son Etat & au bien de ses sujets.

Ainsi comme le vieux Allemand & le Mathématicien de Paris ne s'expliquent ni l'un ni l'autre, le public peut croire qu'ils se trompent, pour le moins chacun peut douter de la réussite de leur projet; ce ne seront même toujours que des projets, jusqu'au moment d'un procédé mieux developé.

Ne vaudroit-il pas mieux qu'ils parlassent aussi clair que M. Amy? Peut-être que s'ils se trompent tous les trois, on pourroit de leurs différentes idées en extraire quelque chose de bon, ou *mouvement perpétuel*, ou *moteur universel*? Ce seroit dans le fond ce qu'il y auroit de plus louable, & qui seul pourroit les mettre tous les trois au même niveau; & la gloire seroit due à celui-là seul qui auroit pensé le plus juste & le plus utilement de tous.

Ce seroit donc celui qui le premier auroit l'avantage de présenter à Louis XV le modele de ce chef-d'œuvre de la méchanique, qui emporteroit la palme & les trophées de tous les Artistes.

Ce seroit alors que M. M. les Prevôt des Marchands & Echevins seroient ravis de trouver un moyen des plus nouveaux & des plus brillants pour satisfaire leur zéle à décorer la Place Royale de sa Majesté, de Fontaines jaillissantes; car ce seroit toujours la même eau qui monteroit & descendroit sans cesse.

Du reste M. Amy avoit eu l'honneur d'écrire de Provence en 1744, à MM. les Administrateurs de XXX, qu'il avoit trouvé le *mouvement perpétuel*, & qu'il en donneroit volontiers pour de bons usages, le tiers du Privilége exclusif, qu'il pourroit en obtenir par leurs protections. Un Président respectable répondit lui-même, & fit écrire. M. Amy vint à Paris, il fut au Bureau de ces Messieurs avec le Président. Ceux-ci lui offrirent de tacher d'obtenir ce Privilége de la faveur du Roi en leurs noms, [pourvu que le mouvement fut approuvé par l'Académie] & de le lui retroceder ensuite, ne voulant pas qu'un pere de famille fut privé de ses avances & de ses travaux.

M. l'Archevêque s'intéressant pour M. Amy, qu'il aimoit comme un bon compatriote, fut lui-même au Bureau; il auroit contribué à faire tout l'avantage du public & de M. Amy; mais celui-ci après avoir donné à ces Messieurs, d'un côté, un mouvement au liquide par le mercure, de l'autre un *prospectus* d'un autre mouvement qui fut même inseré tout de suite dans les Mémoires de Trévoux, & présenté la même année à l'Académie, ne fût pas avec raison regardé comme l'inventeur du *mouvement perpétuel*, mais seulement d'une machine utile pour élever l'eau, qui méritoit la préférence à une autre ci-devant proposée par M. Joly de Dijon. *

* Les Grecs ont bien accroché & entraîné cette derniere machine dans le privilége qu'ils vouloient s'approprier, mais leur avarice ne leur a pas permis de la soutenir, & de la mettre en lumiere. Il falloit à ces Messieurs un argent clair, coulant & rapide, pour les engager à tenir leurs promesses: pour la *grimace*, s'entend, car l'argent coulant de-

N.B.

Le Mt P.^l cy devant n'a eté presen que le 1.er Janv. 1760. et repandu le lendemain. depuis lors, ceux qui jurent sur la pretendue demonstratio de Mr de la Hyre de l'Accademie Royale des sciences, disent que ce est impossible: cependant ce meme paroitra des le mois de Juin proc a St Germain en Laye, et prouvera contraire pour le bien de la France et de tout Lunivers. 12 Janv. 1760.

Signé Amy.

O Saeculum! Dei auxilio, temporis et humanae gentis Amici, protector es

Depuis lors celui-ci a travaillé & trouvé le *mouvement perpétuel* en question [supposé toujours qu'il demeure tel après l'examen des Grecs inconnus] mais dans le principe, il a contracté une Société avec Dieu [cas qui est arrivé fort heureusement & avec un très-grand succès, comme on peut en voir l'espéce dans les arretistes] il laisse donc subsister la même convention en faveur des premiers Administrateurs, ou à leur refus, de tous autres à son choix suivant les volontés & les intentions de sa Majesté.

Refutation abregée des impostures des sept Grecs inconnus sous le masque.

Il ne suffit pas que la femme de César soit chaste, il faut que tout le monde le croie. *Prétendus services, dilapidation des fonds de la Société, ingratitude, airs de maîtrise, ordres absolus, injures, menaces, mépris*; ce sont là des mots & des façons qui tombent par le seul examen du compte de M. Amy. Il est tems enfin de le mettre au jour; il le faut vis-à-vis du compte en blot des Grecs masqués, trop malheureusement indéchiffrables. [Compte au reste suivi d'une transaction enfin, dont la sagesse, la prudence, la discrétion & le secret des protecteurs de M. Amy sont les seuls instrumens.]

Laissons tous les critiques étrangers médecins de poche sans grade, ouvriers jaloux du bien public, Chymistes atrabilaires ennemis de ce bien, Machinistes inutiles à la Société, esprits faux, écrivains satyriques &

voit rendre leurs promesses inutiles; c'étoit leur projet.

moqueurs, mais domptés depuis peu, & tous accusateurs de charlatanisme, contre les décisions de l'Académie & de la Faculté de Médecine. Arrêtons-nous aux Grecs critiques domestiques de la Société des nouvelles Fontaines. Où est le dol & la fraude, & de la part de qui ? Est-ce de la part de M. Amy ? Hélas ! on ne peut le considérer que comme une victime, après tout ce qu'il a dit & qu'il est en état de prouver. Ce dol & cette fraude ne peuvent donc venir que de la part des Grecs. Que l'homme sage n'oublie jamais ce mot de Virgile! *Timeo Danaos & dona ferentes* !

On a défini dans le dernier livre précédent la nature de la cavillation par une régle du droit. Elle consiste en sophismes, ou hazardés sans malice par des esprits faux, ou mis subtilement en usage par des Grecs habiles à tromper ceux qui sont dans la bonne foi. *Ea est natura cavillationis quam Græci sophisma vocant, ut ab evidenter veris per brevissimas mutationes disputatio, ad ea quæ evidenter falsa sunt perducatur.* C'est-à-dire ; telle est la nature de la cavillation , de mettre d'abord en usage des principes évidemment vrais en commençant une dispute * pour la conduire insensiblement à tout ce qu'il y a de plus faux : c'est ce que les Grecs appellent *Sophisme*.

Le premier cas n'est rien ; c'est bêtise : mais le deuxiéme cas est celui des Grecs , qui surement ne sont pas bêtes , mais qui se trompent quelquefois comme les bêtes. Si fins qu'ils soient , ils ont donné autrefois

* Dispute ou affaires d'intérêt vont au même but.

dans leurs propres piéges. Ce n'est donc pas merveille qu'ils se soient trompés aujourd'hui en voulant tromper. C'est la rubrique du code : *plus valere quod agitur, quam quod simulate concipitur* : c'est-à-dire, la vérité donne plus d'avantage que le faux, le visage naturel que le masqué, le bien que le mal, la sincérité que le mensonge & la dissimulation, l'amour que la haine, la noble générosité que l'avarice sordide, la juste raison que l'injuste morosité & l'acharnement outré, des actes plus légitimes en un mot *quam tituli falsi figmentum & umbratilis pactio* ; c'est à-dire, plus légitimes que des fictions verbales, idéales & fausses, qui n'ont d'autre réalité que celle des ombres. Ce sont même ces ombres, sur lesquelles les Grecs ont donné des leçons.

Il faut examiner à présent, s'il n'y a pas d'autres principes qui eussent pu mettre les Grecs mieux à leur aise contre M. Amy & le bien public. On trouve dans le Code une loi dont voici les termes. Elle prend même ses racines dans les loix grecques.

Veteribus placet pactionem obscuram vel ambiguam, venditori & qui locavit nocere, in quorum potestate fuit legem apertius conscribere : c'est-à-dire, les anciens Jurisconsultes ont jugé, que les pactes obscurs ou ambigus, doivent s'expliquer contre le vendeur ou celui qui a donné à bail, parce qu'il a dépendu d'eux de stipuler leurs pactes avec plus de clarté & de netteté.

M. Amy est-il vendeur ou donneur à bail de ses Priviléges ? il n'est ni l'un ni l'autre. Il est associé & inventeur. Les Grecs sont eux seuls & associés, & vendeurs, & donneurs à bail de leurs fonds & de leurs promesses de feuilles de chêne, moyennant les profits immenses, qu'ils avoient imaginés, & qui devoient leur tenir lieu de rente de leur argent. En un mot M. Amy ne peut être ni vendeur, ni donneur à bail. Comment le seroit-il, étant toujours propriétaire & associé pour le présent seulement dans un Privilége renouvellé par Louis XV ?

Supposons maintenant ce dernier & les Grecs au même niveau, c'est-à-dire, ou associés, ou vendeurs, ou donneurs à bail respectivement, ou suivant la nature des contracts *do ut des*, *do ut facias*, ou comme prêteur, les uns ou les autres de leur argent ou de leur industrie, reste toujours le dol & la fraude imputables à ceux-là seuls qui se trouvent dans ce cas. Il faut donc que ce dol personnel soit la place due aux Grecs, & que ceux-ci ne puissent jamais en sortir; mais Grecs inconnus & consultation inutile, sur-tout après une transaction. On observe seulement que bien que M. Amy soit sans orgueil ni aucune délicatesse inutile, pour un changement d'état & un commerce utile au public, cependant comme il n'y a pas été élevé, & qu'il ne comptoit que sur la vérité des promesses qui devoient le mettre dans la place qui lui convenoit & au bien public, il sera toujours inconsolable de s'être trouvé si deplacé, si lézé & si ruiné dans son bien & dans sa santé, par les ruses, les fictions, les louanges d'abord, les mépris enfin, les calomnies, les hostilités des Grecs inconnus & de leurs satellites.

Ces fonds sont très-équivoques, comme

on a dit, ou pour mieux dire, aussi douteux que la vérité des actes & de leur identité, après le litige fini par cette même transaction.

Pour l'intelligence du fait, il faut observer que les Grecs ont retenu l'expédition de l'acte de société qui parle de 40000 liv. de fonds; cette expédition étoit & est toujours endossée de la main de M. Amy; elle lui appartenoit. [Ceci fera toujours mieux connoître les ruses des Grecs, & leurs mensonges en tout & par-tout.]

Ce premier ne retrouvant point l'expédition de cet acte qu'il avoit remis à son arbitre, voulut en prendre communication dans celle des Grecs. Ceux-ci qui avoient ramassé avec soin autant de papiers qu'ils avoient pu en trouver entre les mains des arbitres, & qui virent cette expédition éthiquetée de la main & de l'écriture de M. Amy, donnerent ordre à leur personne de confiance d'en exiger un chargement avant que de la lui remettre, pour le forcer ainsi à la leur rendre, quand il auroit découvert son écriture au dos, l'identité de l'expédition, & son propre bien.

Retenir ainsi une expédition de cette espèce [car ils ont la leur] n'est-ce pas un tour de finesse, du moins un air de maîtrise & une impudence marquée, qui donne autant de soupçon à la retention des fonds, quoique prétendus fournis en entier, qu'à celle de l'expédition d'un titre, dont la propriété se trouvoit marquée à des traits si peu méconnoissables.

De ce dernier procédé on peut juger des autres qui ont précédé depuis l'acte de société de 1750, indépendamment de toutes les autres preuves par écrit.

Du reste comment supposer d'un côté, 25000 liv. prétendues consumées en machines étrangeres; de l'autre un prétendu reliquat de 35000 liv. dues par M. Amy, & annoncé gratieusement par l'homme de confiance à l'épouse de celui-ci ? Comment concilier ces choses avec les fonds & le compte suivant ?

FONDS de la Société des nouvelles Fontaines prétendus de 14000 liv.

Les 30000 liv. promises dans le premier acte, vision, fourberie, leurre, appas & néant.

PRODUIT des ventes jusqu'au jour du litige . . . . 82000 liv.

On laisse ici les frais préliminaires : on observe seulement qu'à l'ouverture du magasin & après les fonds prétendus employés sous les yeux des Grecs, il ne s'est trouvé que 53 Fontaines de vente. Tout le restant n'étoit que des ouvrages de fantaisie, pour orner le magasin. Il falloit bien figurer, malgré la cabale des 7 Grecs inconnus. *

DEPENSES : Menuisier . . . 23210 liv.

PLOMB, étaim & robinets . . . 31500 liv.

* Ceux-ci firent dire à M. Amy dans le même tems, que ce magasin paroissoit annoncer 40000 liv. de marchandises, & cela pour l'encourager, l'accoutumer d'avance & le préparer ainsi aux événemens de leurs promesses de feuilles de chêne.

LOYERS des magasin & atteliers à 500 liv. par an, non compris l'appartement des ouvrages conseillés par les Grecs eux-mêmes à M. Amy & le logement de celui-ci . . . . . . 6300 liv.

Journées d'ouvriers ordinaires & autres, payés toutes les semaines . . . . 17200 liv.

Total 78210 liv.

Reste les éponges, les impressions de plusieurs livres instructifs, les fraix des affiches, les commissionnaires dans Paris suivant le besoin, les voitures dans Paris, les voyages, les présents pour le bien de la chose, les ouvrages pris au profit des Grecs & autres payés, quoiqu'étrangers à la chose, au seul profit des mêmes Grecs suivant les quittances, bois à brûler, charbon, chandelles, &c. &c. &c. &c. &c. &c.

Que reste-t-il à compter ? du bois ? du charbon ? des chandelles ? où sont les sommes des ventes ? [faisoient dire les Grecs] mais avec le tems on leur fait voir clair, & c'est à eux maintenant à prendre garde & à connoître les vrais usurpateurs du bien & de l'argent d'autrui.

M. Amy ne s'étoit chargé, ni n'avoit voulu se charger d'aucun compte, mais ce compte se fait maintenant de lui-même sur les livres de vente, sur les registres des ouvriers & des Marchands, sur le nombre des Fontaines vendues, sauf de donner un compte plus correct & plus étendu, & le même produit par devant les arbitres, dont les Grecs ont enfin détourné les yeux pour éviter la discussion du leur.

Où sont dans cet état les 33000 liv. de reliquat ? où sont les 25000 liv. de machines étrangeres? Quelle impudence !Quelle malice ! quelles fourberies ! quel complot ! quelle tentative ! quelle bêtise de la part des Grecs ! sans connoître qu'ils étoient éclairés de près, & qu'il étoit facile de les accabler de confusion, s'ils avoient été plus loin dans leur inique & ridicule projet.

Vienne maintenant la mort, quand Dieu voudra : M. Amy jaloux de son honneur & de sa réputation devoit ce livre à la vérité, à sa sensibilité & au bien public. Ne semble-t-il pas que les Grecs ont voulu imiter ici la politique de cet hipocrite Gouverneur de Messine, qui pendant le siége de cette ville opprimoit par une affreuse famine le peuple qu'il vouloit soustraire à l'obéissance du conquérant ? l'hipocrite vouloit que son avarice, sa dure morosité & la mort du peuple fissent sa récompense après la levée du siége.

Du reste, comme un tout aussi singulier que celui-ci ne peut former qu'une espece de tragi-comédie, il convient de soulager les esprits des lecteurs par une diversion sur la nouvelle gravure en question. M. Amy sait que les privilégiés sont en droit de s'y opposer ou d'y consentir, pour l'expédition & la commodité publique. D'ailleurs il n'est point à craindre dans l'état où il est. Il suffit donc de présenter ici le modéle des lettres & de toute la musique, qui peuvent se faire rapidement, & dans un sens comme les bas au metier, même beaucoup plus vîte, attendu le nombre des ouvriers qui peuvent travailler à la fois à la même planche. Voici maintenant la suite de la même chanson instructive, contre l'usage du cuivre.

LOUABLES amateurs, le bon Amy se meurt.
Dans l'effroi de se voir en mauvaise vendange,
Que peut-il avec ces buveurs ?
Faut il qu'il boive ou bien qu'il mange ?
Oh vous ! qui connoissez le besoin d'un caveau,
Ne comptez pas sur leurs vaines promesses.
Le vin des Grecs enchante & jamais leur seule eau;
Ce n'est pas ce roseau, qui soutient la vieillesse.

✥✥✥

L'AVARE & l'usurier dorment tranquillement,
Dans le sein trop flateur de leurs monnoyes masquées.
Est-il rien de plus séduisant,
Que leurs richesses enterrées ?
Vilains ! qui descendez dans ces noirs trous d'enfer,
Pensez au moins à la liqueur vermeille !
Délicieux nectar ! tu n'es point en enfer.
L'or ne passe au gosier, ce qui coule est la treille.

✥✥✥

IMPRUDENS buveurs d'eau ! fuyez le verd-de-gris.
Le vin vaut mieux que l'eau des Fontaines sablées.
Le poison y est en précis,
Ou plus grand dans les négligées.
Oh vous ! qui des chroniques faites les tableaux,
Ne manquez pas au moins de prévoyance,
La mort toujours errante au fond de vos vaisseaux,
Attend toujours la dose & son poids de balance.

✥✥✥

RAGOUTS, vins, lait, riz, sels, legumes & citrons,
Avez vous toujours fait de tranquilles ménages ?
Le cuivre avec le leton
Sont-ils aussi toujours bien sages !
O toi ! dont le vin pur pouvoit être aliment,
Pourquoi ne pas juger bien mieux la parque ?
Caron sourit voyant ton tein verd en passant.
Vois-tu dans l'eau du stix, ce verd, ta mort, sa barque?

✥✥✥

TU la vois, t'y voilà; retrouve ton tonneau.
C'en est fait, il n'est plus du vin au voisinage.
Tu n'as plus ici que de l'eau
D'un fleuve amer à l'œsophage.
Caron, instruisez-nous des sources de la mort.
Chut ! oyons bien le fond de sa sentence.
Le cuivre est emétique, il est plus ou moins fort;
Un savant l'a prouvé; mais vois l'expérience.

Le fer ami du vin, de l'eau, des animaux
Vaudroit mieux à coup sûr pour toutes fricassées.
Mais le feu trop fort aux fourneaux,
Rend la pratique inusitée.
Malheur obscur pour ceux qui sont pris au filet !
Du fer helas ! quelle est la difference !
Le cuivre avec le feu, le tems, & tenu net
Fait-il le même effet que l'eau froide & dormante ?

N. B. Les matieres, les frais de charrete & de Crocheteurs, les ouvriers, sont trop chers & coutent trop dans Paris. Cet objet est trop considérable, attendu les nonvaleurs & les désagrémens qui en résultent. Les personnes qui ont acheté des Fontaines, auxquelles il aura été fait quelque dommage, auront la bonté d'appeller un ouvrier. Elles feront ainsi le prix. Elles auront ensuite la bonté d'envoyer leurs Fontaines. Les ouvriers répareront, feront l'essai de l'eau devant ces personnes ou leurs domestiques, qui payeront & feront enlever. M. Amy ne peut faire mieux avec une Compagnie de Grecs. Ceux-ci ne sont pas les seuls. On vient même de voir des Negres & des Maures, bruns, noirs ou blancs, qui ont soutenu dans des mémoires & dans leurs rapports, que la manufacture fait un très-grand commerce de Fontaines très cheres. Plut à Dieu, suivant le désir de feu M. de Réaumur, qu'ils n'eussent pas menti! C'est beaucoup de plaire aux sages, mais malheureusement ceux-ci ne sont pas les seuls. Tout ce qu'on peut dire ici des Grecs inconnus, c'est qu'ils ont été dans le goût des essais, comme de la pêche ou de la chasse, où l'on n'use que d'appas, de dragées, de douceurs servant d'hameçon. En un mot, on sent qu'ils ont voulu carrabiner, se divertir à tirer dans le centre noir d'un tableau blanc, ou dans un jeu de reste; ils avoient pris des mesures pour y jouer sans vouloir y rien perdre; mais tant pis pour eux. S'ils avoient mieux pensé, ils s'y seroient attendus, par cela seul qu'ils n'ont jamais été vrais. C'est donc à eux que s'adresse ce que dit le prophéte Jérémie : *Ut inique agerent laboraverunt; habitatio eorum in medio doli.*

FIN.

ADDITIONS ET CORRECTIONS.

Premiere Partie.

Page 6, après la ligne 34. seconde col.

* Ce Prince, outre les nouvelles Fontaines que Son Altesse a fait mettre dans sa cuisine & dans son office, y a également fait venir une batterie de fer complete, depuis quelques années; mais ses cuisiniers commencent de s'en dégouter, tant il est vrai que les nouveautés les plus salutaires ont de la peine à s'établir. Un Prince du Sang a cependant fait l'honneur à M. Amy de lui dire que ses cuisiniers se servent très-bien depuis plusieurs années de casserolles, marmittes & tous autres ustencilles de fer, à l'aide de quelques casserolles d'argent, pour la couleur de certains ragouts fins. On pourroit citer ici un grand nombre de particuliers de tous les états à Paris & dans les Provinces, qui sont dans le même usage, même sans casserolle d'argent; mais il suffira d'observer, que parmi les traiteurs qui se servent à Paris des ustencilles formés de fer battu à froid & blanchi, le sieur Vallier qui tient auberge, (rue des boucheries, fauxbourg St Germain, dans le jardin Royal) n'a d'autres ustencilles depuis 4 ou cinq ans, si ce n'est quelques casserolles de cuivre bien entretenues pour certains ragouts, en attendant que le sieur Bavard, qui est accablé de travail pour Paris & pour la Province, puisse lui fournir tous les autres ustencilles dont il a besoin. Ce traiteur & quelques cuisiniers qui travaillent avec lui, donnent à manger assez souvent à plus de 300 personnes dans le jour, qui sont autant de témoins de la bonté de tout ce qu'il apprête.

De là les bourgeois & tous les riches particuliers qui n'ont pas de ces cuisines qu'on appelle d'*enfer*, peuvent tirer leurs conséquences & se raviser pour le bien de leurs santés; mais le mal est, que l'avarice fait leur regle. *Le cuivre est toujours de l'argent* (disent la plupart) *& le fer n'est rien du tout.* Ils devroient penser au contraire, que la santé ou sa sureté vaut mieux que l'or le plus pur, & que le cuivre en est souvent le destructeur.

Page 7, après la ligne 18 de la premiere colonne.

* Cette Dame, qui a beaucoup de justesse d'esprit, est aussi portée pour le bien public, qu'à rendre service, quand elle le peut : en effet, elle a contribué à la fortune du sieur Bavard, fabricateur des ustencilles de fer, en lui donnant des pratiques, & tout l'argent nécessaire pour son commerce. Le public assurément lui est redevable d'une bonne partie du succès désiré par l'Académie & par la Faculté de Médecine. Elle a acheté aussi un grand nombre de Fontaines nouvelles pour elle même ou pour ses amis, à Paris & dans les Provinces.

Page 10, premiere colonne, lig. 35, après ces mots : lorsqu'ils étoient à Vincennes.

Les cuisiniers de l'Ecole Royale militaire ont fait usage des batteries de fer assez long-tems ; mais la grande quantité de fourneaux & l'attention que les vaisseaux de fer demandent sur le feu, leur ont fait reprendre ceux de cuivre ; savoir s'ils ont bien fait ? On peut dire cependant que les retamages, les lavages, la propreté, le soin & l'attention de transvuider les alimens avant la cessation de l'ébullition des liqueurs, promettent toute sureté, surtout dans une maison Royale, où tout doit se faire avec une grande exactitude ; mais hors de là, il n'est personne qui puisse répondre des accidens ou des maladies inconnues.

Parmi une infinité d'exemples funestes, on en trouvera vingt-deux remarquables dans le livre intitulé : *Suite des nouvelles Fontaines filtrantes* dédié à M. de Senac, premier Médecin du Roi, page 128 & suivantes.

Page 57, ligne 8, après le mot utile.

* C'est la volonté de l'associé visible & du protecteur, également équitables.

Page 68, après la ligne 14.

* Les plus petites Fontaines, même celles d'une pinte de contenance, rendront un très bon service à ceux, qui n'ayant besoin que de trois ou quatre pintes d'eau par jour, auront soin de les soutirer le matin, à midi & le soir, & de renouveller l'eau pour faire continuer la filtration.

Page 72 aux deux dernieres lignes, ces mots (*& in illius laudandis virtutibus vox plane deficeret*) ont été tronqués ; lisez

* *Rubigo ferri innoxia imo salutifera, & in illius prædicandis virtutibus, vox planè deficeret.* These de M. Thierry : La rouille du fer non-seulement n'est pas nuisible ; mais elle est si salutaire, d'un commun aveu, qu'il seroit inutile de vouloir en celebrer les vertus.

Page 74, ligne 4, après ces mots : gobelets d'eau douce.

* On suppose que les éponges lavées dans l'eau de la mer auront été préparées, comme on a dit sous le nombre XL, c'est-à-dire, des bouchons d'éponges déja formés, qui auront servi à filtrer l'eau, dans une petite Fontaine marine ; comme celle dont il s'agit, & qui seront obstruées au point de ne donner plus assez d'eau, ou qui ayant resté dans l'inaction, auront fermenté simplement mouillées.

Pag. 81 ligne 5 *dessus*, lis. dessous.

Pag. 85 lig. 19 *boisseaux*, lis. vaisseaux.

Seconde Partie.

Pag. 32 lig. 10 *le*, lis. les.

pag. 49 lig. 1 *prescriroient*, lis. proscriroient.

pag. 92 Premiers mots de la note, *si les*, lis les.

pag. 127 lig. 16 *de loups*, lis. des loups.

pag. 141 lig. 19 *quatrième*, lis. cinquième.

N. B. Les établissemens à faire pour la fontaine à 30 filtres, l'analyse de ces filtres & le méchanisme pour recevoir l'eau de pluye dans le verre, immédiatement du ciel, à volonté, & sans qu'elle touche aucun autre corps, ne paroîtront que lorsque toutes ces choses seront finies.

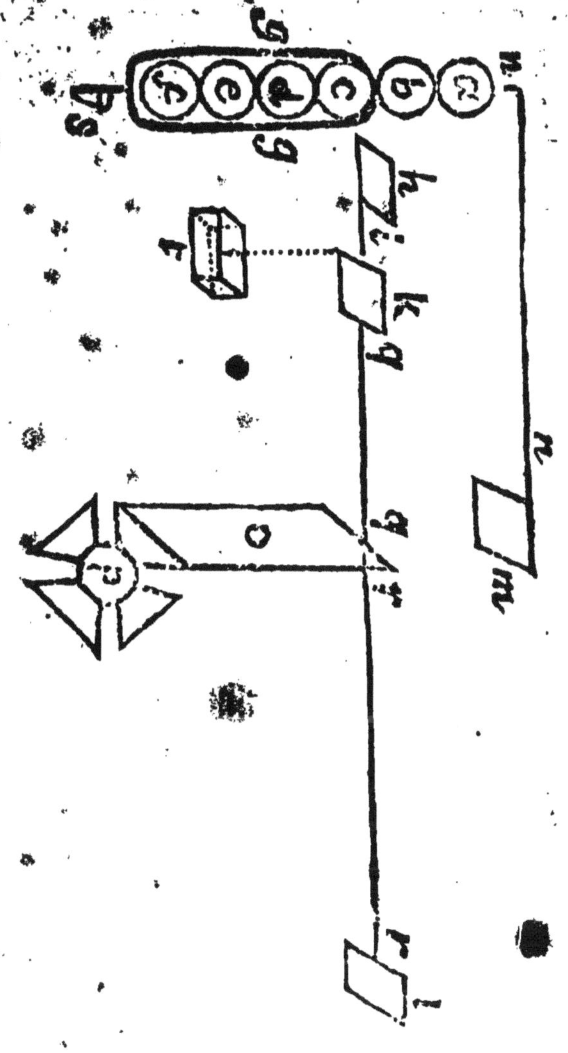

L'explication de cette figure paroîtra dans ſon tems, avec celles des méchaniſmes contenues ſous la note précédente.

www.ingramcontent.com/pod-product-compliance
Lightning Source LLC
Chambersburg PA
CBHW060526220326
41599CB00022B/3440